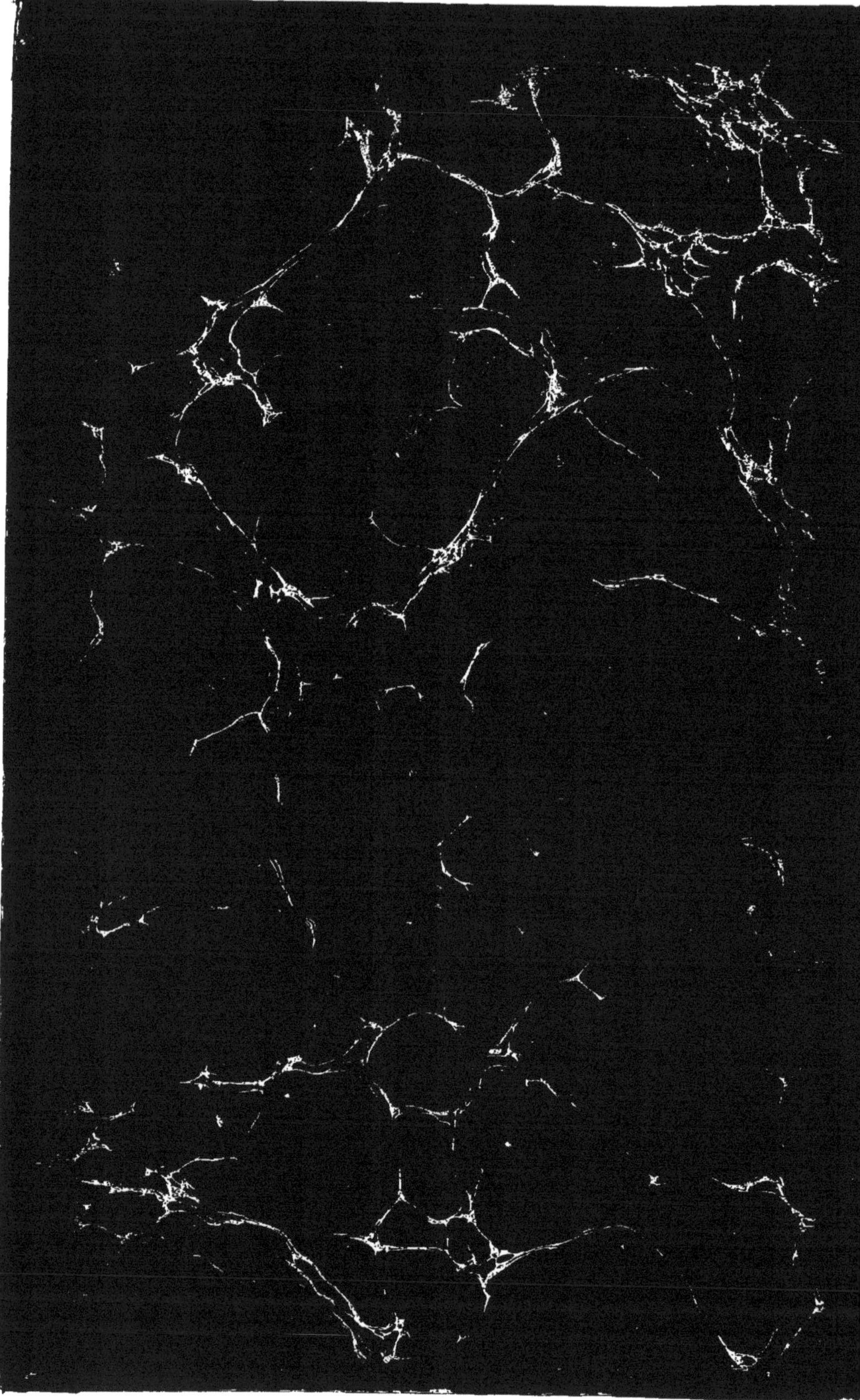

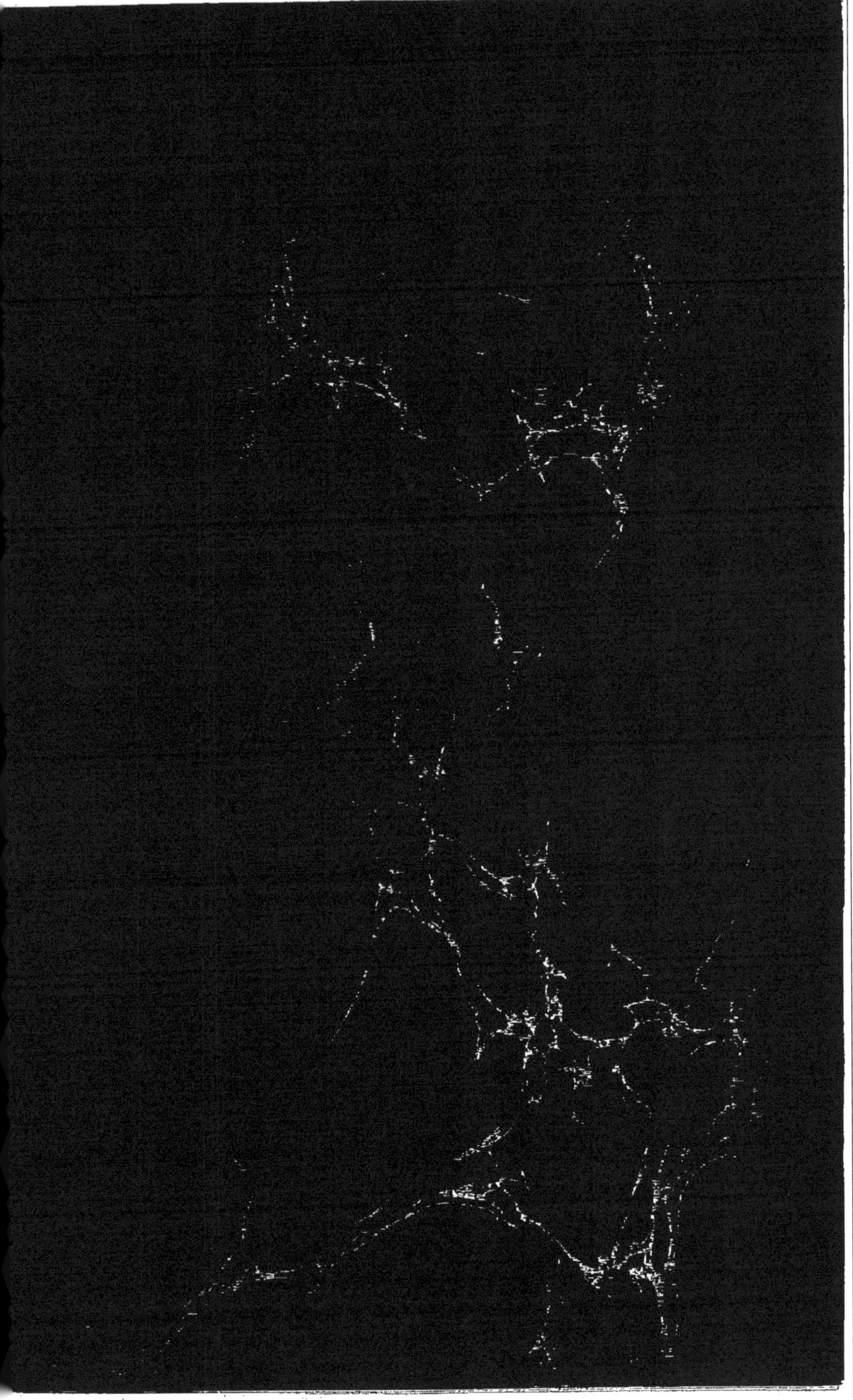

LES ENCHAINEMENTS

DU

MONDE ANIMAL

DANS LES TEMPS GÉOLOGIQUES

FOSSILES SECONDAIRES

A LA MÊME LIBRAIRIE

OUVRAGES DU MÊME AUTEUR

Les enchaînements du monde animal dans les temps géologiques. Mammifères tertiaires. Paris, 1878, 1 volume grand in-8°, avec 312 gravures dans le texte dessinées par FORMANT . . . . *Épuisé*

Fossiles primaires. Paris, 1883, 1 volume in-8°, de 320 pages avec 285 gravures dans le texte dessinées par FORMANT. . . . . 10 fr.

Animaux fossiles et géologie de l'Attique, d'après les recherches faites en 1855-1856 et 1860, sous les auspices de l'Académie des sciences. Paris, 1862-1867. Grand in-4°, 1 vol. de texte et 1 vol. d'atlas avec 75 planches et la carte géologique de l'Attique. . . . . *Épuisé*

Animaux fossiles du Mont-Léberon (Vaucluse). Étude des vertébrés, par ALBERT GAUDRY. Étude des invertébrés, par P. FISCHER et R. TOURNOUËR. Paris, 1873. 1 vol. in-4° de 130 pages avec 20 planches. . . . . 30 fr.

Considérations sur les mammifères qui ont vécu en Europe à la fin de l'époque miocène. Paris, 1873. In-8°. . . . . 1 fr. 50

Matériaux pour l'histoire des temps quaternaires. Fascicule 1. Fossiles de la Mayenne. Paris, 1876. In-4° de 62 pages avec 11 planches. . . . . . . 12 fr.

— Fascicule II. De l'existence des Saïgas en France à l'époque quaternaire. Paris 1880. In-4° de 81 pages avec 4 planches. . . . . 4 fr.

— Fascicule III. L'Elasmotherium (en collaboration avec M. MARCELLIN BOULE). Paris 1888. In-4° de 20 pages avec 4 planches. . . . . 4 fr.

20164. — Imprimerie A. Lahure, rue de Fleurus, 9, à Paris.

LES ENCHAINEMENTS

DU

MONDE ANIMAL

DANS LES TEMPS GÉOLOGIQUES

FOSSILES SECONDAIRES

PAR

ALBERT GAUDRY

Membre de l'Institut,

Professeur de paléontologie au Muséum d'histoire naturelle

AVEC 403 GRAVURES DANS LE TEXTE D'APRÈS LES DESSINS DE FORMANT

PARIS

LIBRAIRIE F. SAVY

77, BOULEVARD SAINT-GERMAIN, 77

1890

INTRODUCTION

La vie était déjà belle dans les jours primaires; plus belle encore va-t-elle nous apparaître dans les jours secondaires. Sur les continents, comme dans les mers, sa fécondité augmente, sa majesté grandit. C'est un étrange problème que ce mouvement incessant de la vie. Quand nous regardons le ciel avec ses étoiles silencieuses, l'immensité de l'inconnu nous confond; celui qui explore le monde fossile n'éprouve pas une moindre surprise.

Nous rencontrons dans le secondaire des genres différents de ceux du primaire, et chacun des étages qui le constituent a des espèces particulières. Beaucoup de naturalistes étudient ces espèces séparément, les considérant en elles-mêmes; cela a son utilité. Il est intéressant aussi d'examiner leurs enchaînements, car elles ne sont pas fixes, isolées les unes des autres; la nature est composée de types dont les apparences sont changeantes. Il y a plaisir à suivre la destinée de ces types, à les voir se former, s'épanouir en mille nuances que nous nommons genres ou espèces, et puis s'éteindre ou se transformer. L'amour du mouvement est chez l'homme un sentiment instinctif; lorsqu'on montre à un enfant une roche, si magnifique qu'elle soit, à côté de laquelle se trouve un chevreau, ou un lézard ou même un insecte, l'enfant ne regarde pas la pierre immobile, mais l'être qui remue. La paléontologie, telle que je la pratique, c'est l'étude de la nature qui se meut à travers l'immensité des âges. Naître, s'agiter, changer, mourir, c'est l'essence du monde organique, c'est notre propre essence.

La recherche des enchaînements, outre son intérêt philosophique, a une utilité pratique pour les sciences naturelles. Si un jour on reconnaît que les genres et les espèces ne sont que des nuances par lesquelles les types ont passé dans leurs évolutions, on diminuera sans doute le nombre de leurs noms; car, ainsi que je l'ai dit dans un de mes ouvrages[1], *vouloir distinguer chaque nuance par une désignation spéciale, c'est préparer des catalogues sans limites où l'humaine faiblesse se perdra.* Je serais heureux de contribuer à faire simplifier la nomenclature. Dieu a fait la nature charmante; à force d'encombrer de noms son étude, nous l'avons rendue moins aimable. Elle est simple, elle n'a pas un très grand nombre de traits principaux; en créant des désignations spéciales pour des êtres qui sont identiques sous des aspects un peu différents, nous avons fait croire son histoire plus compliquée

1. *Animaux fossiles du Mont Léberon*, p. 98. 1873.

qu'elle ne l'est réellement. C'est grand dommage, parce qu'ainsi bien des esprits, effrayés de ses difficultés, n'osent se livrer à son étude, qui leur donnerait de vives jouissances.

Ce livre et ceux qui l'ont précédé ne forment pas un traité complet de paléontologie; c'est simplement l'œuvre d'un chercheur qui a tâché de saisir çà et là les liens des créatures des âges passés. Quelques personnes bienveillantes se sont plaintes à moi de ce qu'il était long à paraître; je pense qu'en le lisant elles reconnaîtront qu'il a dû exiger beaucoup de recherches. Puis, la plus grande douleur qui pût m'atteindre a traversé ma vie et amené un arrêt dans mes études.

J'ai eu la satisfaction de garder pour dessinateur M. Henry Formant, auquel je dois les planches de mes *Fossiles de l'Attique* et presque toutes les figures de mes autres publications. Son talent et sa conscience pour reproduire les détails des fossiles rendront plus facile la lecture de cet ouvrage[1].

M. Schlumberger pour les foraminifères, M. Cotteau pour les oursins, MM. Munier-Chalmas et Œhlert pour les brachiopodes, M. Douvillé pour les rudistes, M. Paul Fischer pour tous les mollusques, MM. Le Mesle et Durand pour les fossiles d'Algérie, M. Berthelin pour les holo-

1. Dans les légendes des figures, les échantillons du Museum de Paris, qui font partie du service de la Paléontologie, portent la simple mention : *Collection du Museum*. Quoique la collection d'Orbigny appartienne à ce service, j'ai donné aux objets qui en proviennent la mention *Collection d'Orbigny*, afin qu'on puisse plus facilement les retrouver. Les pièces des collections du Museum qui dépendent de services autres que celui de la Paléontologie ont une mention à part. Il en est de même pour celles de l'École des Mines, de la Sorbonne et pour celles qui m'ont été communiquées par des particuliers.

turies m'ont donné des informations grâce auxquelles mon œuvre est devenue moins imparfaite. Je les en remercie cordialement.

Je remercie également les personnes de mon laboratoire du Museum qui m'aident avec tant de dévouement à réunir les éléments d'un futur Musée de paléontologie, digne de la grandeur de cette science et digne du pays où elle a été fondée. Les matériaux que mes habiles collaborateurs ont préparés m'ont été précieux.

LES ENCHAINEMENTS

DU

MONDE ANIMAL

DANS LES TEMPS GÉOLOGIQUES

FOSSILES SECONDAIRES

CHAPITRE PREMIER

DIVISIONS DES TERRAINS SECONDAIRES

Le monde organique était déjà bien vieux, quand a commencé la période que les géologues appellent l'ère secondaire. Cette période ne représente pas le milieu des temps écoulés depuis le jour où la vie a paru sur la terre. Si on voulait établir la nomenclature des périodes géologiques en prenant pour base leur durée, on pourrait, d'après les données actuelles de la science, les compter à peu près comme il suit :

10°. Ère quaternaire (y compris l'âge actuel).	
9°. Ère tertiaire.	
8°. Ère secondaire.	
7°. Périodes carbonifère et permienne.	Ère primaire.
6°. Période devonienne.	
4°. et 5°. Périodes siluriennes.	
3°. Période cambrienne.	
1°. et 2°. Période archéenne.	

Il ressort de là que l'ère secondaire est relativement peu ancienne; par conséquent il n'y a pas lieu de s'étonner que toutes les classes du règne animal, y compris les oiseaux et les mammifères, s'y montrent déjà. Il résulte aussi de là que l'ère secondaire, n'ayant pas eu une aussi longue durée que l'ère primaire, n'a pas vu s'opérer des changements comparables à ceux de cet immense laps de temps pendant lequel il y a eu tour à tour le règne des crustacés, celui des poissons, et celui des premiers reptiles; elle a beaucoup plus d'unité.

Sur les vingt-sept étages entre lesquels Alcide d'Orbigny a partagé les formations fossilifères, dix-neuf appartiennent aux terrains secondaires. Cela provient seulement de ce qu'il a basé sa classification sur l'étude de la France, où les terrains secondaires ont un développement particulier. Les falaises de nos côtes les montrent à nu en beaucoup d'endroits : on voit à Boulogne le kimmeridgien et le portlandien, à Wissant le gault et la craie; de grands escarpements de craie se montrent au Tréport, à Dieppe, à Saint-Valery-en-Caux, à Veules, à Fécamp, à Étretat; le jurassique apparaît au-dessous des terrains crétacés au Havre et à Villerville. Trouville est sur l'oxfordien et le corallien; le callovien de Dives et de Villers est célèbre parmi les collectionneurs d'ammonites; les fossiles abondent à Luc, à Langrune, à Saint-Aubin dans le bathonien, à Port-en-Bessin dans le bajocien et le lias. Le corallien de La Rochelle renferme de magnifiques crinoïdes et des polypiers; près de là sont les bancs de kimmeridgien de Châtel-Aillon avec des mollusques dans la position où ils ont vécu. Les falaises de Royan sont formées de craie blanche. Sur les bords de la Méditerranée, à Martigues, à Cassis, à La Ciotat, le crétacé renferme d'intéressants fossiles. L'intérieur de la France n'est pas moins riche que ses rivages en débris des terrains secondaires.

Dans leur ensemble, les temps secondaires présentent une extrême différence avec les temps primaires. Les cryptogames ont fait place aux bois d'arbres verts et aux cycadées. Les habitants des continents se sont multipliés ; les reptiles perfectionnés et souvent gigantesques ont offert des spectacles nouveaux; les mammifères et les oiseaux ont commencé. Au sein des mers, les modifications n'ont pas été moins grandes; aux trilobites, aux orthocères ont succédé les crustacés décapodes, les bélemnites, les ammonites; les poissons osseux ont en partie cessé d'être ganoïdes. La nature, vers le milieu des temps secondaires, a pris une physionomie si spéciale qu'un paléontologiste risque rarement de confondre ses traits avec ceux qu'elle a eus dans les jours primaires et dans les âges plus récents.

Ce changement ne s'est pas opéré brusquement. Le groupe secondaire est divisé en trois systèmes : le trias, le jurassique et le crétacé. Le trias est caractérisé par un mélange de formes primaires et secondaires; le jurassique a peu de formes primaires ou tertiaires; enfin le crétacé voit les genres tertiaires se développer à côté des genres secondaires, de sorte que les personnes mêmes peu disposées en faveur de la doctrine de l'évolution doivent reconnaître qu'en plusieurs choses le Créateur a procédé comme si l'évolution avait été dans sa pensée.

La preuve que la séparation entre le primaire et le secondaire n'est pas bien nette se trouve dans ce fait que des géologues, tels que MM. Marcou et Geinitz, n'ont pas voulu éloigner le permien du trias en attribuant le premier au primaire et le second au secondaire, mais ont formé de l'un et l'autre, sous le nom de *dyas et trias*, une des principales divisions des temps géologiques. Pour nous assurer que la séparation du trias et du jurassique est conventionnelle, il suffit de savoir que l'étage rhétique intercalé entre eux est attribué en France au jurassique, en Allemagne au trias. Pour montrer qu'il n'y a pas une barrière tranchée entre le jurassique et le crétacé, on n'a qu'à rappeler la longue discussion du tithonique que M. Hébert voulait rattacher au crétacé inférieur, tandis que la plupart des autres géologues l'attribuent au jurassique.

Trias. — Dans les Vosges, le duché de Bade, le Wurtemberg, etc., le trias comprend trois étages :

Trias.	Keuper (Saliférien ou étage des marnes irisées).	Keuper proprement dit. Lettenkohle.
	Muschelkalk (conchylien). . . .	
	Grès bigarré.	

Ces étages, sauf le Muschelkalk, ont été presque entièrement formés hors de la mer. L'étude du houiller, du permien et du trias révèle une population terrestre qui, ayant vécu longtemps, a pris une physionomie très accentuée; elle a atteint son maximum de grandeur et de bizarrerie à la fin du trias et s'est abîmée en partie dans la mer du lias.

Par une curieuse vicissitude du sort, les Alpes, qui sont aujourd'hui si élevées, ont été pendant l'époque triasique plus basses que les pays dont je viens de parler ; au lieu de débris terrestres on y voit des coquilles marines. Nulles créatures fossiles n'ont en Europe d'aussi magnifiques tombeaux que celles qui peuplèrent la mer du trias des Alpes. Rien n'est plus pittoresque que le König-see dans les Alpes bavaroises, le lac d'Hallstatt dans le Salzkammergut et le pays des dolomies dans le Tyrol. Leur beauté a attiré les naturalistes, et, depuis quelques années, grâce surtout à M. de Mojsisovics, la paléontologie du trias, qui jadis semblait pauvre, a montré une merveilleuse richesse. On a trouvé à la fois des genres primaires tels qu'*Orthoceras*, *Cyrtoceras*, *Goniatites*, *Murchisonia*, *Euomphalus* et des types secondaires tels qu'*Ammonites*, *Belemnites*, *Nerinea*, *Trigonia*, *Ostrea*. Voici le tableau des superpositions qui ont été admises par M. de Mojsisovics :

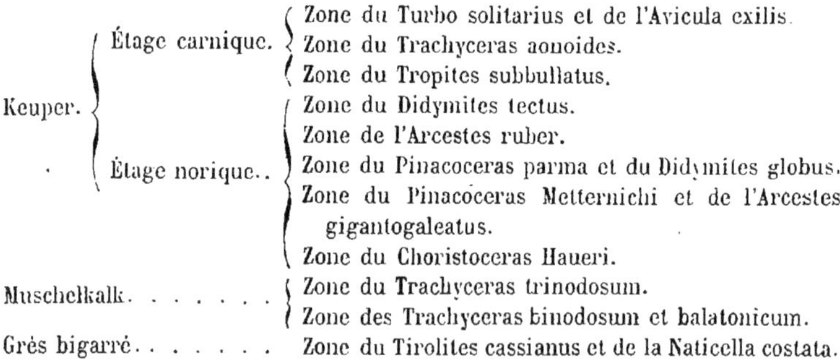

Keuper.	Étage carnique.	Zone du Turbo solitarius et de l'Avicula exilis.
		Zone du Trachyceras aonoides.
		Zone du Tropites subbullatus.
	Étage norique..	Zone du Didymites tectus.
		Zone de l'Arcestes ruber.
		Zone du Pinacoceras parma et du Didymites globus.
		Zone du Pinacoceras Metternichi et de l'Arcestes gigantogaleatus.
		Zone du Choristoceras Haueri.
Muschelkalk.		Zone du Trachyceras trinodosum.
		Zone des Trachyceras binodosum et balatonicum.
Grès bigarré.		Zone du Tirolites cassianus et de la Naticella costata.

Lias. — Au-dessus du trias s'étend le système jurassique; son nom est tiré de son développement dans le Jura ; cette chaîne se montre particulièrement favorable pour son étude;

il en est de même de la Côte d'Or qui, suivant d'Archiac[1], est *une sorte de petite sœur jumelle de la chaîne du Jura.*

Le terrain jurassique comprend deux groupes principaux : le lias et l'oolite.

Le lias[2] n'a pas une épaisseur considérable, et, jusqu'à présent, il ne semble pas avoir beaucoup d'extension en dehors de l'Europe. Mais il a acquis de l'importance à cause de la remarquable conservation de ses fossiles. Cette conservation a une cause singulière : dans un grand nombre de places, le lias est représenté par des dépôts argileux qui, à l'origine, ont été à l'état de boue; en s'y enfouissant, les animaux ont été promptement mis à l'abri de l'air et de l'eau, de sorte qu'aujourd'hui on retrouve leurs débris intacts ; il n'en serait pas de même s'ils eussent vécu dans des eaux pures ayant pour fond un beau sable ou s'ils eussent été engagés dans des marbres d'où le marteau du géologue peut difficilement les extraire.

M. Quenstedt a divisé le lias du Wurtemberg en plusieurs assises; Dumortier a reconnu dans celui de la France quatre étages subdivisés en neuf sous-étages, tous caractérisés par une faune spéciale. En Angleterre, Wright a admis des zones fossilifères encore plus nombreuses ; en voici la liste :

Lias supérieur ou toarcien. .	Zone du Lytoceras jurense. Zone du Stephanoceras commune.
Lias moyen ou liasien. . . .	Zone de l'Amaltheus spinatus. Zone de l'Amaltheus margaritatus. Zone de l'Aigoceras Henleyi. Zone de l'Amaltheus ibex. Zone de l'Aigoceras Jamesoni.
Lias inférieur ou sinémurien.	Zone de l'Arietites raricostatus. Zone de l'Amaltheus oxynotus. Zone de l'Arietites obtusus. Zone de l'Arietites Turneri. Zone de l'Arietites Bucklandi.
Infra-lias ou étage rhétien. .	Zone de l'Aigoceras angulatum. Zone de l'Aigoceras planorbis. Zone de l'Avicula contorta.

1. *Géologie et paléontologie*, p. 556, in-8, 1866.

2. Je crois inutile de rappeler les étymologies des noms de terrains et de genres qui ont été données dans mon volume précédent (Fossiles primaires).

Les zones se subdivisent à leur tour en zonules qui présentent le plus souvent quelques différences dans les modes d'associations des fossiles et ainsi prouvent qu'il y a eu de continuels changements d'acteurs dans le grand drame de la vie paléontologique[1].

Oolite[2]. — Le terrain qui recouvre le lias est fréquemment rempli de petits grains calcaires ou ferrugineux dont l'aspect simule des œufs de poissons ; de là est venu son nom d'oolite[2] ou système oolitique.

La plupart des géologues s'accordent à distinguer dans l'oolite les étages suivants :

7°. Purbeckien.
6°. Portlandien.
5°. Kimmeridgien.
4°. Corallien ou Coral Rag.
3°. Oxfordien ou Oxford clay (avec le Callovien).
2°. Bathonien ou Grande oolite.
1°. Bajocien ou Oolite inférieure.

Chacun de ces étages présente lui-même de nombreuses subdivisions qui nécessairement varient d'un pays à l'autre, car les changements, soit du monde organique, soit du monde physique, n'ont pu se produire partout et toujours de la même façon. On a remarqué que certaines formes ont affectionné particulièrement les places où se déposait de l'argile et que d'autres ont affectionné les places où se déposait du calcaire ; elles sont tour à tour parties et revenues avec quelques légers changements au fur et à mesure que le milieu leur convenait ou leur déplaisait.

Voici la liste de quelques-unes des superpositions de couches qui ont été relevées dans le bassin anglo-parisien :

1. Wright a énuméré toutes ces zonules dans sa grande *Monographie des Ammonites du lias* (*Palæontographical Society*, p. 1 à 167. 1878 à 1880).

2. Ὠὸν, œuf ; λίθος, pierre. La terminaison *lithe*, tirée de λίθος, revient si souvent dans le langage des géologues que, pour abréger, ils ont pris l'habitude d'écrire *lite* au lieu de *lithe*.

Étage	Sous-étage	Zones
Purbeckien.		
Portlandien dans le Boulonnais, d'après M. Pellat.	Sous-étage supérieur.	Zone du Cardium dissimile. Zone de la Trigonia gibbosa. Zone du Cardium Pellati.
	Sous-étage moyen. . .	Zone de l'Ostrea expansa. Zone du Cardium Morinicum.
	Sous-étage inférieur.	Zone du Pterocceras Oceani Zone de la Perna rugosa. Zone de la Trigonia Pellati. Zone de l'Olcostephanus portlandicus.
Kimmeridgien dans l'Est de la France, d'après MM. Royer, Tombeck, de Loriol.	Sous-étage virgulien (Gryphæa virgula). .	Zone de l'Olcostephanus Erinus. Zone de l'Olcostephanus Eumelus.
	Sous-étage ptérocérien	Zone du Disaster granulosus. Zone de la Pholadomya Protei. Zone de la Rhabdocidaris Orbignyana. Zone de la Ceromya excentrica. Zone des Pterocceras.
Corallien dans l'Est de la France, d'après MM. Royer, Tombeck, de Loriol, Renevier.	Sous-étage astartien. .	Zone des Astarte et de la Terebratula humeralis.
	Oolite de La Mothe. .	Zone des Nerinea Mosæ, Mariæ, gradata
	S.-ét. séquanien (ancienne séquanaise).	Zone de la Perna subplana.
	S.-ét. rauracien (Rauracie) ou dicératien.	Zone du Diceras arietinum.
	Sous-étage glypticien.	Zone du Glypticus hieroglyphicus.
Oxfordien à l'Ouest du bassin de Paris, d'après MM. Hébert, Douvillé.	Sous-étage du Perisphinctes Martelli . .	Zone de la Nerinea clavus. Zone du Nucleolites scutatus. Zone de la Perna quadrilatera.
	Sous-étage du Cardioceras cordatum. . . .	Zone de l'Ostrea gregaria. Zone du Peltoceras arduennense.
	S.-ét. du Card. Mariæ.	Zone de la Gryphæa dilatata.
	S.-ét. du C. Lamberti.	Zone du Peltoceras athleta.
	Sous-étage callovien (Kelloway's rock). . .	Zone du Reineckia anceps. Zone du Stephanoceras macrocephalum.
Bathonien à l'Est du bassin de Paris, d'après MM. Hébert, Douvillé, Wohlgemuth.	Sous-étage supérieur Cornbrash, Forest-marble, Bradford-clay en Angleterre. .	Zone de la Lyonsia peregrina. Zone de l'Ostrea Knorri. Zone de la Rhynchonella varians. Zone de la Waldheimia lagenalis. Zone de la Waldheimia ornithocephala
	Grande oolite proprement dite.	Zone de l'Anabacia orbulites. Zone de la Rhynchonella decorata. Zone de l'Avicula Braamburiensis.
	Fuller's earth.	Zone de l'Ostrea acuminata.
Bajocien à l'Est du bassin de Paris, d'après MM. Bleicher, Douvillé.	Sous-étage supér. (à Stephanoceras Humphriesianum	Zone du Cidaris Zschokkei. Zone de l'Isastrea Conybeari. Zone de la Phasianella striata. Zone du Pecten silenus. Zone de l'Arca oblonga.
	Sous-étage inférieur.	Zone de l'Harpoceras Sowerbyi. Zone de l'Harpoceras Murchisonæ.

L'étage corallien est un de ceux qui ont donné lieu aux plus intéressantes remarques. MM. Tombeck, Pellat, Douvillé et plusieurs autres géologues ont montré que, suivant que les conditions avaient favorisé le développement des coraux ou de la vie pélagique, les faunes avaient changé au point de devenir méconnaissables. D'autres étages ont été l'objet d'observations analogues. Les études faites dans les différents pays prouvent que pour juger les enchaînements des anciens êtres, on ne doit pas les étudier sur un seul point; il faut les suivre dans leurs déplacements.

Crétacé. — Le nom de système crétacé a été imaginé parce que la craie (*creta*) occupe dans nos pays une partie de ce système. Mais, comme le disent les logiciens, les noms un peu extensifs ne sont pas compréhensifs; cela est tellement vrai en géologie qu'il n'est pas rare d'entendre soutenir cette paradoxale assertion : que les noms qui ne signifient rien sont les meilleurs[1]. En réalité, les terrains crétacés ne justifient leur nom que dans leurs étages supérieurs, et encore si on quitte nos pays, on voit que bien souvent ces étages supérieurs ne sont pas à l'état de craie. Ce n'est pas une raison pour ne pas conserver le mot de système crétacé; les noms extensifs de système, de classe, de genre, etc., sont purement conventionnels.

Le système crétacé a été étudié dans tous les pays du monde. En Europe, et notamment en France, ses couches ont été habilement disséquées. Pendant longtemps on a cru qu'il suffisait d'admettre les divisions suivantes :

Crétacé.	supérieur.	Sénonien ou Craie blanche.
		Turonien ou Craie tuffeau.
	moyen . .	Cénomanien ou Craie glauconieuse.
		Gault ou Albien.
	inférieur.	Aptien.
		Néocomien.

1. Je ne peux pas admettre cette assertion ; un nom qui signifie souvent quelque chose vaut mieux qu'un nom qui ne signifie jamais rien.

Aujourd'hui chacun de ces étages est partagé en sous-étages qui eux-mêmes sont partagés en plusieurs zones. Voici quelques-unes des subdivisions qui ont été proposées dans le bassin parisien :

Étage	Sous-étage	Zone
Danien.	Sous-étage du Calcaire pisolitique. .	Zone du Nautilus danicus, du Gavialis macrorhynchus.
	Sous-étage du Calcaire à baculites. .	Zone du Baculites anceps.
Sénonien de l'Yonne, d'après MM. Hébert, de Mercey et Lambert.	Sous-étage de la Belemnitella mucronata, du Micraster Brongniarti.	
	Sous-étage de la Belemnitella quadrata.	Zone de l'Offaster corculum.
		Zone de l'Offaster pilula.
	Sous-étage du Micraster cor-anguinum.	Zone du Marsupites ornatus.
		Zone de la Lima Hoperi.
		Zone de l'Echinoconus conicus.
		Zone de l'Epiaster gibbus.
	Sous-ét. du Micraster cor-testudinarium.	Zone de l'Holaster placenta.
		Zone du Cyphosoma radiatum.
Turonien de l'Yonne, d'après MM. Hébert et Lambert.	Sous-ét. du Micraster breviporus.	Zone de l'Holaster planus.
		Zone de l'Holaster icaunensis.
		Zone de la Terebratulina gracilis.
	Sous-étage de l'Inoceramus labiatus.	Zone de l'Echinoconus subrotundus.
		Zone du Cidaris hirudo.
		Zone du Belemnites plenus.
Cénomanien de la vallée de la Seine, d'après M. Hébert.	Sous-étage de l'Holaster subglobosus.	
	Sous-étage de l'Holaster nodulosus.	
	Sous-étage de l'Holaster suborbicularis.	
Gault de la Champagne, d'après Tombeck.	Sous-étage de la Schloenbachia inflata.	
	Sous-étage des Hoplites splendens et auritus.	
	Sous-étage de l'Hoplites Deluci, des Acanthoceras mamillare, Lyelli.	
Aptien de la Champagne, d'après Cornuel et M. Barrois.	Sous-étage des Ostrea aquila et arduennensis.	
	Sous-étage des Plicatula.	Zone de l'Ancyloceras Matheronianum.
		Zone de la Terebratula sella.
Néocomien de la Champagne, d'après Cornuel.	Urgonien (Orgon, Bouches-du-Rhône).	Zone de l'Heteraster oblongus.
		Zone des Unio Martini, Cornueliana.
		Zone de l'Ostrea Leymerii.
	Néocomien proprement dit.	Zone de l'Ostrea Couloni.
		Z. de l'Echinospatagus cordiformis.
		Zone de la Trigonia longa.
		Zone de la Trigonia rudis.

Voici les subdivisions du bassin crétacé de la Provence :

Danien de la Provence, suivant M. Toucas.	Garumnien.	Zone des Physa et des Lychnus de Rognac
		Zone de la Cyrena galloprovincialis.
	Dordonien ou Maestrichtien.	Zone de la Cardita Heberti.
		Zone de l'Ostrea acutirostris.
		12ᵉ zone de rudistes. Hippurites radiosus.
		11ᵉ zone de rudistes. Radiolites fissicostatus major.
Sénonien de la Provence, suivant M. Toucas.	Campanien.	Zone du Cidaris cretosus.
		Zone des Ostrea Matheronis, Peronis.
		10ᵉ zone de rudistes. Hippurites dilatatus, bioculatus.
		Zone des Belemnitella.
		9ᵉ zone de rudistes. Hippurites canaliculatus, Toucasi, cornu-vaccinum, Monopleura marticensis.
	Santonien.	Zone de l'Inoceramus digitatus.
		Zone de l'Acanthoceras Pailleteanum.
		Zone de l'Arietites subtricarinatus.
		Zone de l'Ostrea plicifera.
Turonien de la Provence, suivant M. Toucas.	Angoumien.	8ᵉ zone de rudistes. Sphærulites angeiodes, Martini.
		7ᵉ zone de rudistes. Hippurites Requieni.
		6ᵉ zone de rudistes. Sphærulites patera.
		5ᵉ zone de rudistes. Sphærulites Ponsianus.
		4ᵉ zone de rudistes. Sphærulites Pailleteanus.
	Ligérien.	Zone de l'Inoceramus labiatus.
Cénomanien de la Provence, suivant M. Toucas.	Carentonien.	3ᵉ zone de rudistes. Caprina adversa.
		Zone de l'Heterodiadema libycum.
		2ᵉ zone de rudistes. Niveau inférieur de la Caprina adversa.
	Rotomagien.	Zone de l'Anorthopygus orbicularis.
		Zone du Pecten asper.
Gault de la Provence, suivant M. Renevier.	Vraconnien. .	Zone de la Schloenbachia inflata.
	Albien. . . .	Zone du Belemnites minimus.
Aptien de la région du mont Ventoux, suivant M. Leenhardt.		Zone du Belemnites semicanaliculatus.
		Zone de l'Hoplites Dufrenoyi.
		Zone de l'Hoplites Deshayesi (consobrinus).
Néocomien dans la région du mont Ventoux, suivant M. Leenhardt.	Urgonien.	Zone supérieure des Orbitolina, Ostrea aquila.
		1ʳᵉ zone de rudistes. Requienia ammonia et Lonsdalii.
		Zone inférieure des Orbitolina, Costidiscus recticostatus.
	Néocomien.	Zone du Desmoceras difficile.
		Zone du Crioceras Duvalii.
		Zone de l'Hoplites neocomiensis.
		Zone des Hoplites Boissieri et privasensis.

Comme le montre ce tableau, on compte dans la série des étages crétacés du Sud-Est de la France une douzaine de formations de rescifs de rudistes et de polypiers. Ces rescifs contrastent avec les autres formations dites pélagiques où abondent des mollusques divers et souvent des ammonites.

Dans le Sud-Ouest, on a observé de semblables alternances, et même M. Arnaud s'en est servi pour distinguer les sous-étages. Voici la série qu'il a admise :

Danien . . .	Dordonien	Formations	coralliennes.
Sénonien. . .	Campanien.	—	pélagiques.
	Santonien	—	coralliennes.
	Coniacien.	—	pélagiques.
Turonien. . .	Provencien et Angoumien.	—	coralliennes.
	Ligérien.	—	pélagiques.
Cénomanien.	Carentonien	—	coralliennes.

Dans le terrain crétacé, comme dans le terrain jurassique, on observe plus de ressemblance entre deux faunes coralliennes d'étages différents qu'entre deux faunes consécutives d'un même étage dont l'un est pélagique et dont l'autre est corallien. M. Péron a constaté que les bancs de rudistes et de polypiers ont reparu avec des apparences presque semblables dans divers étages de la période crétacée. Les mêmes conditions d'existence ont amené le développement des mêmes sortes d'animaux. Assurément les corps qui ont reçu le don magnifique de la vie n'ont pas été que de serviles jouets des événements du monde inorganique; leurs hautes destinées n'ont pas dépendu entièrement des modifications des terres et des mers, de la température, des courants. Cependant, comme dans les harmonies de la nature tout doit se tenir, il faut croire que les changements physiques ont joué un certain rôle dans les mutations de la vie, et il est intéressant d'étudier ce rôle.

Ce qui, dès à présent, d'après l'état de nos connaissances, paraît certain, c'est que sans cesse et partout le monde organique a été en mouvement. Les travaux de paléontologie stratigraphique montrent, ainsi que je l'ai dit au commencement de cet ouvrage, qu'il y a lieu d'adopter des idées bien différentes de celles que les premières observations des géologues avaient suggérées; au lieu de quelques grands étages bien circonscrits, on doit admettre une multitude de zones fossilifères dont les caractères sont instables dans le temps et dans l'espace. Le changement, toujours le changement, c'est là le mot qui résume le mieux l'histoire de la vie.

La limite du secondaire et du tertiaire est très nette dans nos pays, sans doute parce qu'il y a eu un vaste exhaussement du sol qui a changé les conditions d'existence. Au contraire, dans l'Amérique du Nord, il est difficile d'établir où finit le secondaire et où commence le tertiaire. A l'est des Montagnes Rocheuses, entre les terrains crétacés et tertiaires, il y a un puissant groupe d'assises, appelé le Lignitic group ou Groupe de Laramie. On y a rencontré plusieurs dinosauriens; cela a porté MM. Marsh et Cope à le ranger dans le crétacé. D'autre part, Lesquereux y a cité une multitude de plantes tertiaires et M. Marsh vient d'y signaler des mammifères auxquels M. Lemoine trouve très justement une singulière ressemblance avec ceux qu'il a découverts auprès de Reims dans des couches certainement tertiaires. On a dit que des erreurs avaient été commises dans les Western Territories; des assises d'âge différent auraient été confondues ensemble. Mais sans doute M. Marsh n'admet pas que cette observation s'applique à tous les points où il y a mélange de formes crétacées et tertiaires, car, en décembre 1889, après avoir parlé des couches où se trouvent de gigantesques cératopsidés, d'autres dinosauriens et des plésiosauriens, il écrit : *de nombreux petits mammifères ont aussi été ensevelis dans cette formation*[1]. Ainsi, à en juger par l'état actuel des observations, il semble qu'il y ait eu simultanément en Amérique des types secondaires et des types qui en France sont tertiaires.

1. *American Journal of sciences*, vol. XXXVIII, page 502, Déc. 1889.

CHAPITRE II

LES FORAMINIFÈRES SECONDAIRES

La nature est également belle dans les grandes et dans les petites choses; mais les grandes choses nous sont en partie familières, au lieu que le monde des infiniment petits est un inconnu où notre esprit charmé s'avance de surprise en surprise.

On trouve dans les terrains secondaires des foraminifères et des radiolaires.

Foraminifères. — Les recherches de Terquem sur les foraminifères secondaires de la France fournissent une preuve de la passion qu'inspire l'examen des fossiles microscopiques. A l'âge de plus de quatre-vingts ans, cet habile naturaliste passait encore ses journées dans notre laboratoire du Muséum, soit à les observer au microscope, soit à en faire de jolis dessins, soit à les classer sur des plaques de verre admirablement disposées pour l'étude; c'était plaisir pour nous de voir combien ces travaux embellissaient les derniers jours de sa vie. Les foraminifères secondaires de la France ont été décrits aussi par d'Orbigny, MM. Berthelin, Schlumberger, Munier-Chalmas, Deecke; ceux des pays étrangers ont été également l'objet d'importantes recherches.

Je réunis ici quelques figures qui peuvent donner une idée de la diversité des formes dans les foraminifères secondaires. Les uns ont eu une seule loge formant un simple ovale comme dans *Entosolena*[1] (fig. 1), ou se contournant en spirale comme dans *Involutina*[2] (fig. 2). Souvent plusieurs loges se sont déve-

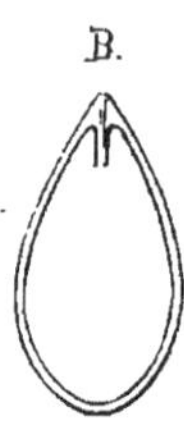

Fig. 1. — *Entosolena* (espèce nouvelle), grandie 100 fois. A. vue extérieure ; B. vue par transparence, montrant le tube buccal invaginé en dedans. (Dessin de M. Schlumberger.) — Oxfordien de Toul.

Fig. 2. — *Involutina Jonesi*, grandie 18 fois. (Dessin fait par M. Schlumberger d'après une section longitudinale.) — Lias inférieur de la Meurthe.

loppées à la suite les unes des autres, soit en ligne droite (*Frondicularia*[3], fig. 3), soit sur une ligne courbe (*Dentalina*[4],

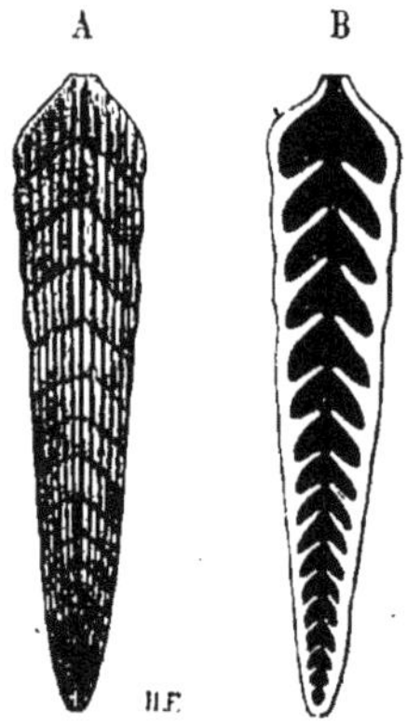

Fig. 3. — *Frondicularia pulchra*. A. vue extérieure ; B. coupe verticale. (Dessin de M. Schlumberger.) — Lias moyen de Nancy.

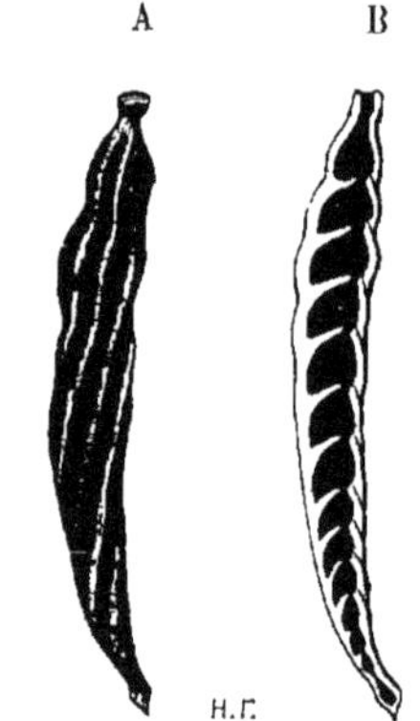

Fig. 4. — *Dentalina matutina*. A. vue extérieure ; B. coupe verticale. (Dessin de M. Schlumberger.) — Lias moyen de Nancy.

fig. 4). D'autres fois, la coquille s'est enroulée en spirale, et alors tantôt les loges se sont serrées les unes contre les autres

1. 'Εντὸς, en dedans ; σωλήν, ῆνος, canal.
2. *Involutus*, enveloppé.
3. *Frons*, *frondis*, guirlande.
4. *Dentalium*, *dentale*, coquille de mollusque courbée comme *Dentalina*.

(*Cristellaria*[1], fig. 5, et *Discorbina*[2], fig. 6), tantôt elles sont restées comme des globules faiblement unis (*Globigerina*[3],

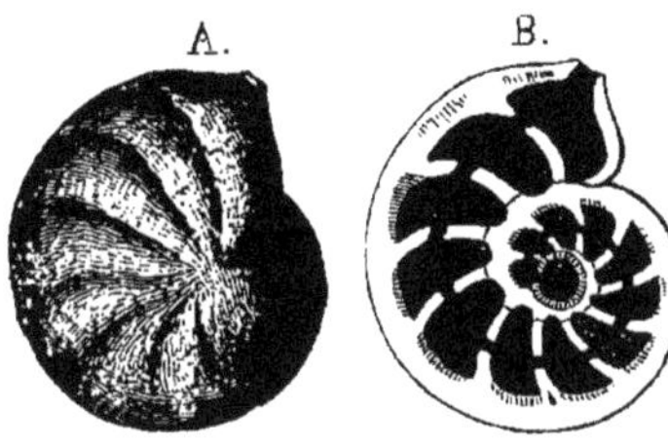

Fig. 5.— *Cristellaria metensis*, grandie 25 fois. A. vue en dehors; B. section longitudinale. (Dessin de M. Schlumberger.) — Lias moyen de Nancy.

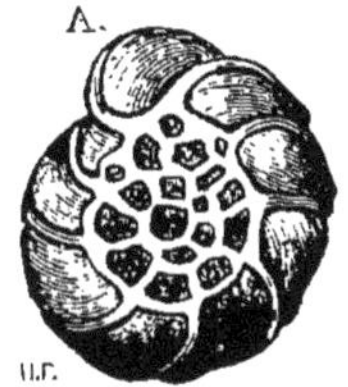

Fig. 6. — *Discorbina*, n. sp., grandie 30 fois. A. vue en dessus; B. vue en dessous. (Dessin de M. Schlumberger.) — Oxfordien de Toul.

fig. 7). Les loges, au lieu d'être sur un seul rang, ont pu se placer sur deux rangs, suivant la disposition alterne que

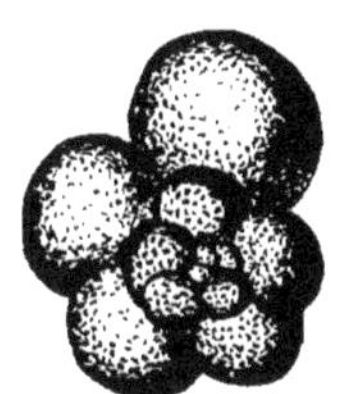

Fig. 7. — *Globigerina bulloides* (*cretacea*), gr. 95 fois (d'après d'Orb.). — Craie de St-Germain-en-Laye.

Fig. 8. — *Textilaria Pikettyi*, grandie 30 fois (d'après Terquem). — Liasien de Montigny-les-Metz.

Fig. 9. — *Gaudryina pupoides*, grandie 25 fois (d'après d'Orbigny). — Craie de Meudon.

d'Orbigny a appelée énallostègue (*Textilaria*[4], fig. 8). Dans *Gaudryina*[5] (fig. 9), les loges, d'abord rangées en spirale, ont ensuite pris la disposition alterne.

1. *Crista*, crête.
2. *Dis*, préposition qui marque la division; *corbina*, diminutif de *corbis*, corbeille.
3. *Globus*, globe; *gero*, je porte.
4. *Textile*, tissu.
5. Ce n'est pas à moi que d'Orbigny a dédié ce genre, mais à mon père, ancien bâtonnier de l'ordre des avocats, qui, dans ses moments de loisir, cultivait avec ardeur diverses branches de l'histoire naturelle et a été l'initiateur de mes recherches.

La structure a changé aussi bien que la forme. Il y a des coquilles de foraminifères secondaires criblées de trous si grands qu'on les aperçoit avec un faible grossissement (fig. 7), d'autres avec des trous si fins qu'on a beaucoup de peine à les voir même avec un fort grossissement (fig. 4, 5), d'autres (fig. 14) où il n'y a plus de pores, mais une seule et large ouverture pour le passage des pseudopodes; alors elles prennent, au lieu de l'aspect du verre qui laisse passer la lumière, l'aspect de la porcelaine qui la réfléchit; aussi on les appelle des porcellanées, tandis qu'on nomme vitreuses celles qui ont de nombreux trous. Enfin quelques foraminifères n'ont pas sécrété une coquille; mais ils s'en sont construit une d'emprunt en agglutinant les granules étrangers qu'ils rencontraient (fig. 10); ceux-là s'appellent des arénacés. Leur surface

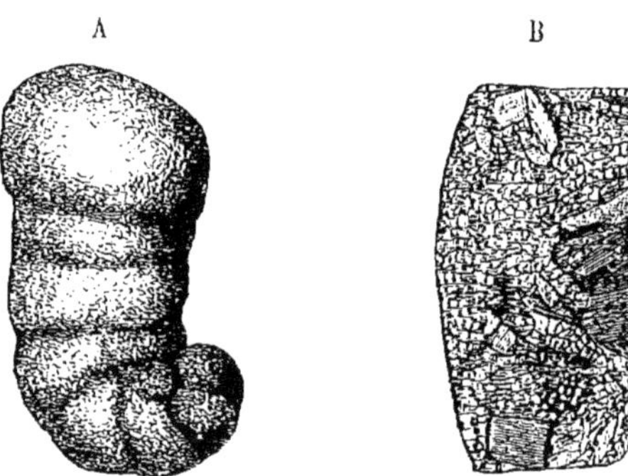

Fig. 10. — *Lituola rugosa*, grandie 5 fois. On a représenté à côté une section mince d'un fragment de la coquille vue par transparence, grandie 50 fois. (Dessin de M. Schlumberger.) — Cénomanien de l'Ile Madame.

présente une apparence singulière, lorsqu'on la regarde au microscope; on s'en rendra compte en considérant le dessin ci-contre d'un fragment que M. Schlumberger a bien voulu exécuter pour mon ouvrage; une coquille de *Textilaria* s'y montre agglutinée au milieu de granules de sable.

Passages entre les espèces. — Les savants, qui ont le plus étudié les foraminifères, ont été dans l'impossibilité d'y reconnaître des espèces fixes. William Carpenter, dont la vie a été surtout consacrée à l'examen de ces petits êtres, a déclaré que la notion d'espèces, considérées comme des assemblages d'individus séparés les uns des autres par des caractères constants, est inapplicable à la classe des foraminifères. Terquem s'est exprimé ainsi dans son livre sur les foraminifères du lias[1] : « *Nous avons évité, autant qu'il nous a été possible, d'établir des espèces nouvelles, et à cet effet nous avons produit de nombreuses variétés que nous aurions pu multiplier, pour ainsi dire, à l'infini; nous n'aurions eu qu'à dessiner les modifications qu'une espèce subit en passant d'une assise dans une autre.... Nos nombreuses recherches et l'expérience que nous avons acquise en dessinant nous-même tous nos fossiles nous ont démontré que jamais les foraminifères ne se présentent avec une identité absolue dans deux localités différentes; leur rapport n'est que relatif et les modifications sont plus ou moins profondes. Si donc nous ne nous étions imposé des limites très étroites, le nombre de nos espèces en aurait été plus que décuplé, et, au lieu de près de* 500 *espèces que nous avons publiées, nous en aurions compté plus de* 5000. »

On se fera une idée de la variabilité des individus dans une

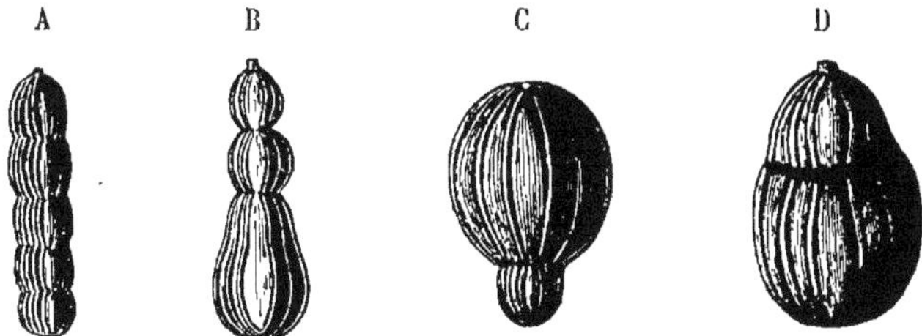

Fig. 11. — Variations de la *Nodosaria mutabilis*. A. Individu grandi 35 fois; B. autre individu grandi 50 fois; C. et D. autres individus grandis 80 fois (d'après Terquem). — Oolite de Fontoy.

même espèce de foraminifère, en regardant la figure 11, qui représente quelques échantillons d'une même espèce de *Nodo-*

1. *Recherches sur les foraminifères du lias*, p. 471. 6e mémoire. Metz, 1866.

saria[1] et la figure 12 où sont dessinées des coquilles d'une même espèce de *Placopsilina*[2].

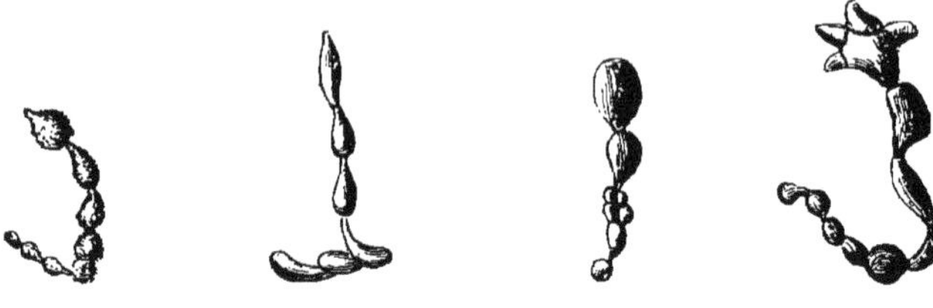

Fig. 12. — Variations de *Placopsilina cornuta*, à 1/10 de grandeur (d'après Terquem). — Lias moyen de Vic.

Passages entre les genres. — Plusieurs paléontologistes, notamment Rupert Jones[3], ont donné des preuves de passages entre différents genres de foraminifères. Pour faire voir comment ces genres s'enchaînent, j'ai choisi quelques formes du lias qui ont été décrites par Terquem et je les ai groupées ainsi qu'on le voit dans la figure 13. Ces formes sont :

A. Oolina ovata, grandie 20 fois.
B. Glandulina cuneiformis, grandie 15 fois.
C. Glandulina conica, grandie 40 fois.
D. Nodosaria nitida, grandie 20 fois.
E. Dentalina subelegans, grandie 8 fois.
F. Marginulina sandalina, grandie 16 fois.
G. Marginulina nuda, grandie 15 fois.
H. Cristellaria antiquata, grandie 10 fois.
I. Cristellaria Terquemi, grandie 8 fois.
K. Cristellaria prima, grandie 10 fois.
L. Frondicularia rhomboidalis, grandie 18 fois.
M. Frondicularia sacculus, grandie 30 fois.
N. Frondicularia Terquemi, grandie 15 fois.
O. Flabellina Deslongchampsi, grandie 25 fois.
P. Flabellina obliqua, grandie 30 fois.

Supposons qu'*Oolina*[4] *ovata*, A. se cloisonne à l'intérieur, on aura une forme qui ressemblera bien à *Glandulina*[5] *cunei-*

1. *Nodosus*, noueux.
2. Πλάξ, ακὸς, plaque; ψιλὸς, sans poils, épilé.
3. Je dois citer parmi ses nombreuses notes : *Remarks on the Foraminifera, with especial reference to their variability of form, illustrated by the Cristellarians* (*The Monthly microscopical Journal*, Feb. 1876).
4. Ὠὸν, œuf.
5. Diminutif de *glans*, gland.

formis, B. Il n'y a pas loin de cette espèce à *Glandulina*

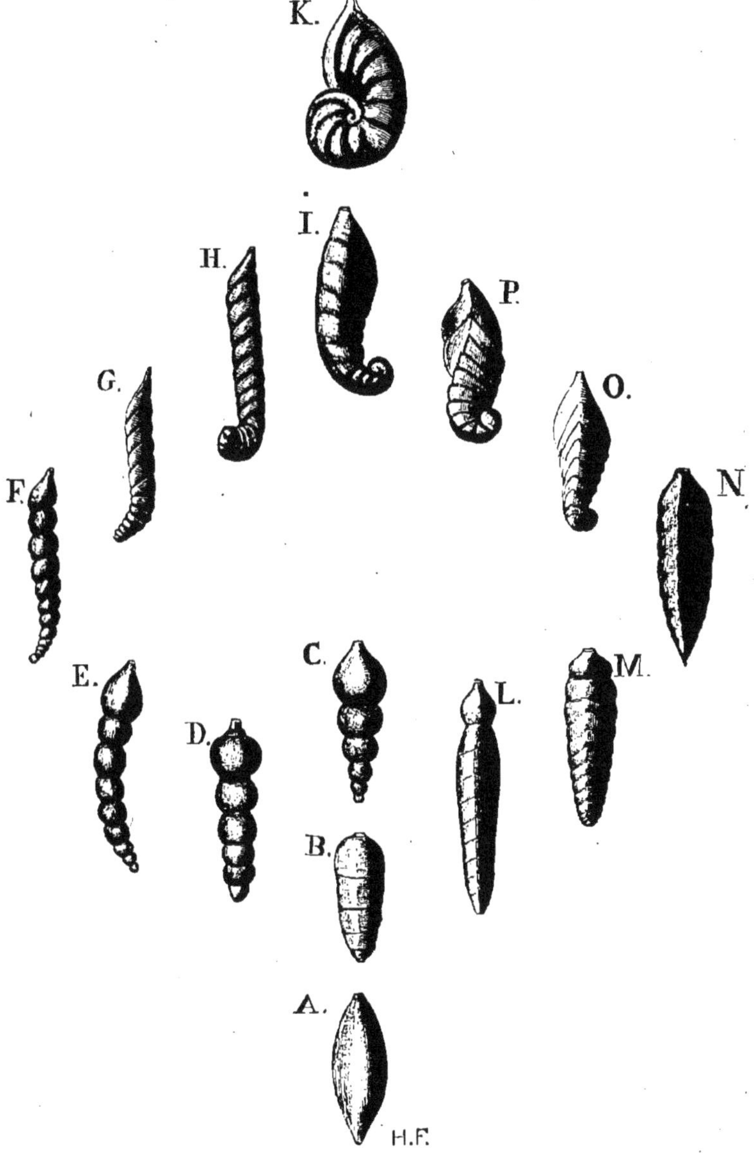

Fig. 13. — Transitions entre des foraminifères du lias (d'après des figures choisies dans l'ouvrage de Terquem intitulé : *Recherches sur les foraminifères du lias du département de la Moselle*, 1858-1866).

conica, C. et de *Glandulina conica* à *Nodosaria nitida*, D.

Lorsque *Nodosaria* est courbée, elle s'appelle *Dentalina*, E. Si l'ouverture, au lieu de rester centrale, se porte sur le côté, *Dentalina* devient *Marginulina*[1] *sandalina*, F. ou *Marginulina nuda*, G. Quand *Marginulina nuda* s'enroule en spirale, on a *Cristellaria antiquata*, H., puis *Cristellaria Terquemi*, I., et enfin *Cristellaria prima*, K. D'autre part, nous remarquons que *Glandulina*, C. se distingue de *Frondicularia* parce que ses loges sont rondes, au lieu d'avoir la forme de chevrons; mais si entre *Glandulina conica*, C. et *Frondicularia Terquemi*, N. nous plaçons *Frondicularia rhomboidalis*, L. et *sacculus*, M., nous voyons la transition. *Frondicularia*, dont les premières loges sont tournées en spirale et ne sont pas disposés en chevrons, s'appelle *Flabellina*[2] *Deslongchampsi*, O. Il se peut que *Flabellina* perde une partie de ses loges en chevron comme dans *Flabellina obliqua*, P. qui n'en a plus que deux, et dans *Flabellina bicostata* qui n'en a plus qu'une; si elle les perd complètement, elle devient *Cristellaria Terquemi*, I., et, si *Cristellaria Terquemi* se contourne davantage en spirale, on a *Cristellaria prima*, K., déjà obtenue par les modifications de *Marginulina*. Il semble résulter de là un fait semblable à celui que nous ont présenté les céphalopodes primaires[3], à savoir que des coquilles issues d'une même forme ont pu diverger et ensuite revenir par des voies différentes à une autre forme unique.

Les passages entre les genres ont été surtout mis en lumière par les récentes recherches de MM. Munier-Chalmas et Schlumberger sur la structure intérieure des foraminifères. Par exemple ils ont étudié sous le nom d'*Idalina*[4] *antiqua* une espèce qui est abondante dans la craie à hippurites des Martigues. Ils ont remarqué des individus qui extérieurement ont une seule loge (fig. 14, A) comme les foraminifères appelés par

1. Diminutif de *margo, inis*, bord, parce que l'ouverture, au lieu d'être au milieu, est au bord.

2. *Flabellum*, éventail.

3. Voir *Enchaînements, Fossiles primaires*, p. 170, fig. 168.

4. Nom propre.

d'Orbigny des monostègues[1], d'autres (même figure, B) qui ont deux loges apparentes comme les *Biloculina*[2], d'autres

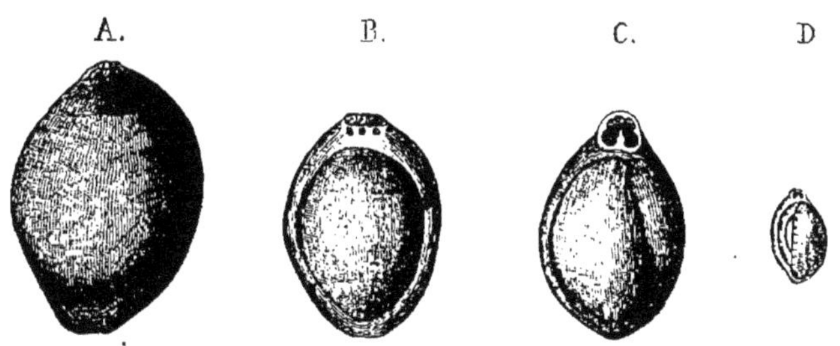

Fig. 14. — *Idalina antiqua.* — A. Sujet qui a une seule loge apparente, grandi 6 fois; B. sujet qui a deux loges apparentes, grandi 10 fois; C. sujet qui a trois loges apparentes, grandi 12 fois; D. sujet qui a cinq loges apparentes, grandi 25 fois (d'après MM. Munier-Chalmas et Schlumberger). — Crétacé supérieur de l'étang de Berre près Marseille.

(même figure, C) qui en ont trois comme les *Triloculina*[3], d'autres qui en ont quatre, d'autres (même figure, D) qui en ont cinq comme les *Quinqueloculina*[4]. Or MM. Munier-Chalmas et Schlumberger ont découvert que ces apparences diverses représentent simplement les phases de développement d'un même foraminifère; ils en ont donné la preuve en faisant des sections transverses qui exposent la succession des phases par lesquelles *Idalina* a passé. Dans la figure 15, ce foraminifère ressemble à une *Biloculina* : la première loge formée après la loge centrale a été la loge I; lorsque la loge II, puis la loge III, puis la loge IV ont été ajoutées, le foraminifère a gardé le type *Biloculina*, c'est-à-dire n'a montré à l'extérieur que deux loges. Dans la figure 16, on voit que, lorsque les loges I, II, III ont été formées, l'état a été triloculinaire; il s'est maintenu lorsque la loge IV, puis la loge V, puis la loge VI, puis la loge VII ont été ajoutées; quand la loge VIII, qui était plus embrassante, a été formée, l'état est devenu

1. Μόνος, seul; στέγη, loge.
2. *Bis*, deux fois; *loculus*, loge.
3. *Tres*, trois, et *loculus*.
4. *Quinque*, cinq, et *loculus*.

biloculinaire. Dans l'*Idalina* représentée figure 17, l'état a été quinquéloculinaire après la formation de la loge V, quadriloculinaire après la formation de la loge VI, triloculinaire après la formation de la loge VII et biloculinaire après la

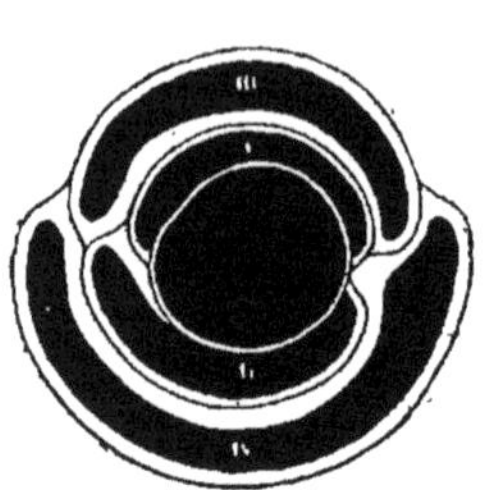

Fig. 15. — Section transverse d'*Idalina antiqua*, forme A, grandie 31 fois (d'après MM. Munier-Chalmas et Schlumberger).

Fig. 16. — Section transverse d'une autre *Idalina antiqua*, forme A, grandie 28 fois (d'après MM. Munier-Chalmas et Schlumberger).

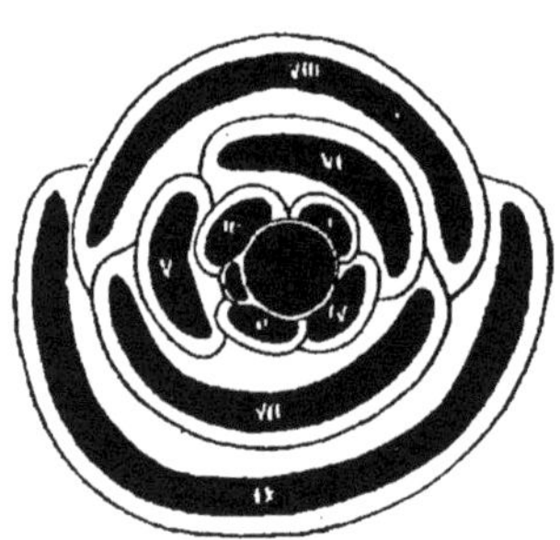

Fig. 17. — Section transverse d'une autre *Idalina antiqua*, forme A, grandie 28 fois (d'après MM. Munier-Chalmas et Schlumberger).

Fig. 18. — Section transverse d'une autre *Idalina antiqua*, forme B, grandie (d'après MM. Munier-Chalmas et Schlumberger).

formation de la loge VIII. Ainsi un même individu a présenté tour à tour l'aspect de différents genres.

Les ingénieux auteurs dont je viens de citer les travaux ont vu aussi que des *Idalina* ont pu être semblables à l'extérieur, tout en étant différentes à leur centre; la figure 17 montre une coquille qui a dans le centre une grande loge sphérique, dite mégasphère; dans la figure 18 on voit une coquille semblable en apparence, qui, au lieu d'une grande loge, a dans son centre un pelotonnement de petites loges. De la Harpe a cru que cette différence était sexuelle. M. Patrick Geddes[1] a émis la même opinion, s'appuyant sur l'observation des embryogénistes qui ont dit que les petites sphères du protoplasma sont mâles et les grosses sont femelles. J'ignore ce qu'il faut penser de cela; tout ce que je veux en conclure, c'est que des êtres ont pu par des voies différentes converger vers le même aspect.

Passages entre les ordres. — Le tableau de la page 23 et bien d'autres qu'on pourrait également composer ne prouvent pas seulement les enchaînements des genres les uns avec les autres; ils marquent encore le passage des ordres qui ont été établis d'après les caractères tirés de la forme. Dans mon volume sur les êtres primaires, j'ai rappelé qu'aujourd'hui on se base surtout sur la structure de la coquille pour établir les principales divisions des foraminifères, et, en m'appuyant sur les observations de M. Brady, j'ai fait remarquer que, si les formes ont été changeantes, les structures l'ont été également. Aux exemples de variabilité de structure que j'ai cités, je peux en ajouter quelques-uns qui sont offerts par les travaux de Terquem et de M. Schlumberger : Terquem, dans un de ses mémoires sur les foraminifères du système oolitique, déclare que les *Nubecularia*, *Placopsilina* et *Webbina*, rangées par Reuss parmi les foraminifères à coquille siliceuse et sableuse, ont une coquille calcaire dans les terrains où il a pu les observer; il prétend que les *Cornuspira* ont une coquille tantôt compacte, tantôt finement poreuse, que les *Verneuilina*, dont la coquille est en général siliceuse, sont calcaires dans le lias moyen de l'Indre, que les *Involutina* sont siliceuses dans le lias moyen de la Moselle et calcaires dans le lias moyen du

1. *Theory of Growth, Reproduction and Heredity* (*Proceed. of the Roy. Soc. of Edinburgh*, 1866).

Calvados, dans le lias inférieur de la Moselle et des Ardennes, que le genre *Annulina* du lias moyen de la Moselle a une constitution siliceuse comme les foraminifères privés de pores, et que pourtant il a des pores multiples sur les deux faces. M. Schlumberger m'apprend qu'une grande partie des genres classés parmi les perforés n'ont point de véritables perforations; la coquille des Lagénidés serait formée de plusieurs lames poreuses dont les pores ne se correspondraient pas, de sorte qu'ils n'ont pu donner passage à des pseudopodes. On a reconnu que *Rotalina, Discorbina, Nonionina* ont quelquefois, au lieu d'un test vitreux, un test arénacé. Il paraît que les coquilles porcellanées sont vitreuses et translucides dans le jeune âge; cet état persiste quelquefois dans l'âge adulte. M. Schlumberger et M. Brady ont vu des *Quinqueloculina* dont le test, au lieu d'être calcaire, est formé de granules de sable agglutinés. Même M. Brady a recueilli dans un dragage profond (6 000 mètres, zone des radiolaires) une *Quinqueloculina* à test mince, transparent, entièrement siliceux. *Ces faits*, a dit M. Schlumberger[1], *ont une grande portée, car nous voyons un même genre modifier la composition intime de son test chimiquement et mécaniquement, suivant la profondeur et les conditions ambiantes du lieu qu'il habite*[2].

Du reste, quand William Carpenter repoussait la classification de d'Orbigny basée sur la morphologie, pour adopter une classification tirée de la texture intime des coquilles, il ne se faisait pas d'illusion sur le manque de netteté de ses nouvelles délimitations, car il a écrit[3] : « *Parmi les foraminifères, le champ de la variation est si grand qu'il enferme non seule-*

1. *Les foraminifères*, p. 12. (Note extraite de la *Feuille des Jeunes Naturalistes*, 12e année.)

2. Se basant sur de semblables observations, Neumayr a réuni dans une même famille des foraminifères à coquilles perforées, imperforées, agglutinantes. (*Die natürlichen Verwandtschaftverhältnisse der schalentragenden Foraminiferen*, Aus dem XCV Bande der Sitzb. der Kais. Akad. der Wissensch., 1 Abth. April 1887).

3. *Introduction to the study of Foraminifera* (*Roy. Society*, Londres, 1862).

ment les caractères différentiels que les systématistes, procédant d'après la méthode ordinaire, ont appelés spécifiques, mais aussi les caractères sur lesquels la plus grande partie des genres de ce groupe a été fondée et même dans quelques circonstances les caractères d'ordre. »

On voit par ces remarques qu'à mesure que les observateurs suivent attentivement les différences des êtres, ils les voient tantôt s'atténuer, tantôt s'accentuer; soit qu'on regarde les caractères extérieurs, soit qu'on scrute les parties les plus intimes de l'organisation, on constate que, dans la nature organique, il n'y a pas de fixité absolue.

Passages entre les embranchements. — Il y a quelques apparences d'analogie entre les coquilles de foraminifères et les coquilles de mollusques. *Oolina* (fig. 13, A) rappelle *Aphragmites*; *Terebralina* rappelle *Terebra* ou *Turritella*; *Nodosaria* (fig. 13, D) et *Glandulina* (fig. 13, B) ont des loges multiples, disposées en ligne droite comme chez *Orthoceras* et *Gomphoceras*; *Dentalina* (fig. 13, E) et *Marginulina* (fig. 13, G) ont des loges placées en ligne courbe comme chez *Cyrtoceras* et *Phragmoceras*; *Cristellaria* (fig. 13, K) est en hélice et a son ouverture près du bord externe comme *Hercoceras*. On pourrait citer bien d'autres analogies, telles que celle des *Rotalina* avec les *Turbo*, celle de l'ouverture dentritine de plusieurs *Peneroplis* avec celle de certains *Phragmoceras*.

Cela nous explique pourquoi les naturalistes ont, au début de l'étude des foraminifères, considéré ces animaux comme des mollusques microscopiques. On a reproché à d'Orbigny d'avoir partagé cette croyance, dans son premier ouvrage sur les foraminifères, alors que Dujardin n'avait pas encore publié ses remarquables observations. Je me demande si l'erreur des anciens naturalistes a été aussi grande qu'on le suppose généralement. Les êtres, même les plus élevés, ont commencé par être dans un état analogue à celui des foraminifères, puisqu'il y a eu un moment où ils n'étaient encore qu'un sarcode. Ne pourrait-on supposer que, parmi les animaux inférieurs, quelques-uns ont eu leur sarcode frappé d'un arrêt de développement et sont restés foraminifères, tandis que d'autres se sont successivement développés au point de devenir des mollusques. La substance minérale, qui est d'un caractère moins élevé que la substance organique, n'aurait pas été également frappée d'un arrêt de développement chez les foraminifères, et ainsi ces animaux auraient eu des coquilles analogues à celles des mollusques[1].

Ce qui m'entraîne vers cette hypothèse, c'est qu'entrevoyant dans la nature l'idée d'unité et ne trouvant guère des passages entre les classes d'un même embranchement, je les cherche entre les classes d'embranchements différents. Quoique les gastropodes et les céphalopodes soient également des mollusques, il m'en coûterait moins au point de vue embryogénique de supposer un gastropode ayant pour lointain ancêtre un foraminifère que de le supposer devenant céphalopode.

Longévité des espèces. — Les foraminifères, qui sont les plus variables de tous les êtres, sont en même temps ceux dont les espèces ont eu la plus grande longévité. En dehors d'eux, on connaît bien peu d'espèces animales qui se soient perpétuées depuis l'époque secondaire jusqu'à nos jours, sans subir quelque modification. Sur 110 espèces de foraminifères provenant des limons actuels de l'Atlantique, M. Rupert Jones en compte 19 identiques avec celles de la craie. Voici le tableau qu'a donné cet habile paléontologiste :

1. Je présente cette hypothèse avec toute réserve, car je dois avouer que, si le vitellus de certains gastropodes rappelle par son mode de segmentation les foraminifères, il n'en est pas de même pour le vitellus des céphalopodes actuels ; par conséquent, pour admettre que des foraminifères ont pu, dans le cours des âges géologiques, devenir des céphalopodes, il faudrait supposer que ces derniers ont éprouvé des changements même dans leur état initial.

ESPÈCES DE FORAMINIFÈRES QUI SE TROUVENT ACTUELLEMENT DANS LE LIMON DE L'ATLANTIQUE

	CRAIE.	JURASSIQUE SUPÉRIEUR.	JURASSIQUE INFÉRIEUR.	RHÉTIQUE ET TRIAS.	PERMIEN.	CARBONIFÈRE.
Glandulina lævigata	*	*	....	*		
Nodosaria radicula	*	*	*	*		
— raphanus	*	....	*	*		
Dentalina communis	*	*	*	*	*	*
Cristellaria cultrata	*	*	*	*		
— rotulata	*	*	*	*		
— crepidula	*	....	*			
Lagena sulcata	*					
— globosa	*					
Polymorphina lactea	*	*				
— communis	*					
— compressa	*	*	*	*		
— Orbignyi	*					
Globigerina bulloides	*					
Planorbulina lobatula	*					
Pulvinulina Micheliniana	*					
Spiroplecta biformis	*					
Verneuilina triquetra	*					
— polystropha	*					

Il y a peut-être quelques changements à opérer dans ce tableau. MM. Schlumberger et Munier-Chalmas sont arrivés à faire des sections de foraminifères plus parfaites que celles qu'on avait obtenues jusqu'à présent, et ils sont ainsi capables de connaître avec une grande précision les intérieurs des foraminifères. Il est possible que des coquilles, semblables à l'extérieur, offrent à l'intérieur des différences notables. Néanmoins, nous devons croire que les foraminifères sont de tous les fossiles connus ceux qui ont présenté le plus de longévité spécifique.

Au premier abord, il semble singulier que les créatures les plus changeantes soient celles qui se sont retrouvées avec le même aspect dans des formations d'époques très éloignées. Mais probablement leur longévité a été le résultat même de la facilité avec laquelle elles se sont adaptées aux changements des temps géologiques et sont retournées à leur premier état, quand les circonstances sont redevenues les mêmes. Dans mon volume sur les enchaînements des êtres primaires, j'ai cité à propos des trilobites une phrase de M. Woodward qui comparait *leurs indéfinies modifications de formes à ces amusantes faces humaines en caoutchouc que les enfants se plaisent à comprimer*. Peut-être la comparaison de l'éminent paléontologiste du British Museum conviendrait-elle encore mieux aux foraminifères qu'aux trilobites; car les foraminifères semblent vraiment avoir été élastiques, c'est-à-dire avoir eu le pouvoir de revenir à leur primitif état, tandis que les trilobites ont plutôt été des formes plastiques, qui ont pris mille apparences, mais sans doute sont revenues rarement à leur forme primitive. Je pense que nous devons distinguer, dans les êtres dont nous suivons l'histoire à travers les âges géologiques, deux propriétés différentes : l'une très répandue, c'est la plasticité ou le pouvoir de se modifier sans revenir à l'état primitif; l'autre plus rare, c'est l'élasticité ou le pouvoir de se modifier et plus tard de revenir à leur premier état.

Radiolaires. — Depuis les travaux d'Ehrenberg, les radiolaires des terrains tertiaires sont bien connus, mais ceux des terrains secondaires avaient été peu étudiés. Dans ces derniers temps, M. le docteur Rüst a fait de grandes recherches sur ces jolis êtres microscopiques et a montré qu'ils n'étaient pas moins nombreux dans les mers secondaires que dans les mers tertiaires et actuelles. Ils appartiennent presque tous aux genres qui vivent aujourd'hui.

CHAPITRE III

LES CŒLENTÉRÉS SECONDAIRES

La plupart des naturalistes rangent aujourd'hui dans l'embranchement des cœlentérés les classes des spongiaires, des hydromédusaires et des coralliaires.

Spongiaires. — Nous voyons peu d'éponges sur nos côtes de France; mais, dans la partie orientale de la Méditerranée, elles se trouvent en profusion. J'ai assisté aux grandes pêcheries qui se font autour de l'île de Chypre. Une multitude de petites barques est employée à ce travail. Sur chaque barque, six ou huit hommes nus, debout, immobiles, fixent le fond de la mer; tour à tour ils piquent une tête, disparaissent, remontent à la surface de l'eau tenant une éponge, rejoignent la barque avec autant de facilité qu'un poisson, y jettent l'éponge, se remettent en position, replongent et ainsi de suite. C'est un curieux spectacle; mais ce qui est plus curieux encore, c'est de considérer ces milliers d'éponges, créatures tellement simples qu'on a de la peine à croire que ce sont des animaux, et si diversifiées dans leur forme, leurs oscules, leur tissu que toute notion de délimitation spécifique paraît une chimère. Il en a été sans doute dans les temps secondaires comme dans l'époque actuelle; la craie de Touraine renferme une quantité de spongiaires; en les maniant on éprouve la même impression que j'ai eue en regardant les éponges de Chypre : la notion de l'espèce s'évanouit.

Les spongiaires des terrains secondaires ont été l'objet de nombreux travaux[1]. Leurs genres sont très variés (fig. 19, 20, 21, 22). On les a d'abord rangés d'après leurs caractères extérieurs. Mais plus récemment, en présence de la mobilité des

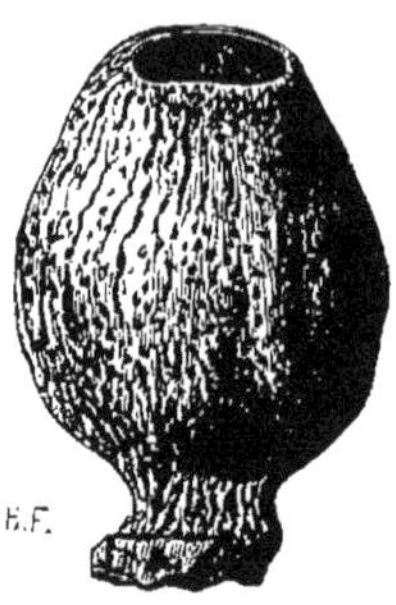

Fig. 19. — *Jerea nuciformis*, au 1/3 de grandeur. — Sénonien de Châtellerault, Vienne. Coll. d'Orbigny.

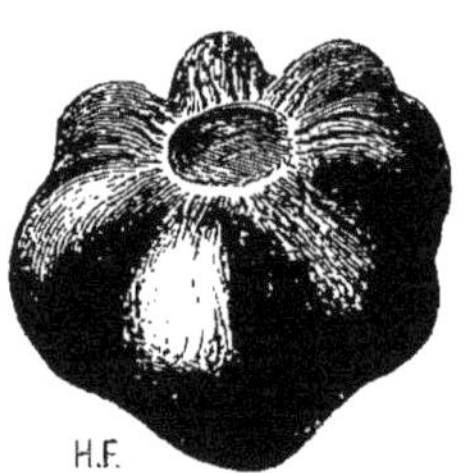

Fig. 20. — *Siphonia* (*Hallirhoa*) *costata*, à 1/2 grand. — Cénomanien de Villers, Calvados. Coll. d'Orbigny.

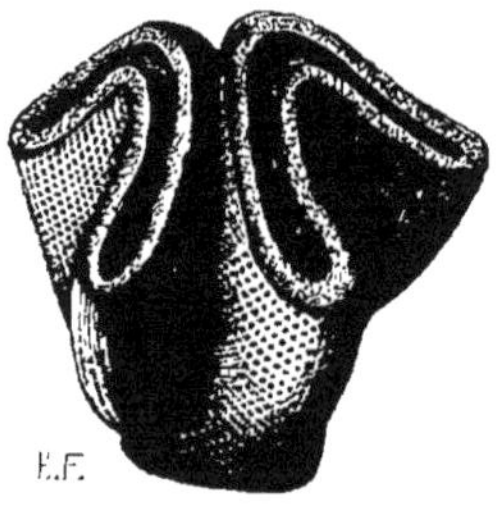

Fig. 21. — *Coscinopora quadrangularis* (*Guettardia stellata*), aux 2/3 de grandeur. — Sénonien de Noirmoutiers, Vendée. Collection d'Orbigny.

Fig. 22. — *Craticularia* (*Ocellaria*) *cupuliformis*, aux 4/5 de grandeur. — Sénonien de Tours, Indre-et-Loire. Collection d'Orbigny.

formes dans une même espèce, les naturalistes ont adopté un autre mode de classification ; ils ont pris pour point de départ la texture. Beaucoup de spongiaires ont eu des spicules siliceux ou calcaires qui se sont conservés à l'état fossile. Quelquefois on rencontre ces spicules détachés du spongiaire

1. Dans l'introduction d'un important ouvrage que M. Hinde publie en ce moment (*Palæontographical Society*), il y a une liste de 272 notes ou mémoires sur les spongiaires fossiles ; le plus grand nombre traite des espèces secondaires.

auquel ils ont appartenu, comme par exemple ceux figurés ci-dessous (fig. 23, 24 et 25), que j'ai trouvés isolés dans des

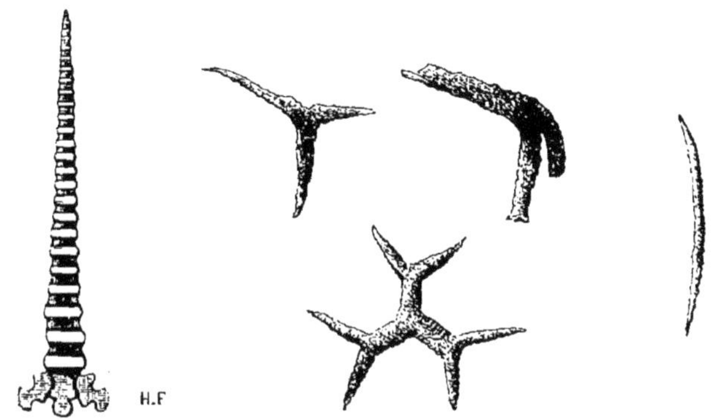

Fig. 23. — *Condylacanthus Gaudryi*, grandi 30 fois. — Dans un silex de la craie blanche de Pontavesne (Oise).

Fig. 24. — Spicules à 3 pointes et à 6 pointes de la *Stelleta Dujardini*, grandis 30 fois. — Dans un silex de la craie blanche de Pontavesne (Oise).

Fig. 25. — Spicules de *Geodia*, grandis 30 fois. — Dans un silex de la craie blanche de Pontavesne.

boules creuses de silex de la craie[1]. Le plus souvent, les spicules sont restés unis, enchevêtrés les uns dans les autres. Les spongiaires qui ont des spicules calcaires sont appelés calcispongiaires; on nomme silicispongiaires ceux qui ont des spicules siliceux; ces derniers sont divisés en monactinelles, tétractinelles, hexactinelles et lithistidés, suivant que leurs spicules ont une seule pointe, quatre pointes, six pointes ou bien qu'ils sont émoussés et branchus. La délimitation de leurs genres et de leurs espèces est d'une extrême difficulté, attendu qu'un même individu renferme plusieurs sortes de spicules. Je ne peux mieux faire que de renvoyer pour leur étude au *Traité de Paléontologie* de M. Zittel où sont résumés les mé-

1. La craie blanche de Pontavesne (Oise) et de quelques autres localités renferme des boules de silex qui sont creuses. Comme on rencontre dans leur intérieur de nombreux spicules d'éponges, on pourrait croire que ce sont des épigénies d'éponges molles qui n'ont laissé que leurs spicules. Mais cette supposition n'est pas vraisemblable dans les cas que j'ai observés, car j'ai vu les spicules mêlés avec des restes d'animaux très divers. (*Thèse de géologie pour le doctorat*, 1852.)

moires que l'habile paléontologiste de Munich a publiés sur les spongiaires fossiles. On y trouvera la preuve que ces animaux révèlent des enchaînements entre le monde secondaire et le monde actuel : « *Aujourd'hui*, dit M. Zittel[1], *il est possible de faire rentrer toutes les éponges fossiles dans les divisions systématiques établies pour les éponges de nos mers, et on ne peut plus voir de différence de plan, ni de structure entre les éponges fossiles et les vivantes.* » Ce sont surtout les campagnes d'explorations sous-marines entreprises dans ces dernières années qui ont montré la ressemblance des spongiaires actuels et des spongiaires secondaires.

Les personnes, qui se donnent le plaisir de recueillir elles-mêmes sur place les coquilles fossiles, savent que souvent elles sont criblées de trous. Ces trous ont été faits par plusieurs sortes d'animaux[2], notamment par des éponges appelées cliones. M. le docteur Fischer a publié une intéressante note sur les perforations des cliones. Je figure ici (fig. 26) un spécimen qui m'a été communiqué par mon savant ami ; c'est un morceau d'un *Inoceramus* de la craie où les cavités faites par les cliones ont été remplies par de la silice, de sorte qu'elles se distinguent facilement ; les cavités sont reliées entre elles par des filets siliceux qui représentent les anciennes voies de communication.

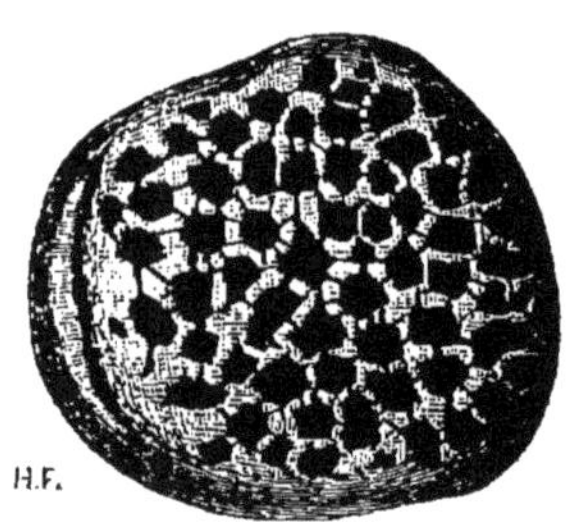

Fig. 26. — Excavations faites par la *Cliona cretacea* dans une coquille d'*Inoceramus* de la craie blanche, grandeur naturelle. Coll. du Muséum.

Les cliones et les autres êtres perforants jouent un rôle important dans la nature. La quantité de calcaire soustraite par les bêtes munies de coquilles est énorme comparativement à la petite proportion de calcaire dissoute dans les eaux de nos

1. *Traité de Paléontologie*, vol. I, p. 14. 1883 (Trad. française par Barrois).
2. De très récentes recherches de M. Bornet montrent le rôle curieux que les plantes ont joué aussi dans la perforation des coquilles.

mers. Il paraît que pour se faire une coquille d'un poids de 30 grammes, un mollusque dépouille de calcaire 5000 kilogrammes d'eau de la Méditerranée. Les animaux perforants sont chargés de restituer à la mer une partie du calcaire fixé par les mollusques et les polypiers : « *Les Cliona*, dit M. Fischer[1], *atteignent ce but en attaquant le calcaire dans tous les sens, en le rendant friable ; et bientôt, grâce à l'action mécanique du flot, les coquilles les plus résistantes, les polypiers les plus massifs se résolvent en bouillie calcaire qui descend au sein des mers, et, comme un blanc manteau, recouvre tous les fonds à des profondeurs considérables.* » Les mêmes lois d'harmonie qui règnent jusque dans le fond des mers régnaient déjà pendant les temps géologiques.

Hydromédusaires. — Parmi les êtres inférieurs, il y en a peu qui soient mieux faits que les méduses pour exciter notre curiosité et notre admiration. Chargées d'eau bien plus que de matière organique, quand elles passent comme des gelées diaphanes à travers les flots, on croirait que le moindre attouchement va les dissoudre. Pourtant, non seulement elles bravent les tempêtes, mais encore elles ont défié le pouvoir destructeur des temps géologiques. On a retrouvé leurs traces dans quelques gisements secondaires, notamment dans la pierre lithographique de Solenhofen. MM. Beyrich, Häckel, Kner, Brandt, Ammon ont déterminé leurs genres et leurs espèces. Elles ressemblent beaucoup aux formes qui existent aujourd'hui. En voyant des méduses du milieu du secondaire assez bien conservées pour qu'on puisse déterminer leurs rapports avec les genres actuels, nous ne devons désespérer de rien ; peu à peu nous découvrirons dans les couches terrestres les ancêtres des créatures qui nous entourent, si délicates qu'elles soient.

1. *Recherches sur les éponges perforantes fossiles* (*Nouvelles Archives du Museum d'histoire naturelle*, vol. IV, p. 117).

Coralliaires. — Lorsqu'on aborde les terrains secondaires, on n'y trouve plus les polypes qui étaient le plus répandus dans les temps primaires, mais on en rencontre d'autres qui se rapprochent des espèces actuelles. Les coralliaires ont été si abondants sur certains points qu'on a donné à un des étages jurassiques le nom de Coral-rag ou Corallien.

Parmi les coralliaires, ceux qui ont pour types les madrépores et que pour cette raison on appelle les madréporaires, ont été les plus nombreux dans les mers secondaires; ils y ont, comme aujourd'hui, construit des rescifs madréporiques; ce sont les seuls dont je m'occuperai dans les pages qui vont suivre.

Il me semble que ces animaux donnent une excellente preuve de la simplicité qui se cache dans le monde organique sous une apparence de complication et de diversité. On a établi parmi eux beaucoup de genres et d'espèces. Cependant les polypiers de la plupart des madréporaires secondaires, aussi bien que des madréporaires actuels, se ramènent à un petit nombre de types ayant eux-mêmes un petit nombre de pièces homologues.

Comme exemple de la facilité avec laquelle se produisent les changements des parties constitutives des polypiers, je prendrai les cloisons. On appelle ainsi les lames qui partagent verticalement le corps des polypes. Elles peuvent se développer surtout dans le sens horizontal; il en résulte un polypier qui a une énorme base (*Cyclolites*[1], fig. 27). Généralement, elles s'étendent plus en hauteur qu'en largeur, et alors, à mesure qu'elles s'allongent, le polypier prend tour à tour la forme d'un cône surbaissé, d'une cloche (*Trochosmilia*[2], fig. 28), d'un cornet (fig. 29), d'un tube. Tantôt les cloisons se disposent en rayons autour d'un point central, comme dans les figures 28 et 29, tantôt elles se rangent d'une manière sensi-

1. Κύκλος, cercle; λίθος, pierre.
2. Τροχὸς, roue; σμίλη, tranchant

blement parallèle (*Rhipidogyra*[1], fig. 33), de telle sorte que le type rayonné s'efface. Lorsque les cloisons restent bien séparées les unes des autres, sans saillies, ni traverses qui s'éten-

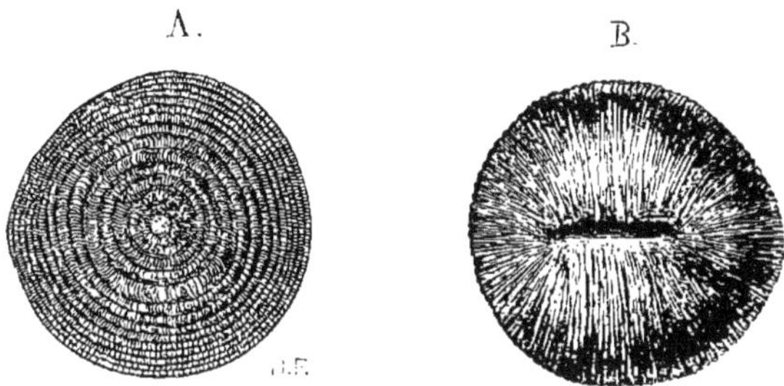

Fig. 27. — *Cyclolites elliptica*, 1/2 grandeur. A. vu en dessous, montrant sa muraille qui forme une large base. B. vue en dessus, montrant son calice allongé entouré de cloisons très fines. — Turonien des Corbières, Aude. Collection d'Orbigny.

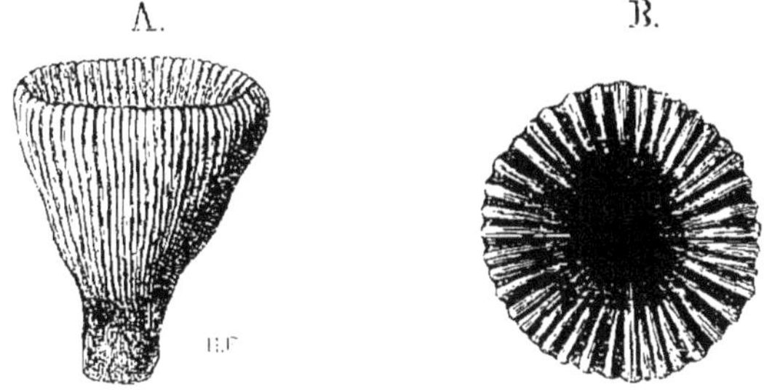

Fig. 28. — *Trochosmilia* (*Acrosmilia*) *similis*. A. vue de côté; B. vue en dessus aux 2/3 de grand. — Oxfordien de Neuvisy. Coll. d'Orbigny.

Fig. 29. — *Trochocyathus conulus*, grand. nat. A. de profil; B. vue en dessus pour montrer la couronne de palis en dedans de la couronne formée par les cloisons. — Gault de Dienville (Aube).

dent entre elles, le polypier est appelé un turbinolide (*Trochocyathus*[2], fig. 29 et 43, D). Parfois les cloisons, au lieu d'être

1. Ῥιπίδιον, éventail; γῦρος, tour.
2. Τροχός, cercle, roue, et κύαθος, gobelet.

lisses, tendent à s'unir les unes aux autres par des pointes ou aspérités latérales (synapticules[1]); les polypes où on les observe reçoivent le nom de fungides (fig. 27 et 43, C). Les pointes se rejoignent souvent d'une cloison à l'autre, de manière à former des traverses; alors les polypes prennent la désignation d'astréides[2] (fig. 43, B). Entre les astréides et les turbinolides, la transition est faite par les *Parasmilia*[3], dans lesquelles les traverses sont peu développées. Les astréides ont les bords de leurs cloisons denticulés ou lisses : dans le premier cas, Edwards et Haime les ont appelés des astréides proprement dits (*Montlivaultia*[4], fig. 30); dans le second cas, ils les ont

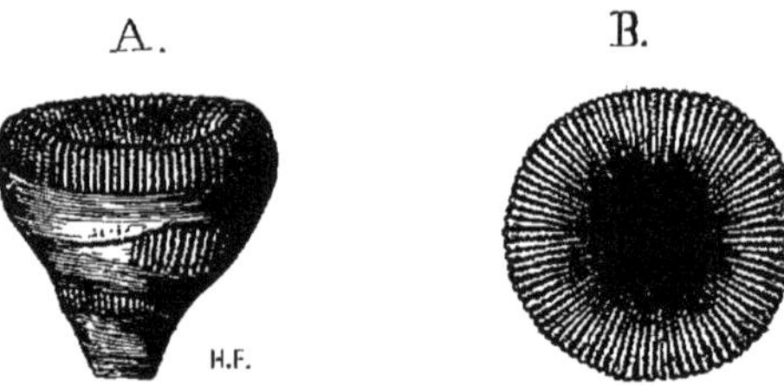

FIG. 30. — *Montlivaultia sarthacensis*, grandeur nat. A. vu de profil; B. vu en dessus. — Bathonien de Conlie, Sarthe. Coll. d'Orbigny.

nommés eusmilides[5] (*Trochosmilia*, fig. 28); il est reconnu aujourd'hui que ces différences ont une faible importance.

Les changements dans les modes d'agrégation des individus se sont également produits avec une grande facilité. Les polypes que je viens de citer ont été des monastrés[6], c'est-à-dire des individus qui toute leur vie sont restés isolés; ils ont gardé pour eux la plénitude de leurs forces vitales et ont pu ainsi acquérir de grandes dimensions, comme on le voit dans certains échantillons de *Cyclolites* et de *Montlivaultia*. Si les

1. Σῦν, avec; ἅπτω, j'attache.
2. 'Αστὴρ, έρος, étoile.
3. Παρὰ, auprès; σμίλη, tranchant.
4. En l'honneur de M. de Montlivault, préfet du Calvados.
5. Εὖ, bien, et σμίλη.
6. Le nom de Monastrés (μόνος, seul; ἀστὴρ, étoile) a été proposé par M. de Fromentel.

monastrés, fatigués de leur royauté solitaire, ont voulu se changer en peuple, c'est-à-dire former ce qu'on nomme des colonies ou des polypes composés, ils ont eu, en dehors de la multiplication par des œufs qui appartient aux autres créatures, deux moyens de se propager : la fissiparité et la gemmation.

La figure 31, A et B, représente un polypier qui s'est multiplié par fissiparité ; en regardant en A la muraille des polypiérites dont il est formé, on voit comment, à mesure que ces polypiérites s'allongent, ils se bifurquent; si nous considérons leur face supérieure B, nous remarquons des calices qui sont grands et ronds, d'autres calices qui s'infléchissent dans le milieu, d'autres qui prennent la forme en 8, d'autres où la séparation est achevée.

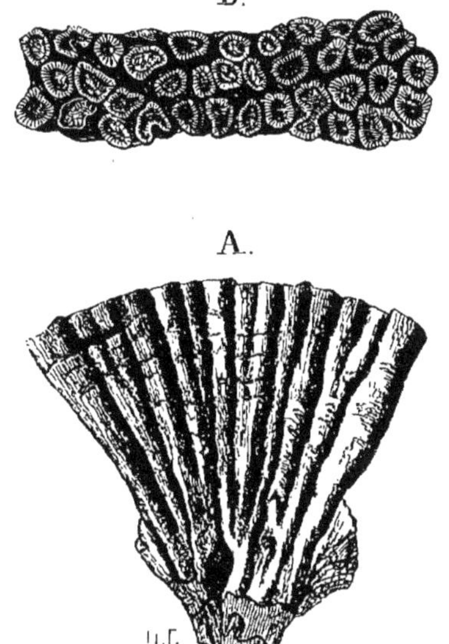

Fig. 31. — *Calamophyllia*[1] *flabellum*, à 1/2 grandeur. A. vue de côté; B. vue en dessus. — Corallien de Maxey-sur-Vaise. Collection d'Orbigny.

Il y a des passages insensibles entre les polypiers simples et les polypiers composés formés par fissiparité. Prenons une *Trochosmilia* à calice arrondi (genre *Acrosmilia* d'Orbigny, fig. 28). Son calice peut se comprimer légèrement pour devenir ovale (genre *Ellipsosmilia* d'Orbigny, fig. 32). Il peut se comprimer encore davantage et constituer une longue rangée composée d'un grand nombre de cloisons parallèles (*Rhipidogyra*, fig. 33). Si *Rhipidogyra* s'allonge, se contourne et épaissit sa

1. Κάλαμος, chalumeau; φύλλον, feuille.

muraille, il devient *Pachygyra*[1] *Cotteaui* (fig. 34). L'échantillon qui est représenté ici n'est formé que d'une seule rangée;

Fig. 32. — *Trochosmilia* (*Ellipsosmilia*) *obliqua*, aux 2/5 de grand. — Sénonien de Soulages. Coll. d'Orbigny.

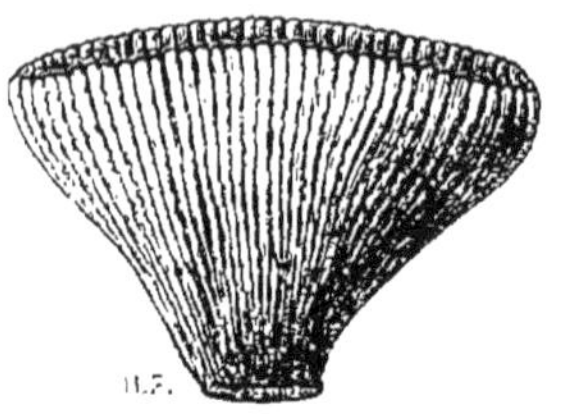

Fig. 33. — *Rhipidogyra flabellum*, au 1/3 de grandeur. — Corallien de Châtel-Censoir. Collection d'Orbigny.

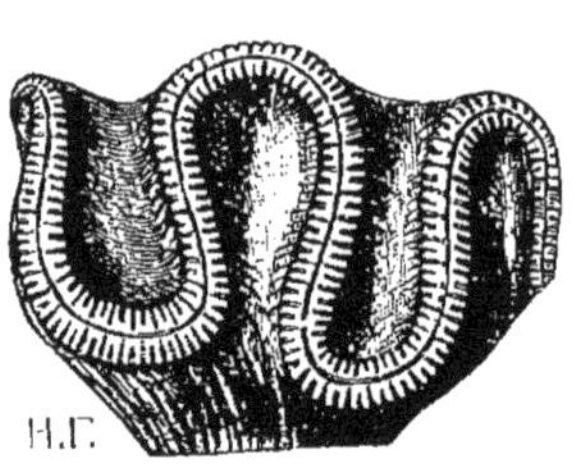

Fig. 34. — *Pachygyra Cotteaui*, 1/2 grandeur. — Corallien de Nantua. Collection d'Orbigny.

Fig. 35. — *Lobophyllia* (*Pachygyra*) *labyrinthica*, au 1/3 de gr. (d'après Michelin). — Turonien des Corbières.

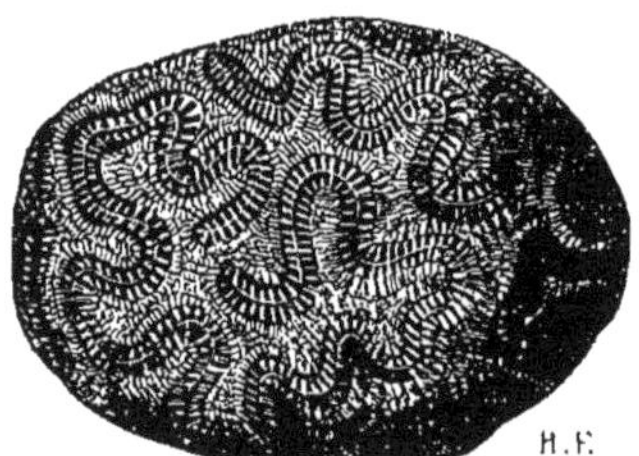

Fig. 36. — *Mæandrina ornata*, 1/2 grandeur. — Corallien de Saint-Mihiel. Collection d'Orbigny.

Fig. 37. — *Mæandrastrea crassisepta*, grandeur naturelle. — Turonien de Soulage. Collection d'Orbigny.

quelquefois *Pachygyra Cotteaui* est formée de deux rangées qui s'accolent en partie l'une à l'autre. S'il y a plusieurs rangées, on a *Lobophyllia*[2] (*Pachygyra*) *labyrinthica* (fig. 35).

1. Παχὺς, épais; γῦρος, tour.
2. Λοβὸς, lobe; φύλλον, feuille.

Si les calices, au lieu d'être séparés comme dans l'espèce précédente, deviennent contigus, on a la forme *Mæandrina*[1] (fig. 36). Enfin, si les calices de *Mæandrina* sont fissiparisés en petits calices distincts les uns des autres, on a *Mæandrastrea*[2] (fig. 37). Ainsi on passe peu à peu d'un polype simple à un polype très composé. Il est difficile, sur les animaux fossiles, de dire où l'individualité s'arrête, où la collectivité commence, car la fissiparité peut porter sur les parties molles, sans porter sur les parties dures. Quoy, Gaimard et M. Dana, en étudiant les polypes vivants dont les calices forment de longues rangées parallèles de cloisons, ont vu que leurs parties molles peuvent se fissipariser en individus qui ont une bouche distincte, quoiqu'ils gardent une sorte de manteau commun et que leurs parties dures ne montrent pas de fissiparité.

Lorsqu'un polype se multiplie par gemmation, un afflux de suc se porte sur un point de sa surface, y développe une saillie en forme de petit polype qui s'allonge, grandit; ce phénomène se produisant un grand nombre de fois, il en résulte des masses composées de polypiérites (*Pseudocœnia*[3], fig. 38). Ces polypiérites, ainsi formés par gemmation, se distinguent de ceux qui sont dus à la fissiparité (fig. 31, B) parce qu'ils sont bien arrondis et semblables les uns aux autres, au lieu de présenter des calices en voie de séparation; toutefois cette distinction n'est pas toujours très manifeste. Pallas, Ehrenberg, Milne Edwards, Haime et d'autres naturalistes ont attaché une

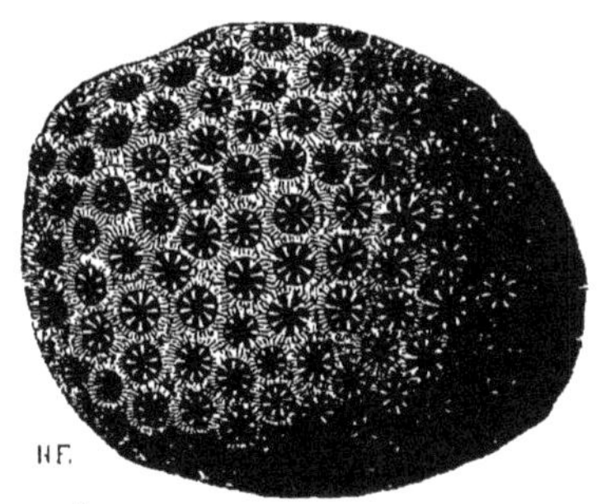

Fig. 38. — *Pseudocœnia ornata*, vue en dessus, grandeur naturelle. — Corallien de Châtel-Censoir, Yonne, Coll. d'Orbigny.

1. *Mæander*, méandre.
2. Forme intermédiaire entre la Méandrine et l'Astrée.
3. Ψευδής, faux; κοινωνία, communauté.

grande importance à la différence de la formation par gemmation ou fissiparité. Dana n'a pas jugé que cette différence ait beaucoup de valeur, car d'une part la gemmation se produit d'une manière très inégale, non seulement à la base ou le long de l'axe du polype à toute hauteur, mais encore dans le calice; c'est ce qu'on appelle gemmation caliculaire; d'autre part, la fissiparité est inégale aussi, le calice est quelquefois scindé en

Fig. 39. — *Thamnastrea Defranciana*, quelques calices bien conservés, grandis (d'après Edwards et Haime). — Bajocien de Dundry.

Fig. 40. — Même espèce, calices un peu usés, grandis (d'après Edwards et Haime). — Bajocien de Dundry.

Fig. 41. — Même espèce, calices très usés, grandis (d'après Edwards et Haime). — Bajocien de Dundry.

Fig. 42. — *Isastrea Richardsoni*, calices grandis (d'après Edwards et Haime). — Bajocien de Dundry.

deux, un grand calice et un très petit calice, et alors la fissiparité se rapproche bien de la gemmation caliculaire. MM. Edwards et Haime ont eux-mêmes constaté qu'*il n'est pas rare de rencontrer dans les espèces essentiellement gemmipares quelques individus qui se fissiparisent*[1].

1. *Histoire naturelle des Coralliaires*, 1er vol., p. 83, 1857.

Bien que les polypiers formés par gemmation aient leurs polypiérites mieux individualisés que ceux formés par fissiparité, il n'est pas toujours facile d'établir la limite de leurs polypiérites. On trouve des transitions entre les colonies où les polypiérites sont nettement séparés les uns des autres, et les colonies où ils sont confondus. Par exemple, on ne peut manquer d'être frappé du contraste que présentent *Thamnastrea*[1], (fig. 39) et *Isastrea*[2] (fig. 42). Dans la première, les cloisons s'étendent du fond d'un calice à un autre fond de calice, sans qu'il soit possible de dire où est la limite de ces calices. Dans la seconde, au contraire, il y a une séparation bien nette; chaque calice a sa paroi propre qui délimite son individualité. Mais pour peu que le calice de *Thamnastrea* soit usé, on a l'apparence représentée figure 40, et si l'usure augmente, on a l'aspect présenté dans la figure 41; les éléments calcaires se sont épaissis, de sorte qu'il y a une ligne de démarcation bien nette; ainsi on voit *Thamnastrea* prendre le même aspect qu'*Isastrea* (fig. 42).

La plus importante séparation qui ait été établie parmi les madréporaires des temps secondaires, a été la division en apores et en perforés. Les premiers ont des cloisons et des murailles dont les éléments sont serrés les uns contre les autres, de manière à ne pas laisser de vide; les seconds ont une texture plus lâche, leurs éléments sont moins serrés et laissent des pores ou même de grands vides. Ce sont là des différences considérables, car il est évident que les polypes apores, lorsqu'ils sont isolés, sont moins en rapport avec le milieu ambiant, et que, lorsqu'ils sont en colonies, ils communiquent moins les uns avec les autres; ils sont plus individualisés. Cependant là, encore, nous ne trouvons pas un hiatus infranchissable; la différence du polypier apore et du polypier perforé provient du plus ou moins d'abondance dans la sécré-

1. Θάμνος, buisson; ἀστήρ, étoile.
2. Ἴσος, égal; ἀστήρ, étoile.

tion du calcaire; il est facile de concevoir que la force de sécrétion a pu varier. M. Duncan a observé des transitions entre les apores et les perforés; à propos du genre *Thamnastrea* que Milne Edwards et Haime ont rangé parmi les apores et que M. Milaschewitsch classe dans les perforés, il a dit : « *Il y a des cloisons perforées dans Cyphastræa, une forme apore et des cloisons solides dans la plupart des espèces de Madrepora, un genre de perforé*[1]. » Cet habile naturaliste a introduit entre les deux grandes divisions des apores et des perforés, une division de même valeur qu'il appelle la section des fungides, et dans cette section il réunit des genres qui étaient rangés les uns parmi les apores, les autres parmi les perforés.

En réalité, quoique les polypiers fossiles présentent des aspects très différents, il est difficile d'établir entre eux des limites tranchées. La preuve de la difficulté de séparer leurs familles est fournie par le désaccord des savants qui les ont le mieux étudiées. Lorsque Edwards et Haime ont publié leur ouvrage classique sur les polypiers, ils ont modifié de fond en comble l'œuvre de Michelin, Goldfuss et de leurs autres prédécesseurs. M. de Fromentel, à son tour, a proposé un arrangement général tout autre que celui donné par Edwards et Haime. Plus récemment M. Duncan a beaucoup modifié les modes de groupements admis, soit par Edwards et Haime, soit par Fromentel.

Louis Agassiz, dont le génie curieux s'est porté sur des branches très diverses, a remarqué qu'en suivant le développement d'individus d'astréens vivants, il les voyait d'abord mous sans aucune partie calcaire (état actinide), qu'ensuite il s'y développait des cloisons bien séparées les unes des autres (état turbinolide), que plus tard les cloisons émettaient des synapticules (état fungide); enfin que les synapticules devenaient des traverses (état astréide). L'histoire des change-

1. *A revision of the Families and Genera of the Sclerodermic Zoantharia* (Extracted from the *Linnæan Society Journal*. Zoology, vol. XVIII, p. 137).

ments embryogéniques des êtres actuels peut quelquefois n'être qu'une sorte de condensation à bref délai des transformations opérées pendant l'immensité des temps géologiques. C'est pourquoi Agassiz a pensé que la série des phases par lesquelles passent les astréens actuels n'était que la répétition des phases par lesquelles les astréens fossiles avaient passé pendant la succession des époques géologiques. Il a supposé qu'il y avait eu d'abord le règne des actinides à corps mou, puis le règne des turbinolides à cloisons distinctes, puis le règne des fungides où les cloisons ont des synapticules, et enfin le règne des astréides où les cloisons sont unies par de nombreuses traverses. Ainsi le squelette se serait compliqué successivement.

Il se peut que certains polypes aient eu le mode de développement qu'Agassiz a indiqué, car l'Auteur de la nature a

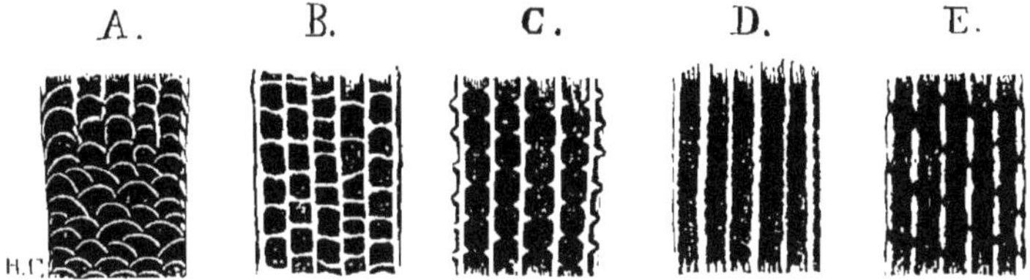

Fig. 43. — Vues théoriques de polypiers supposés coupés verticalement; A. rugueux; B. astréide; C. fungide; D. turbinolide; E. perforé.

employé sans doute des moyens variés de transformation. Mais je pense que le plus souvent les changements ont eu lieu dans un ordre inverse et que le squelette, au lieu de se compliquer, s'est simplifié de plus en plus, laissant les parties molles, qui sont les plus vitales, prendre la place occupée par la substance minérale. Pour faire comprendre ma pensée, j'ai donné, dans la figure 43, des vues théoriques de polypiers supposés coupés verticalement; je crois que des polypiers, qui étaient d'abord à l'état de rugueux A, ont pu passer par l'état d'astréide B, puis par l'état de fungide C, puis par l'état de turbinolide D, puis par l'état de perforé E et enfin perdre toutes leurs parties minérales pour arriver à l'état d'actinie.

En effet, dans les temps primaires, la plupart des coralliaires ont eu un squelette très compliqué : comme on le verra en regardant les figures des polypiers dans mon volume sur les fossiles primaires[1], les types anciens appelés rugueux ont été chargés de calcaire; les éléments du squelette interrompaient partout le tissu mou, formant la disposition dite vésiculeuse A. Après le règne des rugueux dans les temps primaires, il y a eu le règne des astréides B à l'époque oolitique; alors les vésicules se sont restreintes à de simples traverses. C'est à l'époque crétacée qu'a eu lieu le règne des cyclolites que l'on range parmi les fungides C, où les planchers inter-cloisonnaires appelés traverses se sont réduits à des synapticules, c'est-à-dire à de petites pointes joignant encore quelquefois les cloisons les unes aux autres, mais laissant libre la plus grande partie des chambres inter-cloisonnaires. Le règne des turbinolides D, où les cloisons n'ont plus rien qui les réunisse sauf la muraille, a eu lieu dans les temps crétacés et tertiaires. C'est incontestablement pendant les époques tertiaire et actuelle que les éléments des cloisons et des murailles diminuent à leur tour pour former le vaste groupe des perforés E. Enfin nous ne saurions dire si les actinies, qui n'ont plus aucun squelette, ont été nombreuses ou rares dans les temps anciens; nous pouvons tout au moins constater que, sur nos côtes, ce sont les polypes les plus abondants.

1. Page 73, fig. 39; page 74, fig. 40, 41.

CHAPITRE IV

LES ÉCHINODERMES SECONDAIRES

On ne trouve plus dans le secondaire les cystidés et les blastoïdes, qui ont été si répandus dans le primaire; mais on y rencontre des crinoïdes, des stellérides, une profusion d'oursins et des traces d'holothuries.

Crinoïdes. — Les crinoïdes secondaires ont été étudiés d'abord par Alcide d'Orbigny et récemment par M. de Loriol. Ils ont perdu cette merveilleuse diversité de formes qui a été un des luxes des temps primaires; n'ayant plus la force de se transformer beaucoup, ils ont encore gardé celle de reproduire des individus semblables à eux, de sorte qu'on voit dans les terrains secondaires, au lieu de débris de genres variés, une multitude d'échantillons qui se rapportent à un même genre et parfois à une même espèce. Ainsi l'*Encrinus*[1] *liliiformis* est cité parmi les fossiles les plus vulgaires du trias; un des étages de l'oolite inférieure, le calcaire à entroques[2], tire son nom de l'abondance des restes de crinoïdes; les *Pentacrinus*[3] ont rempli quelques-uns des fonds de mer du lias; je représente (fig. 44) une portion d'une grande plaque du lias qu'on peut admirer dans la galerie de géologie du Museum; cette plaque,

1. Ἐν, en; κρίνον, lis.
2. On appelle entroques (ἐν, en; τροχὸς, roue, disque) les disques dont la tige des crinoïdes est composée.
3. Πέντε, cinq, à cause de la forme pentagone de la tige.

habilement préparée par M. Meyrat, nous donne une idée de la hauteur et de la multitude des *Pentacrinus* qui vivaient sur un même point; au temps du lias, comme aujourd'hui, la

FIG. 44. — *Pentacrinus bollensis*, à 1/24 de grandeur. — Lias supérieur de Boll. Collection du Muséum.

mer offrait dans ses profondeurs des spectacles charmants dont le Créateur a été l'unique témoin; la pensée de ces épanouissements de la vie cachée est pour l'âme du philosophe un sujet d'étonnement.

Le *Marsupites*[1] et l'*Uintacrinus*[2] du crétacé sont les seuls

1. *Marsupium*, poche, sac, à cause de la forme du calice.
2. C'est-à-dire le Crinoïde de l'Uinta.

crinoïdes qui aient gardé dans l'ère secondaire le caractère des temps primaires. Tous les autres crinoïdes se rapprochent bien plus des formes des temps actuels que de celles des temps primaires; ils confirment l'idée que l'ère secondaire représente une phase où le monde organique est déjà très avancé dans son évolution. Ainsi le genre *Pentacrinus*, si commun dans le lias, vit encore aujourd'hui; on trouve dans l'oolite les crinoïdes sans tiges des mers actuelles connus sous le nom de *Comatula*[1] ou *Antedon*. Il y a dans le même terrain des restes nombreux de la famille des Apiocrinidés dont le type, l'*Apiocrinus*[2], est remarquable par son aspect piriforme; on les citait autrefois parmi les fossiles spéciaux au secondaire; mais les sondages dans les mers profondes ont fait découvrir le *Rhizocrinus*[3], qui est très voisin d'un apiocrinidé de la craie, le *Bourgueticrinus*[4].

Stellérides. — La destinée de ces animaux a été différente de celle des crinoïdes; tandis que ceux-ci ont offert, dans les temps géologiques, des types spécialisés, les stellérides (étoiles de mer et ophiures) ont traversé tous les âges, insouciantes des changements qui se passaient autour d'elles. Il y a déjà longtemps, Édouard Forbes fut étonné de trouver dans le lias une étoile de mer qui ressemblait beaucoup à l'espèce commune de nos côtes, l'*Asterias rubens*. « *En vérité*, dit-il[5], *si ce fossile du lias pouvait ressusciter et qu'il fût aujourd'hui jeté sur nos rivages, les naturalistes anglais verraient en lui une forme d'Uraster (Asterias) qui serait d'espèce différente, mais ne leur présenterait rien de surprenant.* » Le regretté doyen de la Faculté des sciences de Caen, Morière, a fait connaître une

1. Κόμη, chevelure. En compensation de l'absence de tige, il y a plusieurs crampons, outre les grands bras. M. Edmond Perrier vient de publier dans les *Nouvelles Archives du Museum* un important ouvrage sur la Comatule.

2. Ἄπιον, poire; κρίνον, lis.

3. Ῥίζα, racine et κρίνον.

4. En l'honneur de l'ancien naturaliste Bourguet.

5. *Memoirs of the geological survey of the united Kingdom*, décade III, pl. II, 1850. (Uraster Gaveyi.)

espèce de l'oxfordien des Vaches noires, l'*Asterias Deslongchampsi*, qui se rapproche aussi des espèces vivantes.

Oursins. — Les oursins, rares dans les temps primaires, ont pris une extrême importance dans les temps secondaires. Ils se sont encore peu multipliés pendant les époques du trias et du lias; mais, dans les mers oolitiques, ils ont offert une magnifique diversité : « *Dans ces mers tranquilles*, a dit M. Cotteau[1], *en général peu profondes, parsemées d'îles nombreuses et souvent de rescifs madréporiques très puissants, les échinides ont trouvé des conditions d'existence éminemment favorables.* » Les oursins ont été si abondants à l'époque crétacée que leurs espèces comptent parmi les fossiles les plus caractéristiques; je citerai, par exemple, l'*Echinospatagus cordiformis* du néocomien, l'*Heteraster oblongus* de l'urgonien,

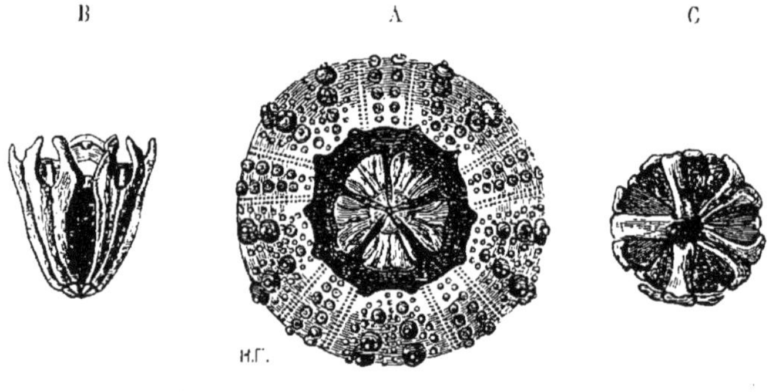

B A C

H.F.

Fig. 45. — *Hemicidaris crenularis*, grandeur naturelle. A. vu sur la face buccale avec la lanterne d'Aristote en place; B. lanterne vue de côté, montrant les mâchoires armées de dents; C. la même vue en dessus avec les faux et les pièces complémentaires (d'après les préparations de M. Munier-Chalmas). — Corallien de Tournus. Collection de la Sorbonne.

l'*Holaster suborbicularis* du cénomanien, les *Echinocorys* et les *Micraster* du sénonien, l'*Hemipneustes* de la craie de Maëstricht.

Outre leur abondance, les oursins fossiles sont remarquables par la perfection avec laquelle leurs pièces dures se sont conservées; leur exosquelette, en forme de boîte composée

1. *Considérations sur les Échinides du terrain jurassique de la France.* (*Comptes rendus de l'Ac. des Sc.*, 15 juin 1885.)

d'un grand nombre de plaques très ornées, fournit des caractères précieux pour leur détermination. Chez plusieurs d'entre eux, les mâchoires ont constitué un ensemble de pièces compliqué (lanterne d'Aristote) qui a pu persister à l'état fossile, comme le montrent les figures 45, A, B et C. Leurs radioles sont fréquemment disséminés dans les couches secondaires;

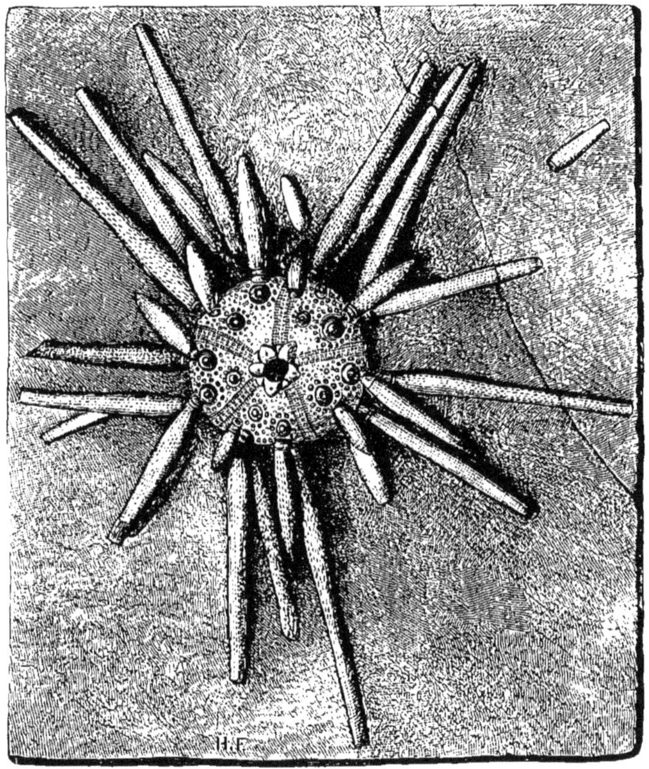

Fig. 46. — *Pseudocidaris Durandi*, aux 4/5 de grandeur, vu en dessus, découvert et préparé par M. le commandant Durand. — Kimmeridgien de Géryville. Collection de M. Durand.

parfois on les a trouvés adhérents encore à la boîte osseuse; le commandant Durand, pendant sa résidence dans le sud de l'Algérie à Géryville, a formé une curieuse collection d'oursins qui ont conservé leurs radioles. Je donne (fig. 46) la gravure d'un de ces échantillons.

On conçoit qu'avec de semblables matériaux, les paléontologistes aient été particulièrement attirés vers l'étude des oursins. Si nous joignons aux travaux de Forbes, Alcide d'Orbigny, Desor, Cotteau, Wright, de Loriol, Péron, Gauthier, etc., sur les oursins secondaires ceux des deux Agassiz et de M. Lovén sur l'ensemble des oursins, nous trouvons une réunion de trésors scientifiques presque incomparable.

En parlant des oursins primaires, j'ai dit qu'ils étaient fort différents des genres secondaires; ces derniers ou nééchinides ont eu leurs aires ambulacraires et inter-ambulacraires composées seulement de deux rangées de plaques, tandis que, chez les oursins primaires ou paléchinides, le nombre des rangées était variable. Mais le changement n'a pas été brusque; on a découvert dans le crétacé inférieur un oursin où les aires inter-ambulacraires ont quatre rangées de plaques, c'est le

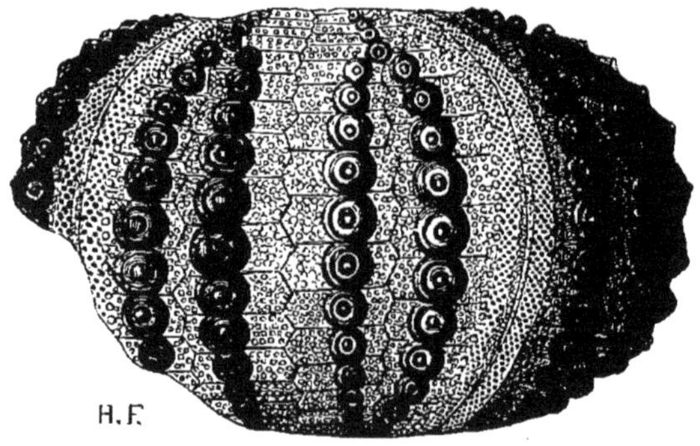

FIG. 47. — *Tetracidaris Reynesi* (d'après un échantillon de la Sorbonne que M. Munier-Chalmas a bien voulu me communiquer). — Néocomien de Vergons, près Castellane, Basses-Alpes.

Tetracidaris[1] (fig. 47). « *Quelle n'a pas été ma surprise,* a dit M. Cotteau, *lorsque j'ai rencontré dans la collection géologique du Musée d'histoire naturelle de Marseille un oursin du terrain crétacé présentant tous les caractères des échinides*

1. Τέσσαρες, quatre, et *Cidaris*, genre d'oursin.

réguliers, très voisin des cidaridés par sa physionomie générale et ses principaux caractères, mais qui s'en distingue cependant par un point essentiel, car il présente dans chacune des aires inter-ambulacraires quatre rangées parfaitement distinctes de plaques au lieu de deux. »

M. Zittel a figuré sous le nom d'*Anolaucidaris* deux plaques inter-ambulacraires du trias de Saint-Cassian qui, par leur forme hexagonale, indiquent aussi un paléchinide.

Il n'est pas très difficile de concevoir comment s'est opérée la transition entre les paléchinides à rangées multiples de pièces et les nééchinides où chaque aire, soit ambulacraire, soit inter-ambulacraire, est réduite à une double série de pièces, car beaucoup d'oursins secondaires et même actuels montrent que cette simplification est résultée de soudures; cela a été mis en lumière par les travaux de plusieurs savants, notamment par ceux de M. Lovén. On s'en rendra facilement compte en jetant les yeux sur la fig. 48; on voit en *a*, les

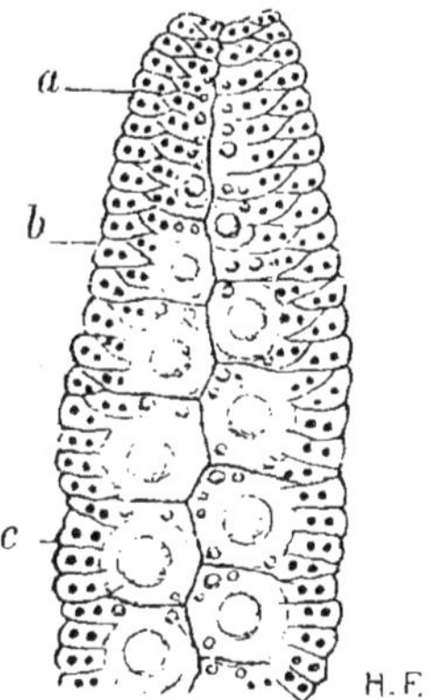

Fig. 48. — Portion d'ambulacre du *Leiosoma rugosum*, grandie (d'après M. Cotteau). — Sénonien.

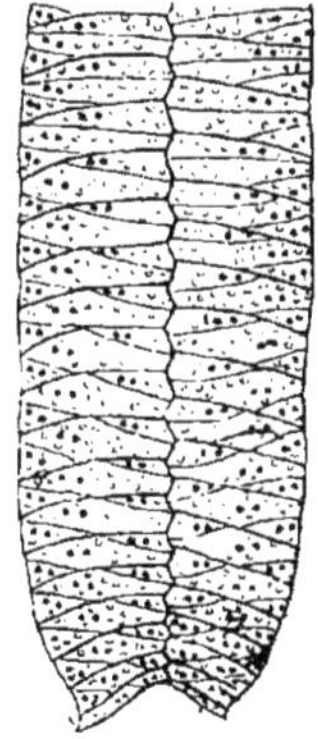

Fig. 49. — Portion d'ambulacre du *Pygurus Michelini*, grandie (d'après M. Cotteau). — Bathonien.

plaques ambulacraires avec des pores disposées sur deux rangs alternes, de manière à former une aire ambulacraire de quatre rangées; plus loin en *b*, les plaques médianes sont soudées en partie de manière à fournir un point d'appui solide au mamelon destiné à supporter le radiole; enfin en *c.* on ne distingue plus que deux rangées de pièces; ainsi un même oursin est paléchinide sur un point, néechinide sur un autre point. On pourra aussi regarder la fig. 49; elle montre que la séparation des rangées ambulacraires en pièces multiples persiste chez des oursins dont l'évolution est très avancée.

Après la division établie d'après le nombre des rangées de plaques, la plus importante est celle qui est basée sur la position du périprocte et du péristome, ou en d'autres termes sur la position de l'anus et de la bouche[1]. On nomme oursins réguliers (*Acrocidaris*[2], fig. 50) ceux où le péristome *p.s.* et le péri-

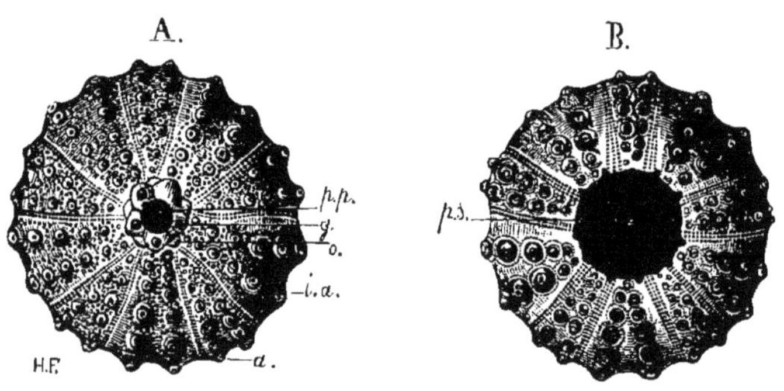

Fig. 50. — *Acrocidaris nobilis*, aux 4/5 de grandeur. A. vu en dessus; B. vu en dessous : *a.* ambulacres; *i.a.* inter-ambulacres; *p.p.* périprocte; *p.s.* péristome; *g.* pièces génitales; *o.* pièces ocellaires. — Corallien de la Pointe du Ché. Collection d'Orbigny.

procte *p.p.* sont dans le centre de la coquille, l'un en dessous, l'autre en dessus. Les irréguliers sont ceux où le périprocte n'est plus au centre de la coquille; ils ne sont pas irréguliers au même degré : les uns (*Discoïdea*[3] fig. 51) ont encore le péristome *p.s.* au centre comme dans les réguliers;

1. On appelle périprocte l'ouverture du test dans laquelle passe l'anus (περὶ, autour; πρωκτὸς, anus), et péristome l'ouverture dans laquelle se trouve la bouche περὶ et στόμα, bouche).

2. Ἄκρα, pointe; *Cidaris*, genre d'oursin.

3. Δίσκος, disque; εἶδος, apparence.

le périprocte *p.p.* seul est excentrique; les autres (*Heteraster*[1], fig. 52) ont le péristome excentrique aussi bien que le périprocte.

Il y a une grande différence entre les oursins les plus réguliers et les oursins les plus irréguliers. Si on dessine la silhouette

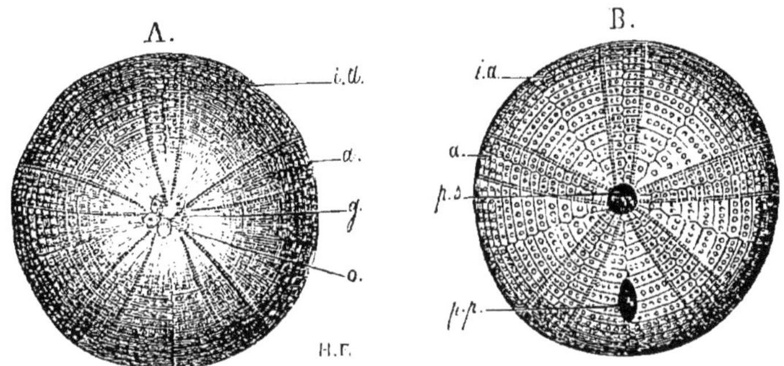

Fig. 51. — *Discoidea cylindrica*, aux 3/4 de grand. A. en dessus; B. en dessous. Mêmes lettres. — Cénomanien du Villard de Lans. Coll. d'Orbigny.

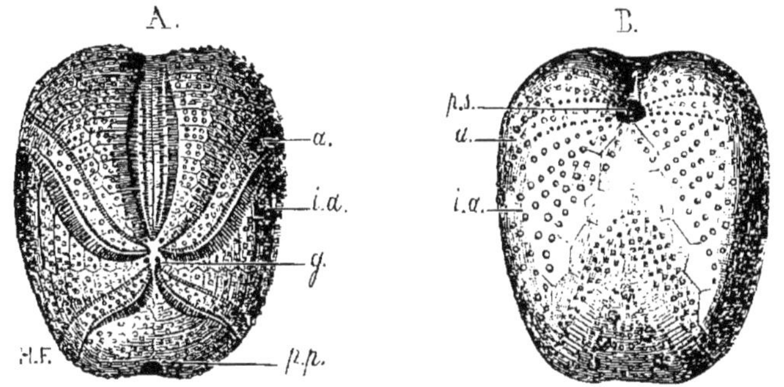

Fig. 52. — *Heteraster oblongus*, grandeur naturelle. A. vu en dessus; B. vu en dessous. Mêmes lettres. — Urgonien de la Grande Chartreuse. Collection d'Orbigny.

des aires ambulacraires d'un oursin régulier (fig. 53), on a un type aussi parfaitement rayonné que dans une étoile de mer. Si au contraire on trace la silhouette des aires ambulacraires d'un oursin irrégulier, en la disposant comme dans les ouvrages de M. Lovén[2] (fig. 54), on a une figure où le rayonnement est

1. Ἕτερος, autre, différent; ἀστὴρ, étoile.

2. La silhouette d'oursin régulier qui est représentée ici est tracée d'après la planche XX, fig. 166 de l'ouvrage de M. Lovén sur *les Échinoïdés*; celle de l'oursin irrégulier est tracée d'après la planche XXXIII, fig. 201 du même ouvrage.

moins apparent. Je ne sais s'il est permis de comparer l'ambulacre impair à la tête du vertébré, les ambulacres pairs anté-

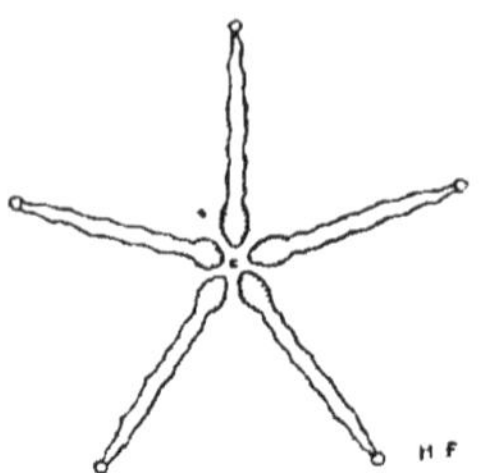

Fig. 53. — Silhouette des rangées ambulacraires du *Cidaris hystrix* (d'après M. Lovén).

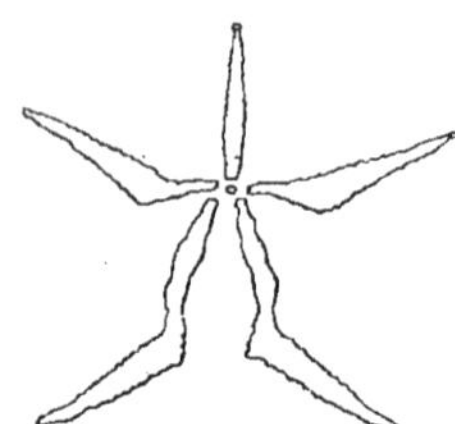

Fig 54. — Silhouette des rangées ambulacraires du *Micraster coranguinum* (d'après M. Lovén).

rieurs à ses bras, les ambulacres pairs postérieurs à ses jambes; tout au moins on peut dire que l'oursin irrégulier, dans sa forme générale, marque une tendance vers les êtres à symétrie bilatérale.

Si large que soit l'intervalle entre les oursins réguliers où la bouche et l'anus sont au centre de la coquille, et les oursins irréguliers où l'anus a quitté le centre, cet intervalle est comblé par une multitude de genres qui présentent tous les états intermédiaires. Pour montrer la variabilité de la position de l'anus, je réunis ici des coupes théoriques de quelques oursins secondaires, supposées faites verticalement dans leur milieu suivant le sens de la longueur; l'anus est marqué par la lettre *a*, la bouche par la lettre *b*. Dans *Pseudodiadema*[1] (fig. 55), l'anus, opposé à la bouche, est au centre; *Peltastes*[2] (fig. 56) a une pièce discale dans le centre, de sorte que l'anus est un peu reculé, mais il reste encore dans la rosette apicale; l'anus de *Clypeus*[3] *Michelini* (fig. 57) est sorti de la rosette apicale et reporté un peu en arrière; l'anus de *Pygaster*[4] *truncatus* (fig. 58)

1. Ψευδής, faux, et *Diadema*, genre d'oursin.
2. Πελταστής, armé d'un bouclier.
3. *Clypeus*, bouclier.
4. Πυγή, fesse; ἀστήρ, étoile.

est situé encore plus en arrière; dans *Pyrina*[1] *ovulum* (fig. 59), l'anus est à peu près au milieu de la face postérieure; dans *Pyrina Desmoulinsii* (fig. 60), il est à peine plus bas; dans *Pyrina lævis* (fig. 61), il est de plus en plus descendu; dans

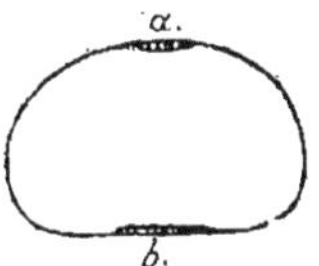

Fig. 55. — *Pseudodiadema Carthusianum* (d'après M. Cotteau). — Néocomien supérieur.

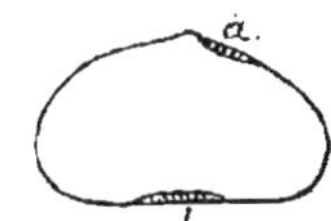

Fig. 56. — *Peltastes Lardyi* (d'après M. Cotteau). — Aptien.

Fig. 57. — *Clypeus Michelini* (d'après M. Cotteau). — Bathonien.

Fig. 58. — *Pygaster truncatus* (d'après M. Cotteau). — Cénomanien.

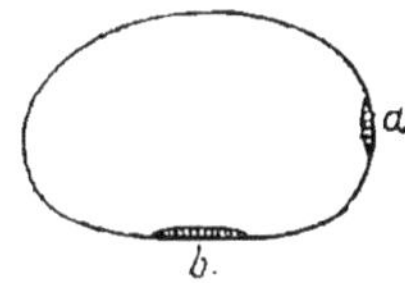

Fig. 59. — *Pyrina ovulum* (d'après Wright). — Sénonien.

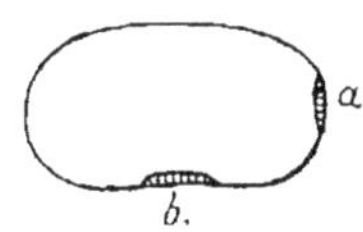

Fig. 60. — *Pyrina Desmoulinsii* (d'après Wright). — Cénomanien.

Fig. 61. — *Pyrina lævis* (d'après Wright). — Cénomanien.

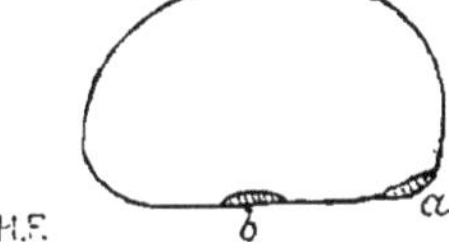

Fig. 62. — *Echinoconus conicus* (d'après Wright). — Sénonien.

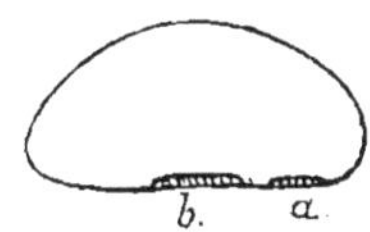

Fig. 63. — *Discoidea decorata* (d'après M. Cotteau). — Aptien.

Echinoconus[2] *conicus* (fig. 62), il atteint la face inférieure, mais il est encore près du bord; enfin dans *Discoidea decorata* (fig. 63), il est tout près de la bouche.

Chez les oursins, où la bouche elle-même est excentrique, les variations dans la position de l'anus ne sont pas aussi étendues; cependant elles sont encore considérables, comme

1. Des Moulins a tiré ce mot de πυρὴν, ῆνος, noyau.
2. Ἐχῖνος, oursin; κῶνος, cône.

le montrent les coupes théoriques suivantes : l'anus, dans *Echinospatagus*[1] (fig. 64), est descendu sur la face postérieure; dans *Holaster*[2] (fig. 65), il s'est rapproché de la face infé-

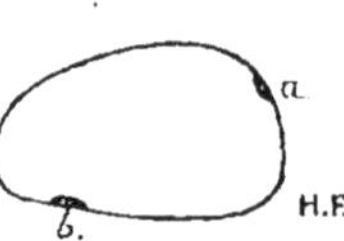

Fig. 64. — *Echinospatagus Roulini* (d'après d'Orb.). — Néocomien.

Fig. 65. — *Holaster lævis* (d'après d'Orbigny). — Cénomanien.

Fig. 66. — *Echinocorys vulgaris*. — Sénonien.

rieure; dans *Echinocorys*[3] (fig. 66), il est tout à fait en dessous, comme dans *Echinoconus*. Ainsi se justifient ces mots de M. Lovén[4] : « *Le tube digestif, dès qu'il ne s'ouvre pas verticalement dans le calice, est comme saisi d'une mobilité extraordinaire, par suite de laquelle le périprocte se trouve pratiqué dans les genres divers sur tous les points de la ligne médiane de l'inter-radium impair depuis le bord du calice*[5] *jusqu'aux approches du péristome.* »

Ce n'est pas seulement le tube digestif qui a été mobile. Les pièces de la rosette apicale, au centre de la boîte osseuse de l'oursin, ont éprouvé aussi de grandes variations. La rosette apicale (voir *Salenia*, fig. 67) comprend : 1° une ou plusieurs pièces discales *d* qui occupent la place de la tige des crinoïdes; 2° une rangée de pièces génitales *g* qui sont les homologues des basales des crinoïdes; 3° une rangée de pièces ocellaires *o*, qui sont les homologues des radiales des crinoïdes. Pour donner une idée des modifications de ces pièces, j'ai réuni les calques de quelques-unes des figures des beaux ouvrages

1. Ἐχῖνος et σπάταγγος, sorte d'oursin chez les Grecs.
2. Ὅλος, entier, et ἀστήρ, étoile, parce que les ambulacres se continuent du sommet jusqu'à la bouche.
3. Ἐχῖνος, oursin; κόρυς, casque.
4. *Études sur les Échinoïdées*, page 79, in-4°, Stockholm, 1874. C'est surtout à ce livre admirable que j'ai emprunté mes renseignements.
5. M. Lovén appelle calice la rosette apicale.

de MM. Lovén, Cotteau, Wright, de Loriol. Dans *Cidaris*[1] (fig. 68), il y a un grand périprocte central couvert en partie, à l'état vivant, par une membrane qui porte de nombreuses

FIG. 67. — *Salenia petalifera*, de grandeur nat. A. vue en dessus; B. vue de côté; *d.* pièce discale; *g.* génitales; *o.* ocellaires; *a.* ambulacres; *i.a.* interambulacres; *p.p.* périprocte. — Cénomanien du Havre. Coll. d'Orbigny.

petites pièces; autour du périprocte, 5 larges plaques génitales *g.* et 5 petites ocellaires forment des cercles réguliers. Dans *Peltastes* (fig. 69), les éléments calcaires du disque ne sont plus fragmentés comme dans *Cidaris*, mais réunis en une seule pièce *d*; le périprocte est creusé aux dépens des trois génitales postérieures. Dans *Acrosalenia*[2] *pseudodecorata* (fig. 70), la pièce discale se fractionne en trois *d.d.d.* et le périprocte envahit une grande partie de la génitale impaire. Dans *Acrosalenia angularis* (fig. 71), il y a de nombreuses pièces discales; la génitale impaire est de plus en plus amoindrie. Dans *Echinobrissus*[3] *orbicularis* (fig. 72), la génitale impaire disparaît et le périprocte est sorti de l'appareil apical. Dans *Galeropygus*[4] *Marcoui* (fig. 73), le nombre des pièces discales a été réduit à deux. Dans *Hyboclypus*[5] *caudatus* (fig. 74), la discale postérieure est venue prendre la place qu'avait à l'origine (*Cidaris*, fig. 68) la génitale impaire, de sorte qu'on a un retour vers l'état régulier. Il en est de même dans *Holectypus*[6] *hemisphæricus* (fig. 75); mais ici la première

1. Κίδαρις, εως, diadème.
2. Ἄκρα, pointe, et *Salenia*, genre d'oursin.
3. Ἐχῖνος, oursin, et βρίσσος, nom d'un oursin chez les Grecs.
4. *Galerus*, casquette, et πυγή, fesse.
5. Ὑβός, bossu, et *Clypeus*, genre d'oursin.
6. Ὅλος, entier; ἔκτυπος, empreint, parce que les ambulacres s'étendent sur toute la coquille.

discale s'est confondue avec la première génitale droite, formant une grande pièce madréporique. Enfin, dans *Holectypus*

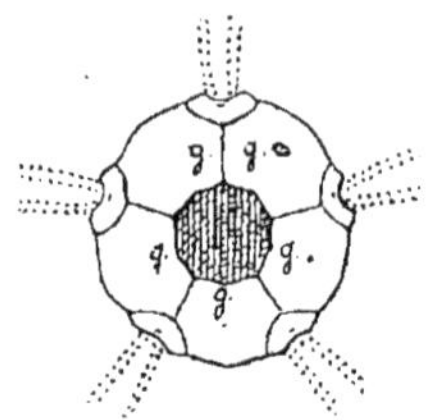

Fig. 68. — *Cidaris subvesiculosa* (d'après M. Cotteau). — Sénonien.

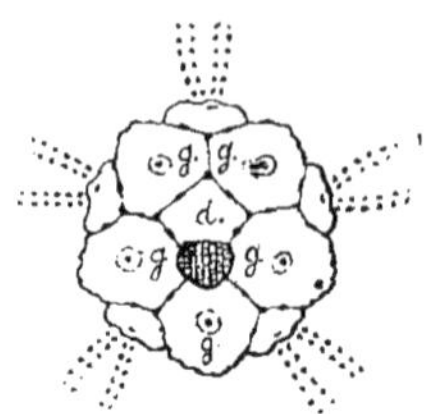

Fig. 69. — *Peltastes stellulatus* (d'après M. Cotteau). — Néocomien.

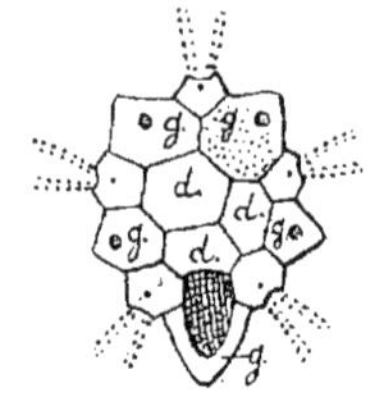

Fig. 70. — *Acrosalenia pseudodecorata* (M. Lovén d'après M. Cotteau). — Bathonien.

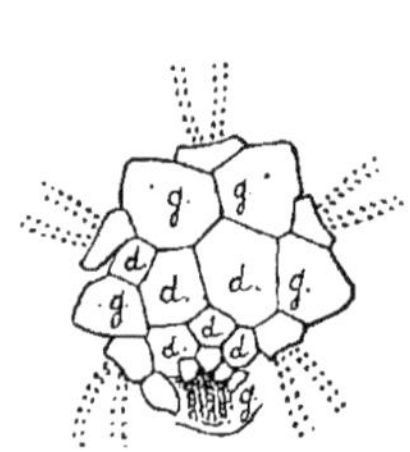

Fig. 71. — *Acrosalenia angularis* (d'après M. de Loriol). — Jura bernois.

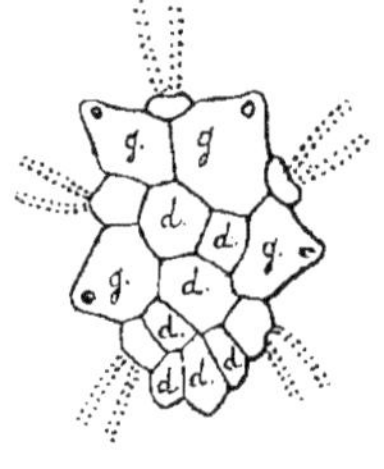

Fig. 72. — *Echinobrissus orbicularis* (d'après Wright). — Bathonien.

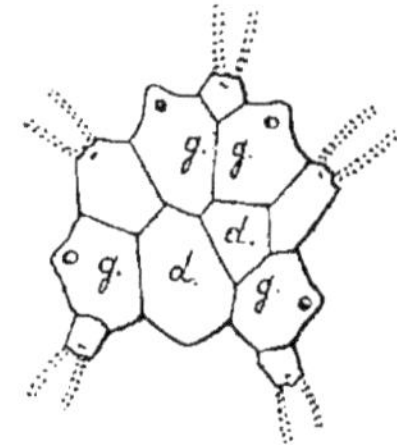

Fig. 73. — *Galeropygus Marcoui* (M. Lovén, d'après M. Cotteau). — Néocomien.

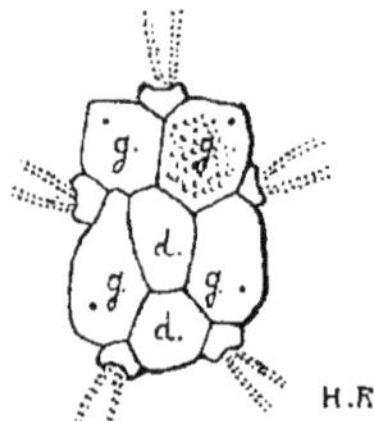

Fig. 74. — *Hyboclypus caudatus* (d'après Wright). — Bajocien.

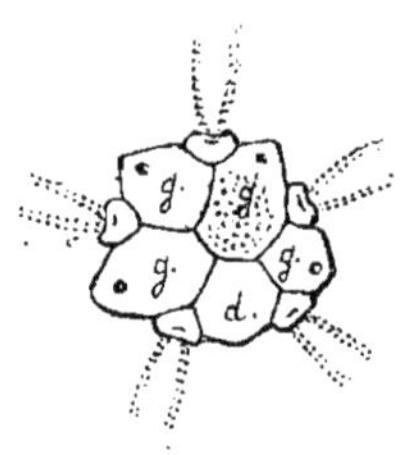

Fig. 75. — *Holectypus hemisphæricus* (d'après Wright). — Bajocien.

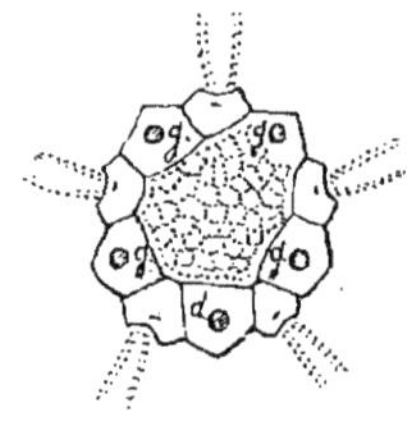

Fig. 76. — *Holectypus macropygus*. — (M. Lovén, d'après M. Cotteau). — Néocomien.

macropygus (fig. 76), la discale qui a pris la place de la génitale postérieure a un trou pour le passage des œufs, comme les génitales, de sorte qu'il est impossible de l'en distinguer. Ainsi des pièces qui ne sont pas homologues sont devenues analogues, c'est-à-dire ont rempli les mêmes fonctions.

Il a pu aussi arriver que la pièce discale postérieure, au lieu de remplacer la génitale impaire postérieure, ait été atrophiée

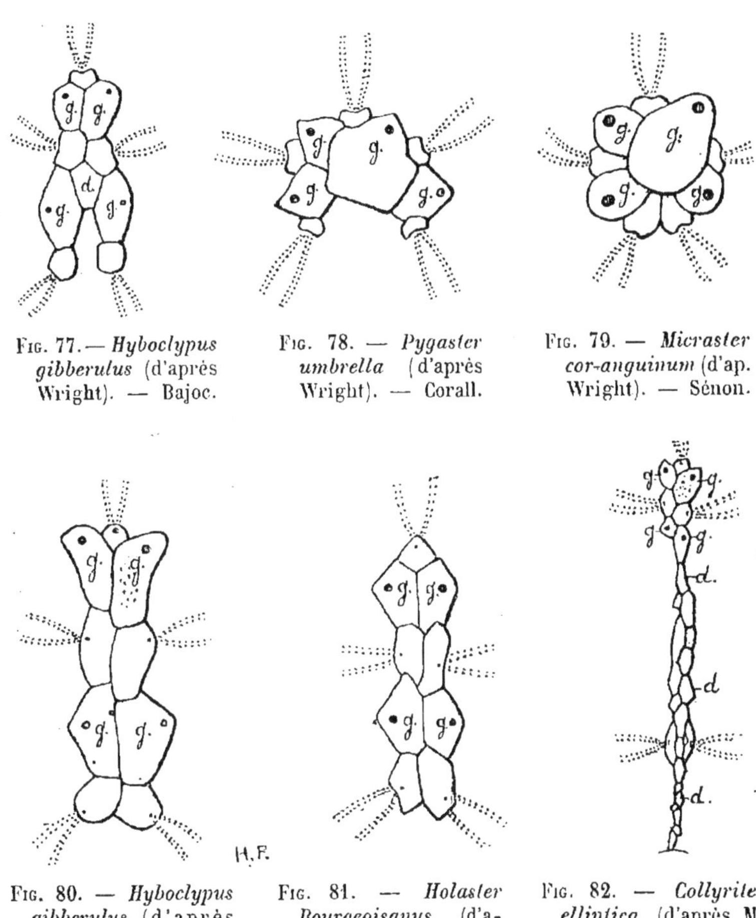

Fig. 77. — *Hyboclypus gibberulus* (d'après Wright). — Bajoc.

Fig. 78. — *Pygaster umbrella* (d'après Wright). — Corall.

Fig. 79. — *Micraster cor-anguinum* (d'ap. Wright). — Sénon.

Fig. 80. — *Hyboclypus gibberulus* (d'après M. Cotteau). — Bathonien.

Fig. 81. — *Holaster Bourgeoisanus* (d'après d'Orbigny). — Sénonien.

Fig. 82. — *Collyrites elliptica* (d'après M. Cotteau). — Callovien.

(*Hyboclypus gibberulus* (fig. 77). Dans ce cas, les deux ocellaires postérieures ont été quelquefois très éloignées l'une de l'autre, et alors on voit, dans l'appareil apical, un grand trou pour le périprocte (*Pygaster umbrella*, fig. 78). Mais le plus souvent les deux ocellaires se sont rapprochées pour fermer l'appareil apical (*Micraster*[1] *cor-anguinum*, fig. 79).

Enfin les pièces apicales des oursins secondaires ont fréquemment perdu la disposition circulaire et se sont rangées longitudinalement; lorsqu'au lieu de regarder la figure d'*Hyboclypus gibberulus* qui a été donnée par Wright, on regarde celle de la même espèce qui a été représentée par M. Cotteau (fig. 80), on constate que la première discale a été atrophiée et que les génitales et ocellaires se sont rapprochées l'une de l'autre de manière à former un appareil apical étroit et allongé. Cette modification, qui s'est produite seulement dans certains échantillons d'*Hyboclypus*, a eu lieu d'une manière permanente dans les *Holaster* (fig. 81) et dans les *Echinocorys*. Dans *Collyrites*[2] (fig. 82), il n'y a pas eu seulement allongement de l'appareil apical; il y a eu disjonction, les deux ocellaires postérieures ont été reportées très loin en arrière. Il y a eu aussi disjonction dans *Disaster*[3], mais chacune des pièces de l'appareil apical a gardé la forme qu'elle avait dans les oursins ordinaires.

On conçoit que ces changements dans la disposition de l'appareil apical ont correspondu à des transformations du système ambulacraire, car les rangées de pores respiratoires sont en rapport avec les pièces ocellaires. Ainsi il y a des oursins (fig. 83) où les ambulacres ont perdu la disposition rayonnée habituelle chez les échinodermes (fig. 84); l'étoile est partagée en deux parties : le trivium formé des trois ambulacres antérieurs, le bivium formé des ambulacres postérieurs. Il peut arriver aussi que, la disposition rayonnée étant maintenue, les ambulacres se développent inégalement; ainsi, dans certaines espèces d'*Hemiaster*, le bivium est très raccourci comparativement au trivium[4].

Les ambulacres présentent encore d'autres modifications.

1. Μικρὸς, petit; ἀστὴρ, étoile, parce que les ambulacres sont petits.
2. Κολλυρίτης, petit pain.
3. Δὶς, deux fois; ἀστὴρ, étoile, c'est-à-dire étoile séparée en deux parties.
4. C'est ce qui a fait imaginer le nom d'*Hemiaster*, ἥμισυς, demi; ἀστὴρ, étoile.

Tantôt ils vont du sommet de l'oursin à la bouche comme dans *Discoidea* (fig. 51) et dans *Holectypus*[1] (fig. 84); tantôt

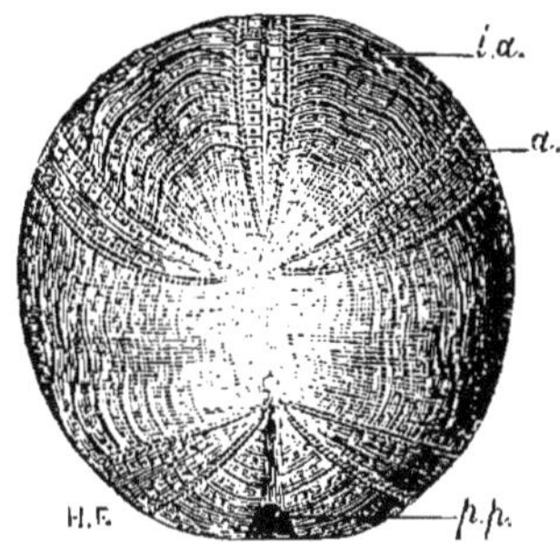

FIG. 83. — *Collyrites elliptica*, aux 2/3 de grand., vu en dessus. Les trois ambulacres antérieurs forment le trivium ; les deux postérieurs forment le bivium ; *a.* ambulacres ; *i.a.* inter-amb. ; *p.p.* périprocte. — Callovien de Chaumont. Coll. d'Orb.

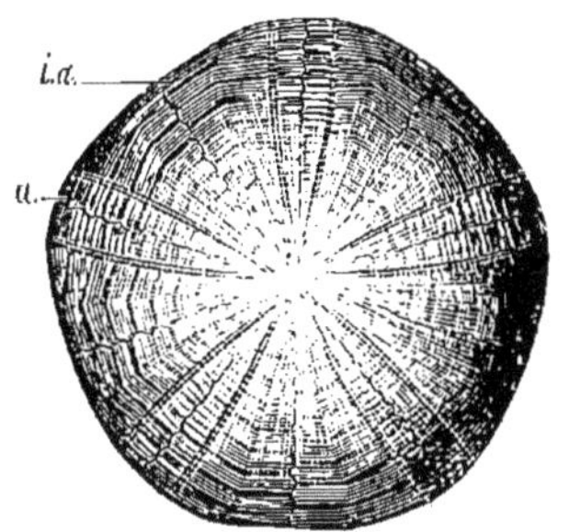

FIG. 84. — *Holectypus depressus*, aux 3/4 de grandeur, vu en dessus, montrant les cinq ambulacres *a.* et les 5 inter-ambulacres *i. a.* — Callovien de Mamers. Collection d'Orbigny.

A.

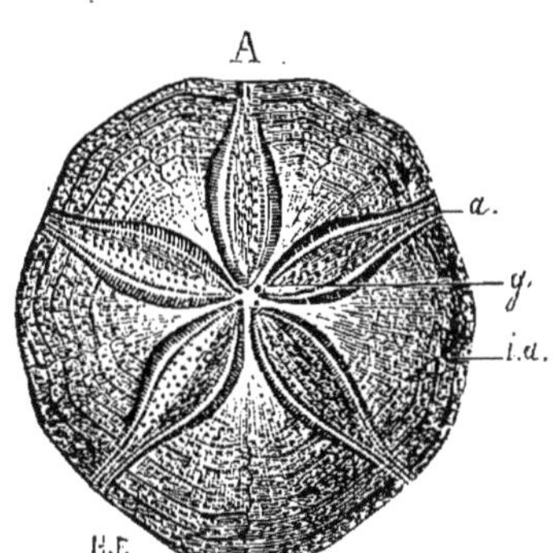

B.

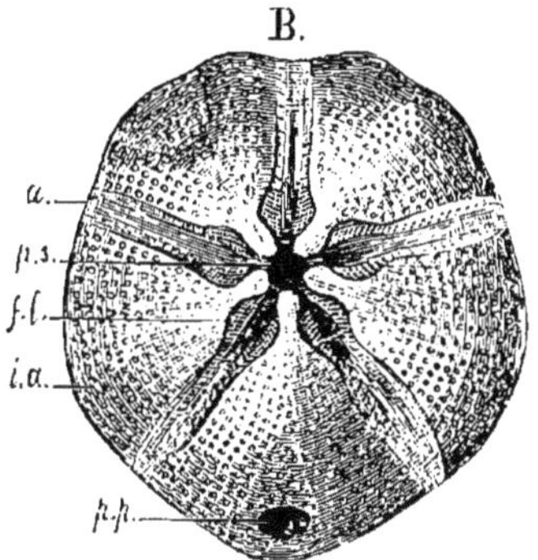

FIG. 85. — *Pygurus rostratus*, à 1/2 grandeur. A. vu en dessus ; B. vu en dessous ; *p. p.* périprocte ; *p. s.* péristome ; *a.* ambulacres ; *i. a.* inter-ambulacres ; *fl.* rosace appelée floscelle, formée par les dilatations des ambulacres appelées phyllodes ; *g.* trous génitaux. — Néocomien de Sainte-Croix. Coll. d'Orbigny.

leurs pores deviennent rares ou même disparaissent sur la face inférieure. Quelquefois ils affectent sur la face supérieure l'élégante disposition appelée pétaloïde (*Pygurus*[2], fig. 85, A)

1. De là est venu le nom d'*Holectypus* (ὅλος, entier ; ἔκτυπος, empreint).
2. Πυγή, fesse ; οὐρά, queue.

et sur la face inférieure la disposition connue sous le nom de floscelle (même figure, B).

Les oursins subissent aussi des variations dans la largeur de leurs ambulacres; les uns (*Cidaris*, fig. 86) ont des ambu-

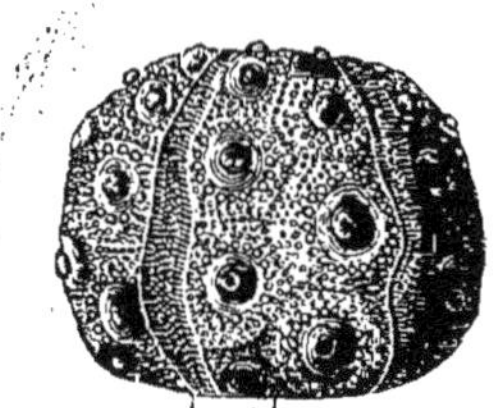

Fig. 86. — *Cidaris marginata*, aux 3/4 de grandeur. *a*. ambulacres; *i. a*. inter-ambulacres. — Corallien de La Rochelle. Coll. d'Orb.

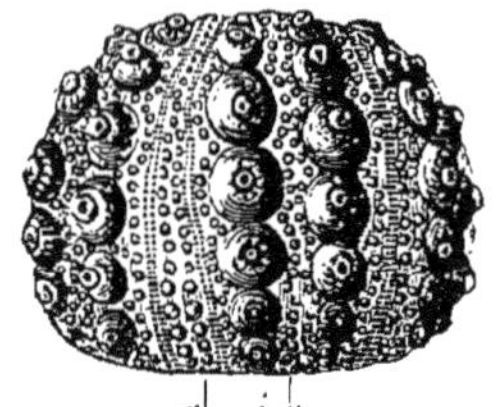

Fig. 87. — *Hemicidaris crenularis*, aux 3/4 de grandeur. Mêmes lettres. — Corallien de Saint-Mihiel, Meuse. Collection d'Orbigny.

lacres étroits; on les appelle des angustistellés; les autres (*Phymechinus*[1], fig. 88) ont de larges ambulacres, on les

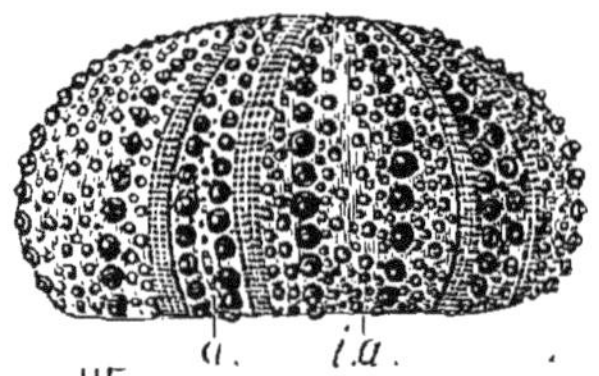

Fig. 88. — *Phymechinus* (*Heliocidaris*) *mirabilis*, aux 3/4 de grandeur. Mêmes lettres. — Corallien de Saulce. Collection d'Orbigny.

nomme des latistellés. Les *Hemicidaris*[2] (fig. 87) forment l'intermédiaire entre les angustistellés et les latistellés; leurs ambulacres sont étroits en dessus comme dans les premiers, larges en dessous comme dans les seconds.

Les pores eux-mêmes offrent des modifications de forme; ils sont ronds, ou allongés, ou en larmes, tantôt semblables les uns aux autres, tantôt dissemblables, placés sur un seul rang, sur deux ou plusieurs rangs.

Si la boite osseuse des oursins présente des variations, les

1. Φῦμα, excroissance; ἐχῖνος, oursin.
2. Ἥμισυς, demi, c'est-à-dire à moitié Cidaris.

radioles dont elle est armée n'en subissent pas moins. Comme exemple de ces variations, on peut citer le *Cidaris*; ce genre, qui a paru à la fin des temps primaires, s'est beaucoup multiplié pendant les temps secondaires et il existe encore aujour-

Fig. 89. — Radiole de *Cidaris perornata*. gr. nat. — Sénonien de La Flèche. Coll. d'Orb.

Fig. 90. — Radiole de *C. muricata*. gr. nat. — Néocomien de Saint Dizier. Coll. d'Orb.

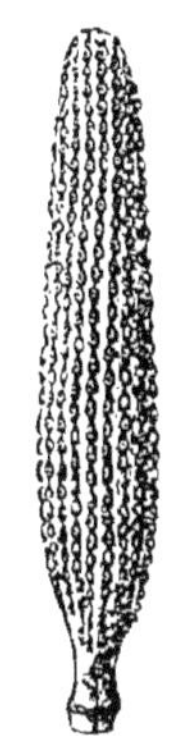

Fig. 91. — Radiole de *C. florigemma*. gr. nat. — Corallien de St-Mihiel. Coll. d'Orbigny.

Fig. 92. — Radiole de *Cid. punctatissima*. gr. nat. — Néocom., Les Lattes. Coll. d'Orb.

Fig. 93. — Radiole de *Cid. Roemeri*, gr. nat. — Saliférien de St-Cassian. Coll. d'Orb

Fig. 94. — Radiole de *Cid. clavigera*. gr. nat. — Sénonien de Fécamp. C. d'Orb.

Fig. 95. — Radiole de *Cid. cydonifera*, gr. nat. — Néoc., St-Auban (Var). Coll. d'Orb.

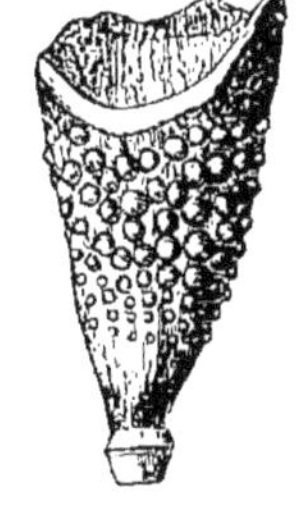

Fig. 96. — Radiole de *Cid. Jouanneti*, gr. nat. — Sénonien de Tours. Coll. d'Orb.

d'hui. La boîte osseuse (fig. 86) a peu changé, la force modificatrice s'est portée sur ses radioles. Je donne ici les figures de quelques-unes de leurs principales variétés (fig. 89 à 96). Si dissemblables que soient ces radioles, on voit entre eux de nombreux passages; un même oursin a des radioles très différents les uns des autres. M. Alexandre Agassiz prétend que dans *Toxopneustes* jeune les radioles ressemblent à ceux du *Rhabdocidaris*, qu'ils passent ensuite par l'état *Cidaris*, puis par l'état *Echinocidaris*; ce n'est que plus tard qu'ils prennent l'état *Toxopneustes*.

Quelques naturalistes, remarquant combien les grands traits de la configuration des oursins sont mobiles, ont eu la pensée de baser leur classification sur les caractères fournis par leurs mâchoires (page 52, fig. 45). Évidemment ces caractères ne sont pas sans valeur. Mais, quand nous pensons à quel point les dents ont varié chez les mammifères, nous devons croire que l'on trouvera aussi d'insensibles transitions dans la dentition des oursins. Les mâchoires de ces animaux étant moins apparentes que leur boîte osseuse, et rarement visibles dans les espèces fossiles, on n'a pas encore eu occasion de les mettre en série pour établir leurs passages; je suppose qu'on fera cela quelque jour. Les premiers classificateurs se sont servis des caractères les plus apparents pour établir leurs divisions, et ils ont bien fait, car le plus souvent les caractères les plus apparents sont ceux qui révèlent le mieux les grands traits de l'organisation; mais par là même qu'ils sont plus visibles, on suit plus facilement leurs modifications. Les savants qui veulent changer les classifications en s'appuyant sur des caractères plus cachés, reconnaîtront un jour que les caractères cachés, aussi bien que ceux qui sont les plus manifestes, ont présenté d'insensibles modifications.

En résumé, on peut dire qu'à travers les changements présentés par les oursins, il est facile de reconnaître une unité de plan. Nulle part peut-être cette unité n'est plus manifeste sous les apparences de la diversité. Vainement l'anus se déplace et voyage de dessus en dessous, les rangées des ambulacres ont plus ou moins de séries de pièces, l'oursin régulier devient irrégulier, les discales prennent la place des génitales ou se soudent avec elles, les ambulacres se disjoignent, ils s'élargissent ou se resserrent, leurs pores se multiplient ou se raréfient, toujours le type persiste, et notre esprit ébloui ne sait ce qu'il doit admirer davantage de l'unité dans l'ensemble ou de la diversité dans les détails.

L'unité de plan n'entraîne pas, d'une manière absolue, la preuve des filiations des oursins d'époques différentes, car ils ont pu apparaître de manière à refléter un plan virtuel, sans qu'il y ait eu mutation. Mais il me semble que nous devons être prédisposés en faveur de l'idée de mutation par la raison que voici : M. Alexandre Agassiz[1] a étudié le jeune âge des oursins actuels sur vingt-sept genres différents; dans plusieurs il a observé que les changements subis par les individus d'une même espèce, depuis la naissance jusqu'à la vieillesse, *sont si grands que rien ne serait plus naturel que de placer leurs deux extrêmes, non seulement dans des espèces différentes, mais souvent dans des genres différents et même dans des familles différentes.* Lorsque nous voyons de telles modifications se produire pendant le court espace de la vie d'un individu, nous pouvons croire que de grands changements ont dû, à plus forte raison, avoir lieu pendant le laps immense des temps géologiques.

Pour nous assurer combien il est difficile d'établir des séparations entre les espèces d'oursins, nous n'avons pas besoin d'aller loin; à la porte de Paris, dans la craie de Meudon, il y a un oursin que tout géologue connaît : c'est le *Micraster Brongniarti* (fig. 100). Ce fossile a été précédé par le *Micraster glyphus* (fig. 99), qui a été précédé par le *Micraster coranguinum* (fig. 98), qui a été précédé par le *Micraster cortestudinarium* (fig. 97), qui a été précédé par le *Micraster brevis*.

Si on choisit certains échantillons de ces espèces, on remar-

1. *Preliminary Report on the Echini and Star-fishes dredged in deep water between Cuba and the Florida Reef* (Bull. of the Museum of comparative zoology at Harvard College, vol. I, 1869). — Consulter aussi le grand ouvrage d'Alexandre Agassiz : *Revision of the Echini*, in-4°. Cambridge, 1873.

que des différences[1]; mais si on met tous les individus à côté les uns des autres, on voit tant de passages que les déterminations spécifiques deviennent très délicates. Elles le sont

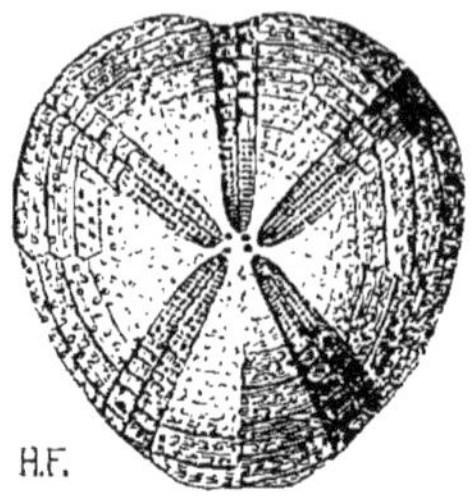

Fig. 97. — *Micraster cor-testudinarium*, aux 3/5 de grandeur. — Sénonien de Paron, près Sens. Collection de M. Cotteau.

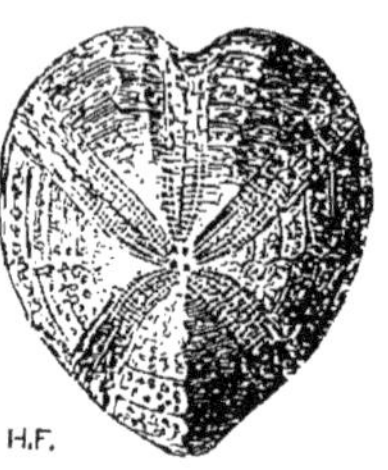

Fig. 98. — *Micraster cor-anguinum*, à 1/2 grandeur. — Sénonien du Sussex, Angleterre. Collection de M. Cotteau.

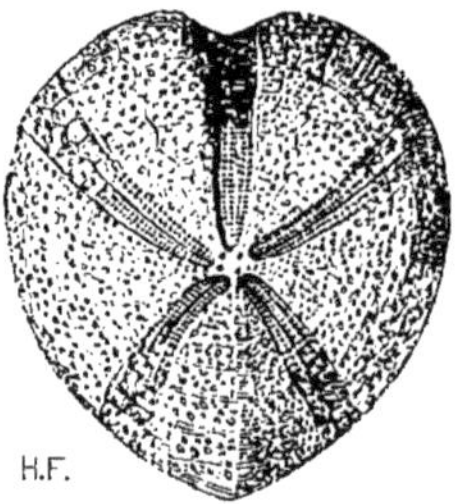

Fig. 99. — *Micraster glyphus*, aux 2/5. — Sénonien d'Obourg, près Spiennes, Belgique. Collection de M. Cotteau.

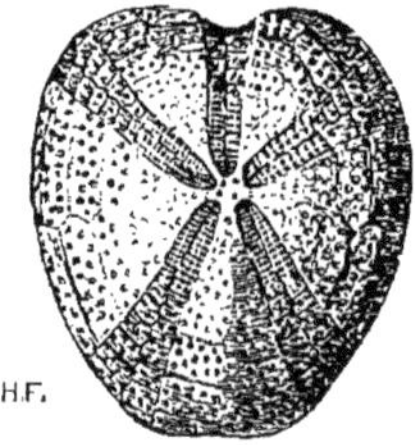

Fig. 100. — *Micraster Brongniarti*, aux 3/5. — Sénonien de Meudon. Donné par moi au Muséum.

à tel point que j'ai cru devoir prier M. Cotteau de choisir lui-même les types dont je viens de donner les figures. Cet éminent

1. *Micraster cor-testudinarium* se distingue de *M. brevis* par sa forme moins ramassée, moins raccourcie, par ses aires ambulacraires postérieures moins allongées et à zones porifères relativement moins larges. *Micraster cor-anguinum* diffère de *M. cor-testudinarium* parce qu'il est plus acuminé en arrière, plus cordiforme, parce que son sommet ambulacraire est porté plus en arrière, et parce que ses ambulacres sont plus étroits, presque superficiels. *Micraster glyphus* s'en distingue également. Quant au *Micraster Brongniarti*, il se rapproche beaucoup de *M. cor-testudinarium* par sa disposition bien moins cordiforme que dans les deux espèces d'âge intermédiaire, mais il est plus allongé, son sillon antérieur est plus profond à l'ambitus, ses ambulacres sont plus étroits et plus excavés.

paléontologiste croit qu'elles peuvent porter des désignations spéciales. Mais pendant longtemps d'autres savants les ont confondues sous un même nom spécifique. Agassiz et Desor avaient réuni en 1847 les *Micraster cor-anguinum* et *cor-testudinarium*. Bientôt après, Forbes, puis d'Orbigny, ont rapproché les *Micraster cor-anguinum*, *cor-testudinarium* et *brevis*; ils n'avaient pas eu l'idée d'en séparer le *Micraster Brongniarti*; c'est seulement en 1855 que cette idée est venue à l'esprit de M. Hébert. Le *Micraster glyphus* n'a été distingué qu'en 1869 par Schlüter. Dans le courant de son ouvrage sur les *Échinides du département de la Sarthe*, M. Cotteau regarde encore le *Micraster brevis* comme une simple variété du *Micraster cor-testudinarium*; ce n'est qu'à la fin de son volume qu'il accorde au *Micraster brevis* le droit de porter un nom d'espèce distinct.

En vérité un tel désaccord n'existerait pas entre les maitres les plus consciencieux et les plus habiles, si les espèces étaient bien distinctes des variétés. Sans doute nous sommes en présence de formes d'un même type qui a subi avec le temps de légères et insensibles variations; nous avons là ce qu'on peut appeler des *espèces géologiques*, c'est-à-dire des points de repère précieux, adoptés par les stratigraphes pour noter les minutes ou les secondes au calendrier des âges de la terre, mais ce ne sont pas des *espèces zoologiques* dans le sens où on employait autrefois le nom d'espèces. Il faut d'ailleurs noter que les couches de craie, dans le bassin de Paris, se sont déposées les unes au-dessus des autres sans perturbations violentes, et que, par conséquent, il n'est point vraisemblable que les espèces aient été détruites pour être remplacées par d'autres qui en étaient très voisines. Les *Micraster* se sont peu à peu transformés, soumis à la grande loi du changement, si inhérente au monde organique qu'elle s'est produite, lors même que le monde physique est resté presque immobile.

On trouve à Meudon avec le *Micraster Brongniarti* un oursin facile à distinguer par la disposition allongée de son appareil apical, c'est l'*Echinocorys vulgaris*, appelé aussi *Ananchites*[1] *ovata* (fig. 101). M. Cotteau a donné la synonymie de cette

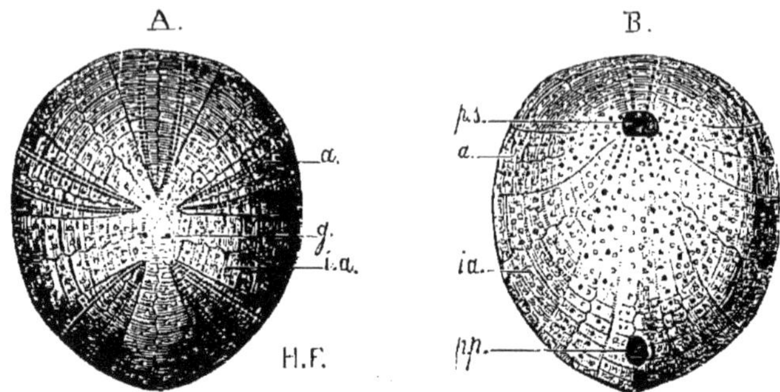

Fig. 101. — *Echinocorys vulgaris*, aux 2/3 de grandeur. A. vu en dessus; B. en dessous; *g.* trous génitaux; *a.* ambulacres; *i. a.* inter-ambulacres; *p. s.* péristome; *p. p.* périprocte. — Sénonien de Chavot, Marne. Collection d'Orbigny.

espèce; j'y relève 19 noms d'espèces qui ont été créés pour elle seule. La plupart de ces noms correspondent à une variation de formes; même quelques-uns présentent des différences très manifestes; pour qu'on puisse s'en rendre compte, j'ai superposé les profils qu'Édouard Forbes a donnés des formes appelées *ovata*, *conica*, *striata* et *gibba* (fig. 102). Forbes et après

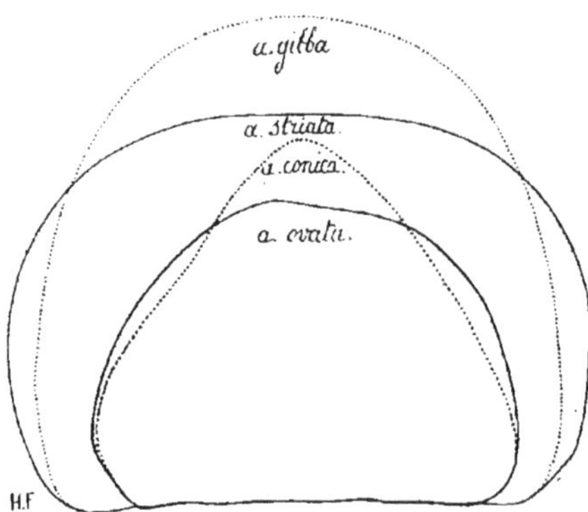

Fig. 102. — Silhouettes de diverses variétés de l'*Echinocorys vulgaris*, *Ananchites ovata* (d'après Forbes). — Sénonien d'Angleterre.

1. Si ce mot est tiré d'ἀνάγχω, je resserre, à cause de la forme qui est comprimée latéralement, il doit s'écrire Ananchites et non Ananchytes.

lui d'Orbigny, Desor, Cotteau ont été d'accord pour les réunir dans une même espèce. Mais, puisque avant eux, Lamarck, Des Moulins, Agassiz, Goldfuss, etc., et plus récemment M. Bayle ont considéré plusieurs d'entre elles comme des espèces distinctes, il faut admettre que les différences pour lesquelles les naturalistes créent des noms d'espèces sont identiques avec celles qui séparent les simples variétés dérivées des mêmes parents. On réunit des êtres en une même espèce lorsqu'on a eu occasion de les suivre à travers le temps et l'espace, de manière à observer un grand nombre d'échantillons qui établissent des passages entre eux; si on n'a pas eu cette occasion, on les sépare en espèces distinctes. Nous pourrions formuler cela en disant : *l'amplitude des espèces est en proportion de l'étude dont elles ont été l'objet;* la notion de l'espèce est subjective aussi bien que celle de genre et de famille.

Holothuries. — Ces animaux, que les zoologistes s'accordent à placer à la tête des échinodermes, ne semblent pas de nature à pouvoir se conserver à l'état fossile, car ils n'ont pas un

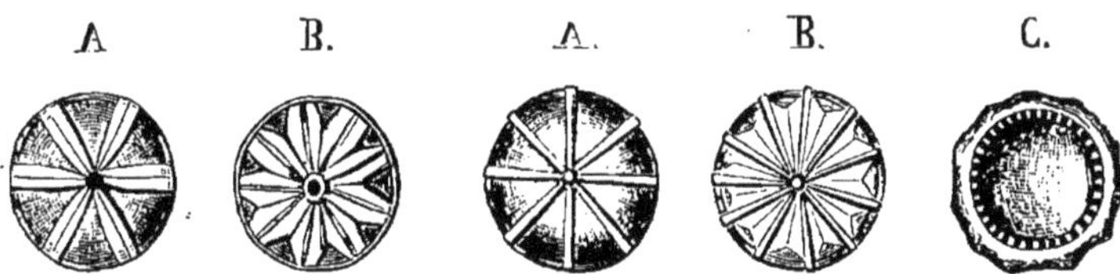

Fig. 103. — Pièces dermiques d'*Hemisphæranthos florida*, vues en dessus. A. pièce grossie 26 fois; B. autre pièce grossie 47 fois (d'après MM. Terquem et Berthelin). — Lias moyen d'Essey-les-Nancy.

Fig. 104. — Pièces dermiques d'*Hemisphæranthos costifera*. A. pièce vue en dessus, grossie 45 fois; B. autre pièce vue en dessus, grossie 70 fois; C. la même vue en dessous, c'est-à-dire du côté concave (d'après MM. Terquem et Berthelin). — Lias moyen d'Essey-les-Nancy.

squelette solide. Cependant, lorsqu'on examine leur peau au microscope, on la voit souvent remplie de spicules et de corps en forme de calotte qui sont calcaires. Ces pièces, malgré leur excessive ténuité, n'ont pas échappé au génie investigateur des paléontologistes. MM. Schwager, Waagen, Swingli, Kübler, Terquem, Jourdy, Berthelin les ont retrouvées dans des roches jurassiques. Les gravures de la page précédente (fig. 103 et 104) sont faites d'après des dessins que M. Berthelin a bien voulu me communiquer[1].

On voit par là que les diverses classes qui composent aujourd'hui l'embranchement des échinodermes existaient déjà à l'époque secondaire.

1. M. Schlumberger a découvert dernièrement de nombreux débris d'holothuries dans l'éocène des environs de Paris.

CHAPITRE V

LES MOLLUSQUES SECONDAIRES

Les mollusques ont eu déjà un grand rôle pendant l'ère primaire; cependant ce n'est que dans les temps secondaires qu'ils sont parvenus à leur apogée. Telle a été alors leur importance qu'ils ont servi à établir les noms de plusieurs sous-étages. Ainsi, parmi les désignations le plus en usage chez les géologues français, on peut citer : les grès à *Avicula contorta* (infralias), les marnes à Gryphées arquées (lias inférieur), les marnes à bélemnites et celles à *Gryphæa cymbium* (lias moyen), les bancs à *Exogyra acuminata* (bathonien), le dicératien ou calcaire à *Diceras* et l'astartien ou calcaire à *astartes* (corallien), le ptérocérien ou calcaire à ptérocères et le virgulien ou sous-étage à *Exogyra virgula* (kimmeridgien), le calcaire à *chames* (urgonien), l'argile à *plicatules* (aptien), la craie à *Pecten asper* (cénomanien), la craie à *Inoceramus labiatus* (turonien), la craie à *Belemnitella quadrata* et celle à *Belemnitella mucronata* (sénonien), le calcaire à *baculites* (danien).

Pendant l'ère secondaire, comme pendant l'ère primaire, et encore de nos jours, la classe des mollusques a eu pour représentants les bivalves, les gastropodes et les céphalopodes.

Bivalves[1]. — Plusieurs genres ont passé des temps primaires aux temps secondaires; un plus grand nombre ont

1. Dans plusieurs publications récentes, notamment dans l'important Traité de M. Fischer, les bivalves sont désignés sous le titre de pélécypodes.

passé des temps secondaires aux temps actuels. Beaucoup se sont échelonnés dans tous les étages. Les admirables recherches de M. Etheridge ont mis en lumière la marche des mollusques et donné des preuves de leur continuité.

Cette continuité n'a pas été de l'immobilité ; la plupart des types, en persistant, ont présenté des nuances légères qui ont suffi pour enlever la monotonie, mais non pour empêcher de reconnaître leur unité. Ces nuances, on les a appelées des espèces ; peu importe le nom ; je ne peux croire que chacune d'elles représente une entité distincte ; il me semble plus naturel de voir simplement en elles des changements qui sont en harmonie avec ceux des âges géologiques successifs.

Je prendrai un exemple dans le genre le plus vulgaire, le genre Huître (*Ostrea*[1]). Rare dans le primaire, peu commun encore dans le trias, il s'est rapidement multiplié dans le lias inférieur; il y a été surtout représenté par la forme appelée *Gryphæa*[2] (*G. arcuata*, fig. 105) ; sa grande valve, au lieu d'être attachée aux rochers sous-marins, était libre comme chez les huîtres actuelles à l'état embryonnaire; elle formait une élégante courbe dont le sommet se retournait en forme de crochet vers la valve supérieure. Je suppose qu'à l'époque du lias moyen, *Gryphæa* a diminué sa courbure et son crochet pour donner l'aspect appelé *Gryphæa cymbium* (fig. 106). Plus tard, son crochet aura pu tourner légèrement de côté (*Gryphæa dilatata*, fig. 107), et, plus tard encore, le crochet tournant de plus en plus, *Gryphæa* aura passé à la forme dite *Exogyra*[3], qui est représentée dans le néocomien par *Exogyra Couloni*, dans l'aptien par *Exogyra aquila* (fig. 108), dans le gault par *Exogyra Rauliniana*, *canaliculata*, *arduennensis*, dans le cénomanien par *Exogyra conica*. Parfois le crochet se sera redressé, et alors il y aura eu, jusque dans le milieu du cré-

1. Ὄστρεον, huître.
2. Γρυπός, crochu.
3. Ἔξω, en dehors; γῦρος, tour.

tacé, une tendance au retour vers la forme primitive, comme

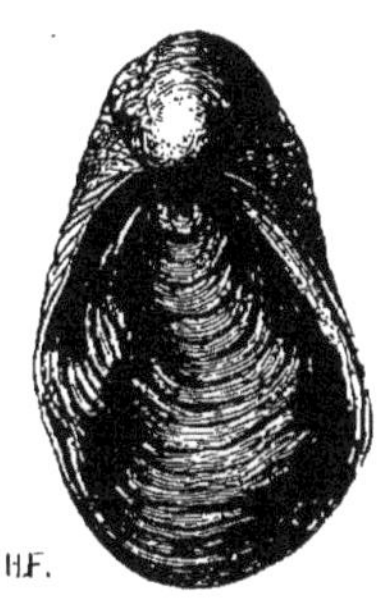

FIG. 105. — *Ostrea (Gryphæa) arcuata*, à 1/2 gr. — Lias inf. de Villefranche, Rhône. Coll. d'Orbigny.

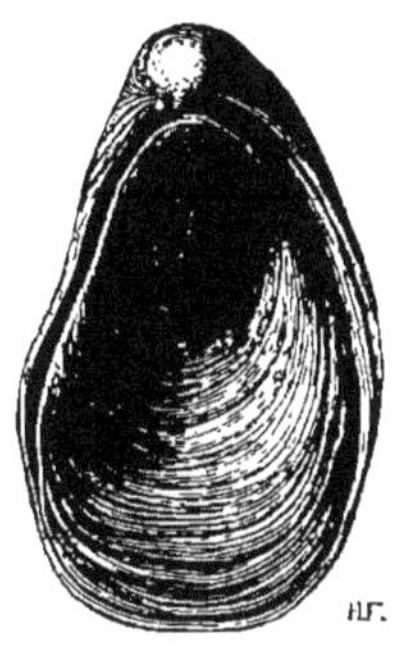

FIG. 106. — *Ostrea (Gryphæa) cymbium*, au 1/4 gr. — Liasien de Croizilles, Calvados. Coll. d'Orbigny.

FIG. 107. — *Ostrea (Gryphæa) dilatata*, au 1/4 grand. — Oxfordien de Villers. Collection d'Orbigny.

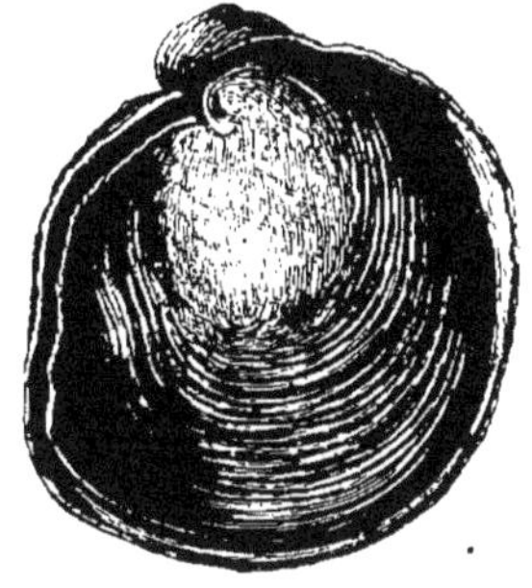

FIG. 108. — *Ostrea (Exogyra) aquila*, au 1/3 de gr. — Aptien de Vassy, Haute-Marne. Coll. d'Orbigny.

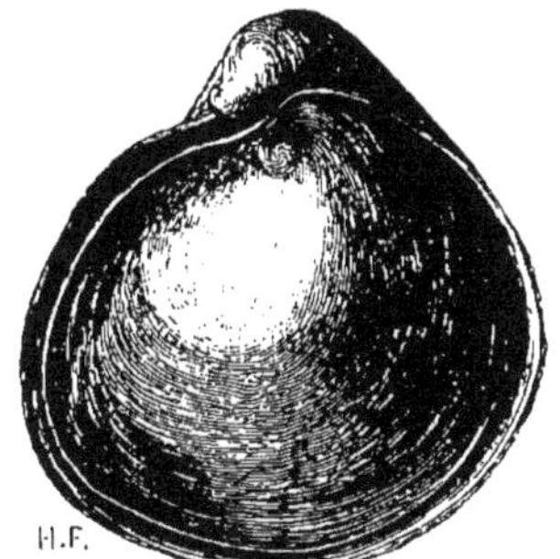

FIG. 109. — *Ostrea (Gryphæa) columba*, aux 3/5 de grand. — Cénomanien du Mans. Coll. d'Orbigny.

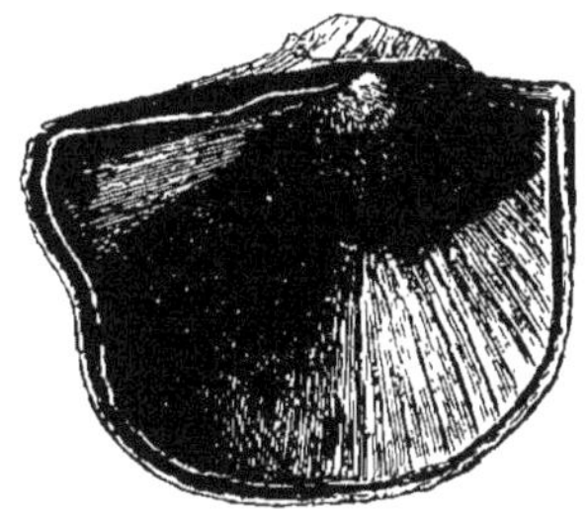

FIG. 110. — *Ostrea vesicularis*, à 1/2 grand. — Craie blanche de Meudon. Collection d'Orbigny.

on le voit dans *Gryphæa columba* (fig. 109). Celle-ci à son tour aura perdu son crochet et sera devenue *Ostrea biauriculata*, qui, elle-même, aura produit *Ostrea vesicularis* (fig. 110) de la craie, dont *Ostrea navicularis* actuelle est peut-être une descendante. D'autres changements ont eu lieu ; si on suppose des *Gryphæa dilatata* de l'oxfordien s'aplatissant, on aura *Ostrea deltoidea* du kimmeridgien, et plus tard *Ostrea Ley-*

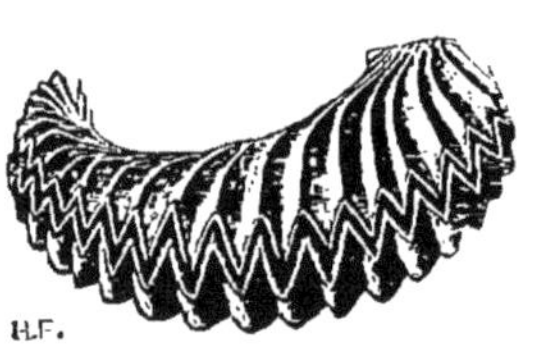

Fig. 111. — *Ostrea* (*Alectryonia*) *amata*, aux 2/5 de grandeur. — Callovien de Pizieux, Sarthe. Collection d'Orbigny.

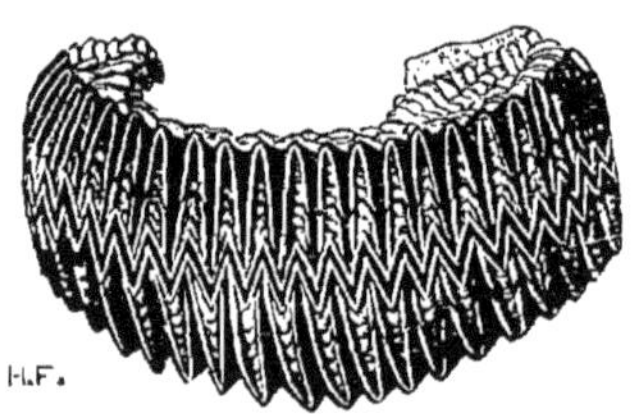

Fig. 112. — *Ostrea* (*Alectryonia*) *macroptera*, à 1/2 grandeur. — Néocomien de Nantua, Ain. Collection d'Orbigny.

Fig. 113. — *Ostrea* (*Alectryonia*) *carinata*, aux 2/5 de grandeur. — Cénomanien du Havre. Collection d'Orbigny.

Fig. 114. — *Ostrea* (*Alectryonia*) *frons*, à 1/2 grandeur. — Sénonien de Saintes, Char.-Inf. Collection d'Orbigny.

merii du néocomien. Tantôt la valve inférieure s'est plissée seule, tantôt la valve supérieure s'est plissée également ; souvent le plissement est devenu si fort qu'il a produit les huîtres, pour lesquelles on a créé le sous-genre *Alectryonia*[1] : des huîtres de ce type ont existé dès l'âge du trias ; elles se sont multipliées dans le callovien sous les formes nommées *gregaria, amor, amata* (fig. 111) ; elles se sont continuées sous

1. Ἀλεκτρυών, όνος, coq, parce que son type est l'huître crête de coq.

les formes appelées *solitaria* dans le corallien, *macroptera* dans le néocomien (fig. 112), *carinata* dans le cénomanien (fig. 113), *frons* (fig. 114) et *larva* dans le sénonien; l'huître crête de coq

FIG. 115. — *Pecten*[1] *atavus*, aux 3/5 de grandeur. — Néocomien de Bettancourt, Haute-Marne. Collection d'Orbigny.

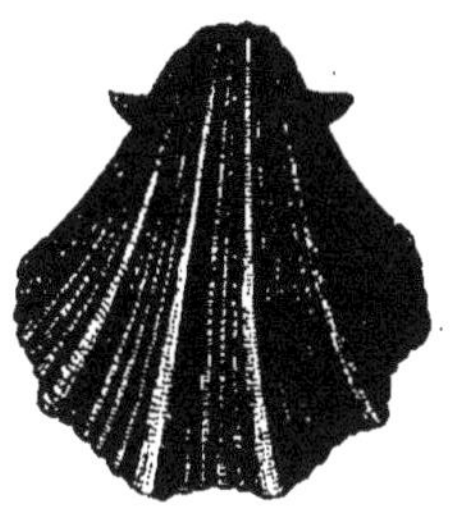

FIG. 116. — *Pecten quinquecostatus*, grandeur nat. — Craie cénomanienne de Rouen. Collection d'Orbigny.

d'aujourd'hui serait la descendante de quelqu'une de ces *Alectryonia* d'autrefois. Nul n'a le droit d'affirmer que les choses se sont passées comme dans les hypothèses que je viens de faire; mais il nous est permis de dire que cela du moins est plus vraisemblable que de supposer à chaque âge géologique ces brusques apparitions, que les uns appellent des générations spontanées, et les autres des créations instantanées.

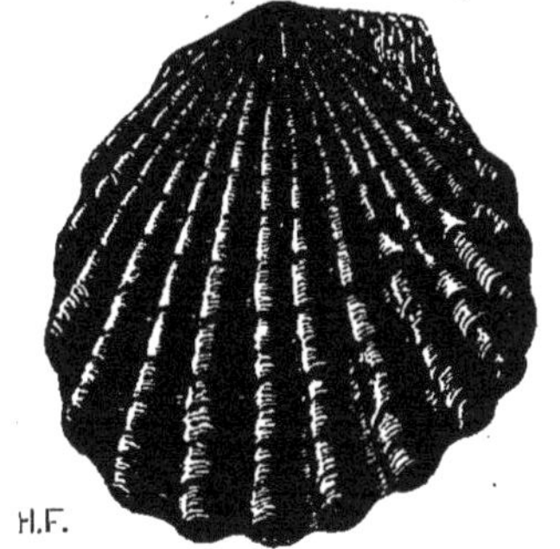

FIG. 117. — *Lima*[2] *proboscidea*, au 1/3 de grandeur. — Bajocien de Moutiers. Collection d'Orbigny.

Au lieu de citer les huîtres, je pourrais citer une multitude d'autres coquilles, par exemple : les peignes (fig. 115 et 116), les limes (fig. 117) qu'on voit réapparaître à chaque étage géologique et qui vivent encore aujourd'hui; les moules,

1. *Pecten*, peigne.
2. *Lima*, lime, parce que la surface est quelquefois rugueuse.

qui, déjà au temps du *Muschelkalk* (fig. 118), ressemblent tellement à notre moule commune (*Mytilus edulis*, fig. 119)

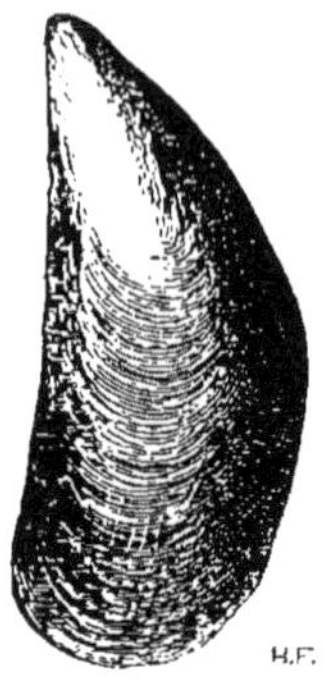

Fig. 118. — *Mytilus eduliformis*, grandeur naturelle. — Muschelkalk de Lunéville. Collection de l'École des Mines.

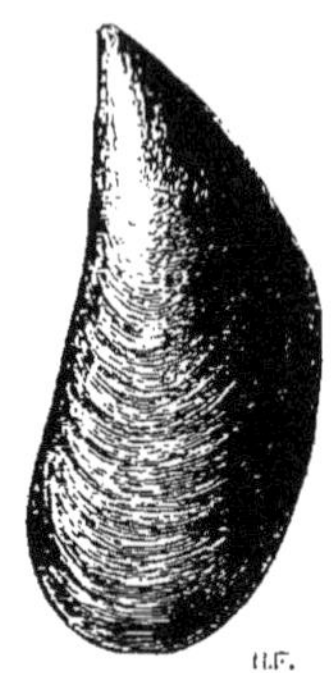

Fig. 119. — *Mytilus edulis* aux 3/4 de grandeur. — Époque actuelle. La Rochelle.

qu'on les a appelées *Mytilus*[1] *eduliformis*; les arches (fig. 120), que leur charnière à dents multiples rend si facilement recon-

Fig. 120. — *Arca hersilia*[2], grandeur nat. — Oxfordien de Neuvisy, Ardennes. Collection d'Orbigny.

naissables, et qui se rencontrent à toutes les époques géologiques aussi bien qu'à notre époque; les pholadomyes[3], dont M. Mœsch[4] a si bien décrit les évolutions dans le secondaire

1. Μυτίλος, moule.

2. Cette arche, comme la plupart des espèces secondaires, forme l'intermédiaire entre les vraies arches qui ont des dents perpendiculaires et les *Cucullæa* qui ont des dents transversales; elle a à la fois ces deux sortes de dents.

3. *Pholas*, pholade, et *Mya*, mye.

4. M. Mœsch a dressé un tableau généalogique où il montre que *Pholadomya corrugata*, après avoir régné pendant le temps de l'infra-lias et du lias, a eu des dérivées qui se sont maintenues jusque dans la craie supérieure. (*Monographie der Pholadomyen*, avec 40 planches, *Abhandl. der schweizerischen palæontol Gesells.* In-4, 1874.)

et que représente de nos jours la *Pholadomya candida* de *Tortola* (Petites Antilles), voisine des formes de la craie.

Je me rappelle que, lorsque j'étais un débutant dans la science, et que l'on me donnait des coquilles fossiles à classer, je m'étonnais de voir des échantillons presque semblables, inscrits sous des noms différents; j'avais beau faire effort sur mon esprit pour suivre les opinions de mes maîtres, la multitude des noms me paraissait en opposition avec la simplicité de la nature. Sans doute j'observais entre les échantillons d'époques successives quelques différences; mais cela ne m'empêchait pas d'admettre que c'était la même coquille légèrement modifiée; car j'étais si épris par les charmes du monde fossile que je le supposais aussi beau qu'il est possible; or il me semblait qu'une nature dans laquelle tout se meut, s'agrandit ou se rapetisse, s'ornemente ou se simplifie, est plus vivante et par conséquent plus belle qu'une nature composée d'espèces fixes où rien ne change, sauf à de lointains moments de création. Ce que je croyais alors, je le crois encore.

Il y a dans le secondaire un groupe qui a eu beaucoup d'importance, c'est celui des trigonies[1], caractérisées par leur forme

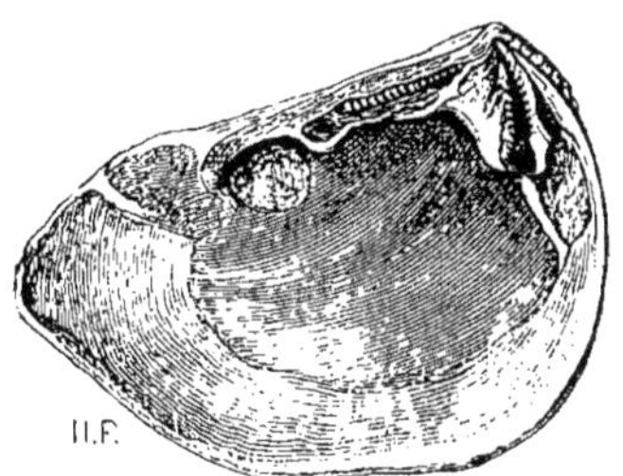

Fig. 121. — Valve de *Trigonia Bronni*, vue en dedans pour montrer ses dents striées, aux 4/5 de grand. — Corallien de Glos, Calvados. Coll. d'Orbigny.

le plus souvent trigone et leurs dents striées (fig. 121). Ces coquilles ont présenté de si grandes différences que les naturalistes ont été d'accord pour les partager en plusieurs sections; afin qu'on puisse juger de leur diversité, je représente ici une

1. Τρεῖς, trois; γωνία, angle.

espèce qui est le type de la section des *costatæ* (fig. 122), une espèce de la section des *scabræ* ou hérissées (fig. 123), une espèce de la section des *clavellatæ* où, au lieu de côtes, on voit des rangées de pointes (fig. 124), une espèce de la section des

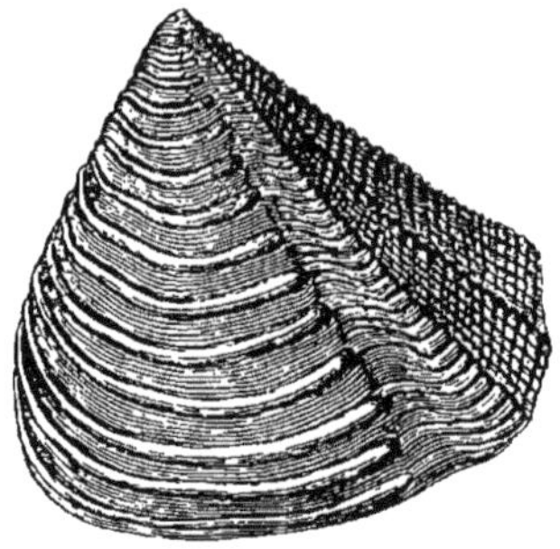

Fig. 122. — *Trigonia costata*, 1/2 gr. — Bajocien de Zangenbach, Lippe. Collection du Muséum.

Fig. 123. — *Trigonia Fittoni*, aux 3/4 de grandeur. — Gault de Gérodot, Aube. Collection d'Orbigny.

Fig. 124. — *Trigonia major*, à 1/3 de grandeur. — Callovien de Dives, Calvados. Collection d'Orbigny.

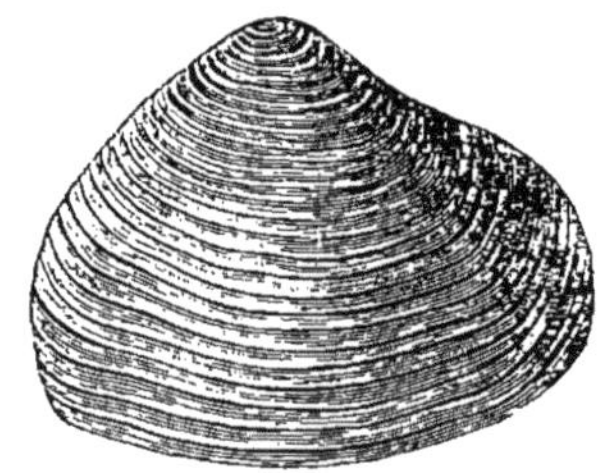

Fig. 125. — *Trigonia excentrica*, var. à plis rapprochés, à 1/2 grand. — Cénomanien du Mans. Coll. d'Orb.

glabræ, qui sont peu ornées (fig. 125). Le paléontologiste anglais Lycett, séduit par la beauté de ces coquilles, leur a consacré un volume entier, accompagné de quarante-cinq planches. Il a raconté que, pendant qu'il composait cet ouvrage, on l'engagea à élever le genre Trigonie au rang de famille et à séparer ses espèces en plusieurs genres. Voilà une tentation à laquelle peu de naturalistes ont le courage de résister, car il semble qu'on a fait un plus grand travail quand on a embrassé l'histoire d'une famille que lorsqu'on a étudié un simple genre.

Cependant Lycett résista : « *Le résultat de mes observations,* a-t-il dit[1], *a tendu dans une direction opposée à celle qui m'était proposée; elles m'ont conduit à la perception d'une ressemblance générale entre les différents groupes d'espèces dans des traits d'une importance suffisante pour me les faire considérer comme formant seulement des portions d'un seul grand tout.* » Ces mots ont une autorité considérable, car peu de savants ont étudié un groupe de mollusques avec une attention comparable à celle de Lycett.

Les trigonies ont disparu de nos mers après l'époque secondaire. Mais on en a retrouvé de vivantes dans les mers d'Australie et de fossiles dans les terrains tertiaires de cette région du globe. Il paraît même que l'une d'elles, la *Trigonia semiundulata*, appartient au groupe de la *Trigonia costata* (fig. 122), caractéristique des terrains jurassiques de la France; il y a eu des enchaînements à travers les espaces en même temps qu'à travers les âges.

Dans mon livre sur les fossiles primaires, j'ai rappelé que, parmi les mollusques bivalves, plusieurs ont de grands tubes,

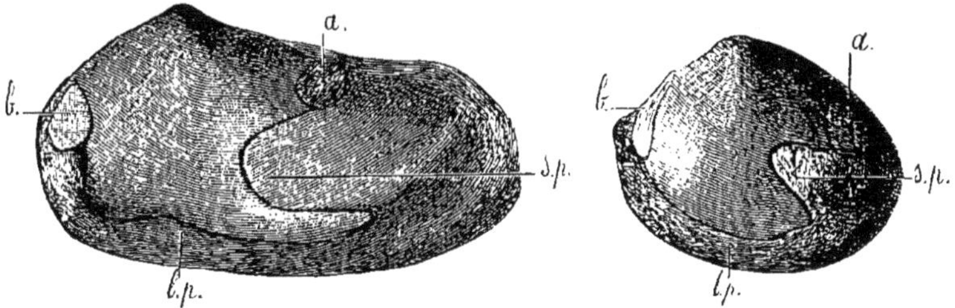

FIG. 126. — *Arcomya* (*Panopea*) *Hylta*, à 1/2 grandeur. *b.* adducteur buccal; *a.* adducteur anal; *s. p.* sinus palléal; *l. p.* ligne palléale. — Corallien d'Écommoy. Sarthe. Collection d'Orbigny.

FIG. 127. — *Venus subrotunda*, grandeur nat. Mêmes lettres. — Cénomanien du Mont Liban. Collection d'Orbigny.

l'un branchial, l'autre anal. La présence de ces tubes est marquée sur les coquilles par un enfoncement de la ligne palléale,

1. *A Monograph of the British fossil Trigoniæ*, p. 217 (Palæontographical Society, 1872-1883).

et on appelle sinupalléales les coquilles qui ont cet enfoncement (fig. 126 et 127). Il n'est pas sans intérêt de noter que les mollusques à coquille sinupalléale, qu'on regarde comme les plus élevés de leur classe, ont été rares dans le primaire et sont devenus très nombreux à l'époque secondaire, ainsi que l'ont montré Agassiz, Alcide d'Orbigny, Morris, Lycett, Mœsch, etc.

Rudistes. — On range à côté des mollusques bivalves un groupe d'animaux fort étranges qui ont été spéciaux aux terrains secondaires ; c'est le groupe des rudistes[1].

Hippurites[2], le genre le plus accentué des rudistes, vivait fixé aux rochers sous-marins, tantôt isolé (fig. 128), tantôt

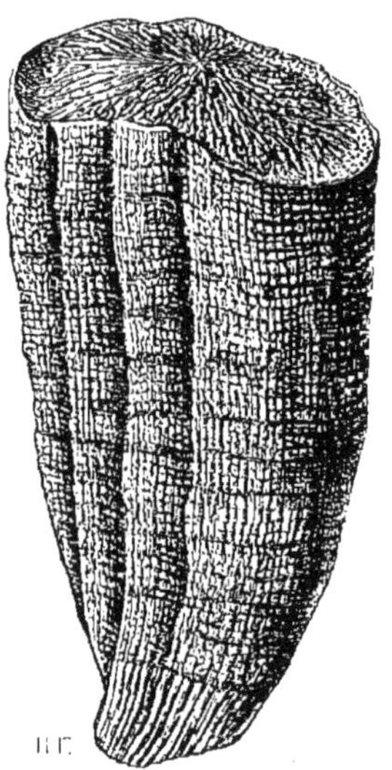

Fig. 128. — *Hippurites cornu-vaccinum*, aux 2/5 de grandeur. — Turonien du Beausset. Collection d'Orbigny.

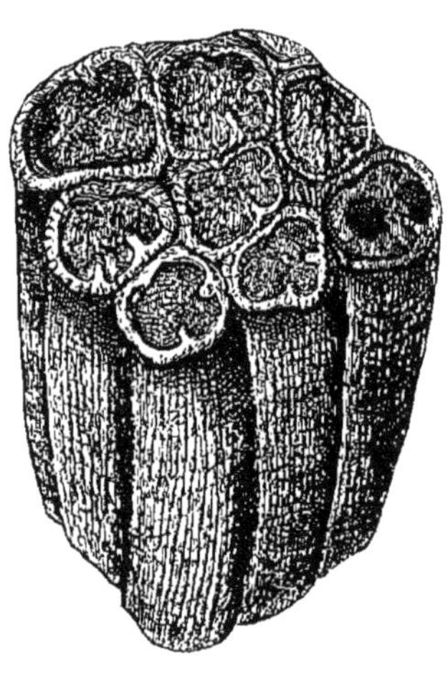

Fig. 129. — Groupe d'*Hippurites organisans*, aux 2/5 de grandeur. — Turonien du Beausset. Collection d'Orbigny.

accolé en colonies (fig. 129). Comme le montre la figure 128, sa grande valve en forme de cornet présente trois sillons : l'un correspondant à ce qu'on appelle l'arête cardinale, c'est-à-dire

1. *Rudis*, à cause de la surface rude de plusieurs *Hippurites*.

2. Ἵππος, cheval ; οὐρὰ, queue.

au centre de la charnière, et deux autres correspondant à des piliers dont la signification est encore incertaine. Suivant les observations de M. Douvillé, l'animal avait deux muscles du côté buccal et un du côté anal pour fermer sa coquille; mais il ne pouvait l'ouvrir que par la dilatation de son corps. La valve supérieure, en forme d'opercule très plat, était traversée par des canaux qui affectent une disposition rayonnée; elle portait de grosses dents coniques. *Caprina*[1] (fig. 130), *Plagioptychus*[2], *Ichthyosarcolites*[3] (fig. 131), etc., au lieu d'être

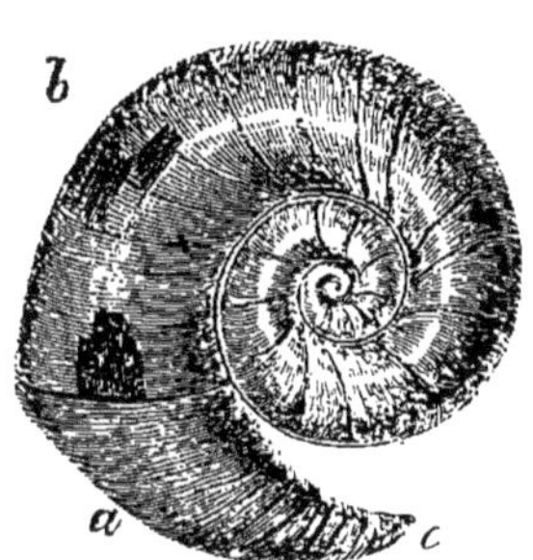

Fig. 130. — *Caprina adversa*, à 1/3 de grandeur; *a*. valve droite fixée par son sommet *c*; *b*. valve libre ou gauche. (M. Fischer, d'après d'Orbigny.) — Cénomanien de l'île d'Aix[4].

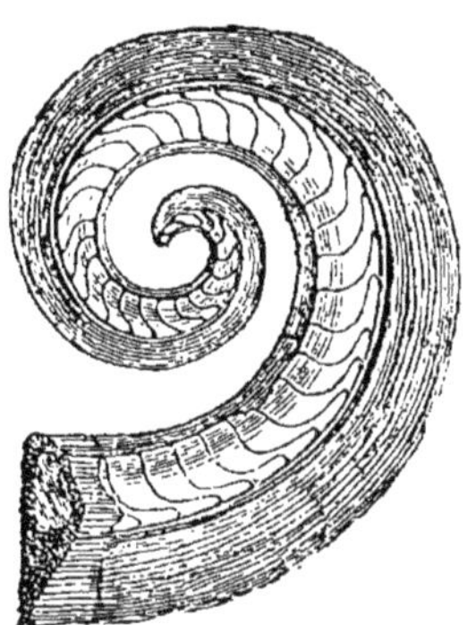

Fig. 131. — *Ichthyosarcolites* (*Caprinella*) *triangularis*, valve gauche; la coquille a disparu, laissant visibles les chambres à eau. (M. Fischer, d'après Woodward.) — Cénomanien de l'île d'Aix.

droits comme *Hippurites*, se tournaient en spirale. *Sphærulites*[5] (fig. 132) et *Radiolites*[6] (fig. 133), qui sont classés parmi

1. Ainsi nommée parce qu'on a trouvé quelque ressemblance entre la forme de cette coquille et celle des cornes de chèvre. On aurait mieux fait de l'appeler *Ovina*, car elle ne rappelle pas la forme des *Capra*, mais celle des *Ovis*.

2. Πλάγιος, oblique; πτύξ, χος, pli.

3. Ἰχθύς, ύος, poisson; σάρξ, κός, chair; λίθος, pierre, parce que les moules des chambres à eau dont les cloisons ont disparu, lors de la pétrification, sont segmentés comme la chair des merlans, des morues, etc.

4. Les clichés de cette gravure et de plusieurs autres qui sont dans ce chapitre m'ont été prêtés par M. Savy.

5. Σφαῖρα, sphère, et λίθος.

6. *Radius*, rayon. A la rigueur, le nom de *Radiolites* devrait, comme M. Douvillé l'a fait remarquer, devenir synonyme de *Sphærulites*, attendu que M. Bayle a reconnu que Lamarck l'avait basé sur une véritable *Sphærulites*.

les rudistes, diffèrent notablement des genres précédents, quoique étant encore très éloignés de toutes les formes de la nature actuelle. On place aussi dans le même groupe des co-

Fig. 132. — *Sphærulites alata*, à 1/2 grandeur. — Sénonien de Royan. Collection d'Orbigny.

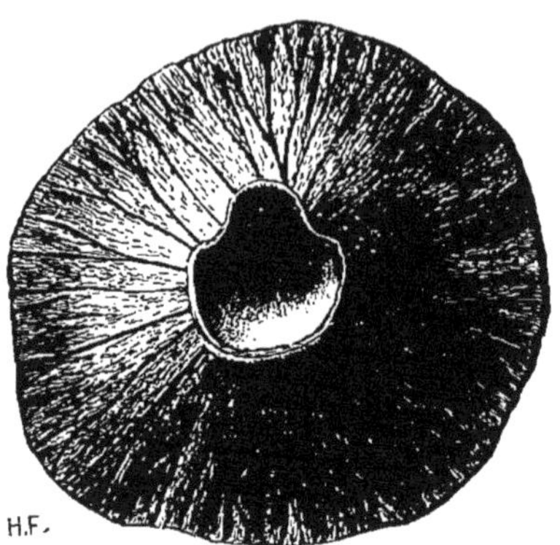

Fig. 133. — *Radiolites crateriformis*, au 1/4 de grandeur. — Sénonien de Royan. Collection d'Orbigny.

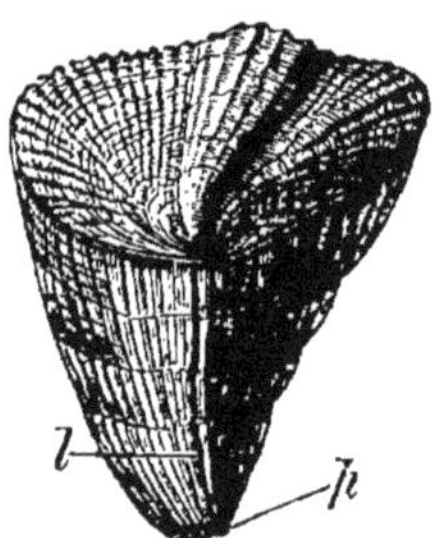

Fig. 134. — *Monopleura imbricata*, à 1/2 gr.; *l*. sillon ligamentaire de la valve inférieure; *p*. point d'attache de cette valve. (M. Fischer, d'après d'Orbigny.) — Urgonien d'Orgon.

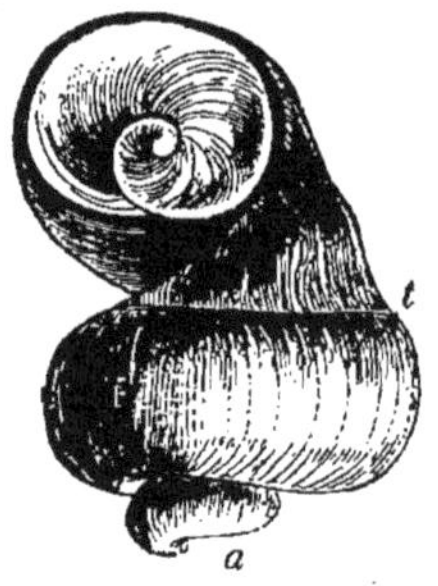

Fig. 135. — *Requienia ammonia*, au 1/4 de gr.; *a*. point d'attache de la valve gauche; *t*. inflexion correspondant à la lame de l'adducteur postérieur. (M. Fischer, d'après Woodward.) — Urgonien d'Orgon.

quilles qui se rapprochent des bivalves aujourd'hui vivants de la famille des Chamacées; ce sont *Monopleura*[1] (fig. 134), qui a une forme droite comme *Sphærulites*, *Requienia*[2] (fig. 135),

1. Μόνος, seul; πλευρὸν, côté.
2. En l'honneur du naturaliste d'Avignon, Requien.

dont une valve est en spirale et l'autre est en forme d'opercule, *Toucasia*[1] où les deux valves sont en spirale. Ces genres

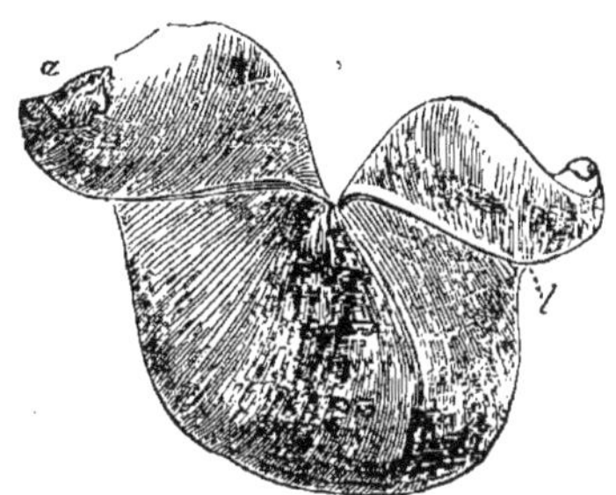

FIG. 136. — *Diceras arietinum*, à 1/2 grandeur ; *a*. point d'attache de la valve droite, fixée; *l*. rainure du ligament. (M. Fischer, d'après Woodward.) — Corallien de Saint-Mihiel.

sont crétacés; ils ont été précédés dans l'étage corallien par *Diceras*[2] (fig. 136), qui avait, ainsi que *Toucasia*, deux valves

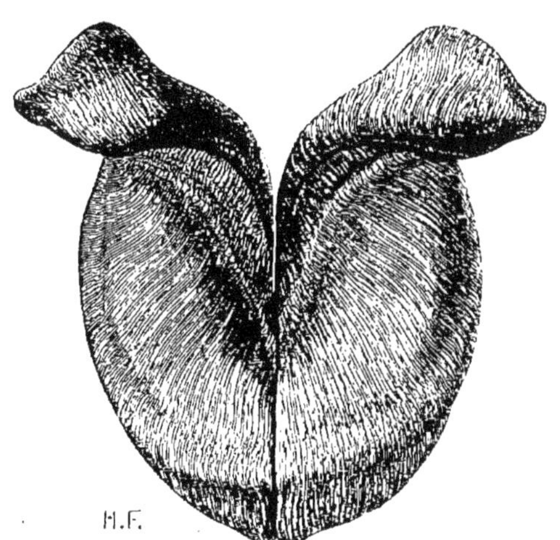

FIG. 137. — *Diceratocardium Jani*, au 1/4 de grandeur. — Rhétien des Alpes (d'après un moulage envoyé par le Musée de Milan).

disposées en spirales. On ne sait pas encore s'il faut ranger près de ces animaux les singuliers *Diceratocardium*[3] (fig. 137)

1. En l'honneur des deux savants géologues Toucas.

2. Δίκερας, vase en forme de double corne.

3. Ils ont la forme des *Diceras* ; cependant M. Fischer croit devoir les ranger parmi les conchacés, à côté des *Megalodon* et des *Pachyrisma*.

découverts par M. l'abbé Stoppani dans l'étage rhétien du versant sud des Alpes.

Les particularités d'organisation des rudistes, les difficultés d'examen qui résultent souvent de leur mode de fossilisation, enfin leur extrême abondance qui les rend précieux pour la détermination des terrains, ont attiré l'attention des paléontologistes. En France ils ont été étudiés par Picot de la Peyrouse, de Lamarck, Des Moulins, M. Matheron, Deshayes, Alcide d'Orbigny, Sæmann, M. Munier-Chalmas, etc. L'École des mines de Paris renferme la plus belle collection de rudistes qui existe; les échantillons ont été préparés avec une patience et une habileté incomparables par un de ses ingénieurs, M. Bayle; d'autres ingénieurs, Bayan, MM. Chaper, Douvillé, ont aussi travaillé à cette collection. Les deux valves ont été dégagées de la pierre qui les environnait ou les remplissait, de sorte qu'on peut bien se rendre compte de leurs caractères internes qui pendant longtemps avaient été méconnus.

M. Douvillé a mis à profit ces matériaux pour examiner les modifications successives qu'ont présentées les différents types de rudistes. Il a bien voulu me communiquer plusieurs des échantillons qui ont servi à ses curieuses études, et, pour l'exécution des gravures, il a signalé lui-même à l'artiste les points qui devaient être mis en évidence afin de faire bien comprendre les caractères des principaux genres. Dans toutes les figures, il a représenté les mêmes parties par les mêmes lettres : L. indique le ligament; l'empreinte du muscle antérieur est marquée *m.a.*, celle du muscle postérieur est marquée *m. p.* Sur l'une des valves, il y a deux dents, B., B'., qui sont reçues dans deux fossettes *b.*, *b'*. de la valve opposée; entre les dents B., B'. on observe une fossette *n.* qui reçoit la dent N. de l'autre valve.

M. Douvillé prend pour point de départ *Diceras* du corallien (fig. 138). Il n'y a pas loin de *Diceras* à *Toucasia* de l'urgonien (fig. 140) ; la différence consiste surtout dans les proportions des dents. Il n'y a pas loin non plus de *Diceras* à *Matheronia*[1] de l'urgonien (fig. 139) et de *Matheronia* au genre *Chama*[2] (fig. 141), commun dans le tertiaire et dans nos mers actuelles. *Matheronia* se distingue principalement de *Diceras* par son

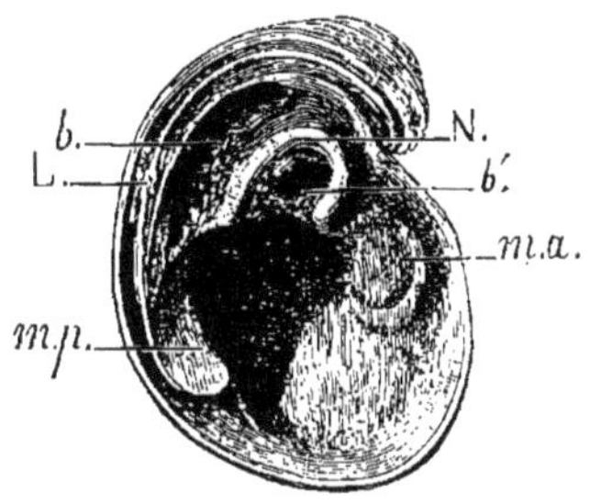

Fig. 138. — Valve gauche de *Diceras arietinum*, aux 2/3 de grandeur (d'après M. Douvillé). — Corallien de Saint-Mihiel, Meuse. Collection de l'École des Mines.

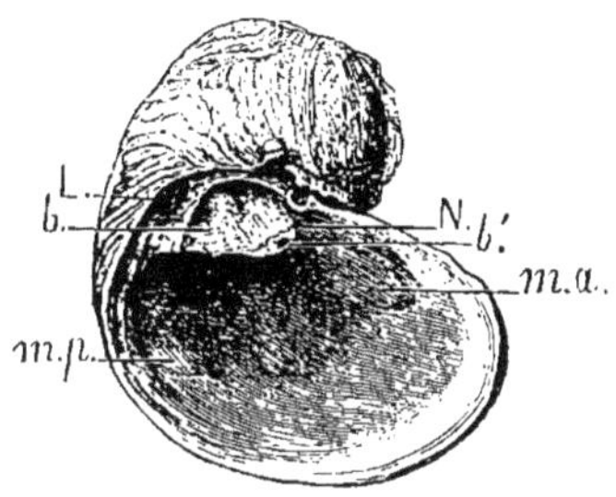

Fig. 139. — Valve gauche de *Matheronia Virginiæ*, au 1/4 de grandeur (d'après M. Munier-Chalmas). — Urgonien de Navacelle, Gard. Collection de la Sorbonne.

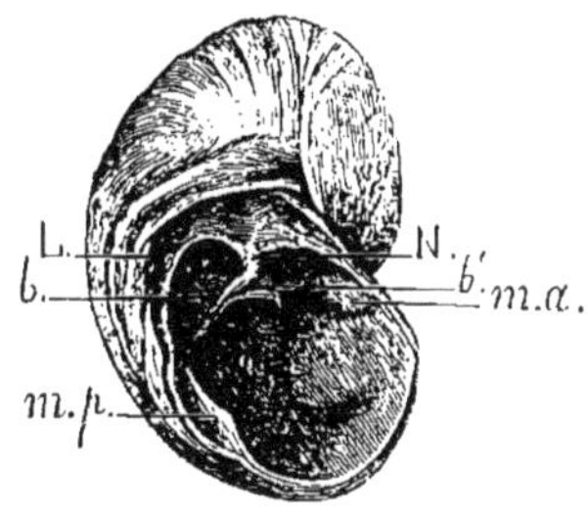

Fig. 140. — Valve gauche de *Toucasia carinata*, 3/4 de grand. (d'après M. Douvillé). — Urgonien d'Orgon. Collection de l'École des Mines.

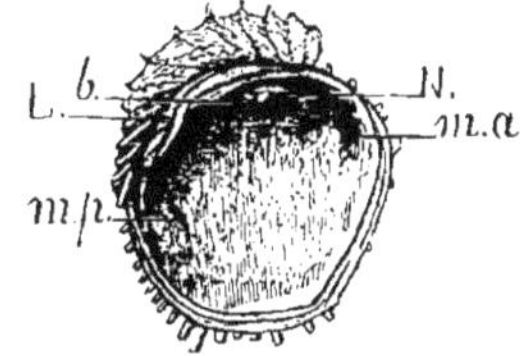

Fig. 141. — Valve gauche de *Chama calcarata*, aux 3/4 de grandeur. — Éocène moyen de Grignon. Collection du Muséum.

muscle postérieur *m.p.*, qui n'est pas surélevé sur une lame myophore; *Chama* se distingue par la structure lamelleuse de la coquille, par la suppression sur la valve droite de la petite dent B'. et par conséquent de la fossette *b'*. qu'on voit sur la valve gauche des trois autres genres.

1. En l'honneur du vénéré doyen des paléontologistes français, M. Matheron, qui a été le premier à faire connaître les rudistes de l'urgonien.

2. Χάσμα, ouverture. Ce nom a été donné à l'époque où l'on confondait les Chames avec les Tridacnes, qui ont une large ouverture sur le bord palléal.

Tandis que *Diceras* a formé une tige qui s'est continuée jusqu'à nos jours avec de faibles modifications, il a donné

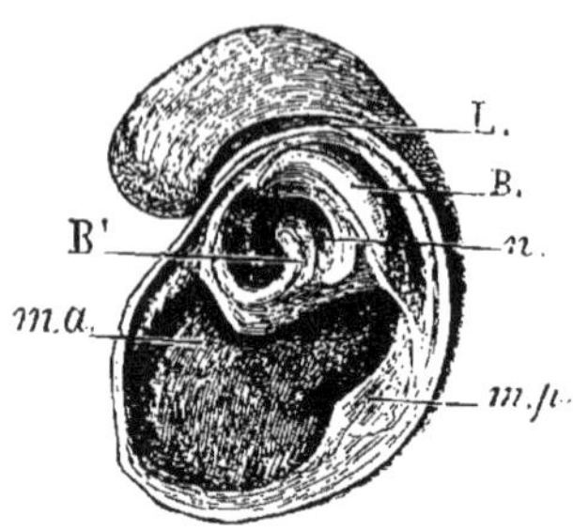

FIG. 142. — Valve droite de *Diceras arietinum*, à 1/2 grand. (d'après M. Douvillé). — Corallien de Saint-Mihiel. Coll. de l'École des Mines.

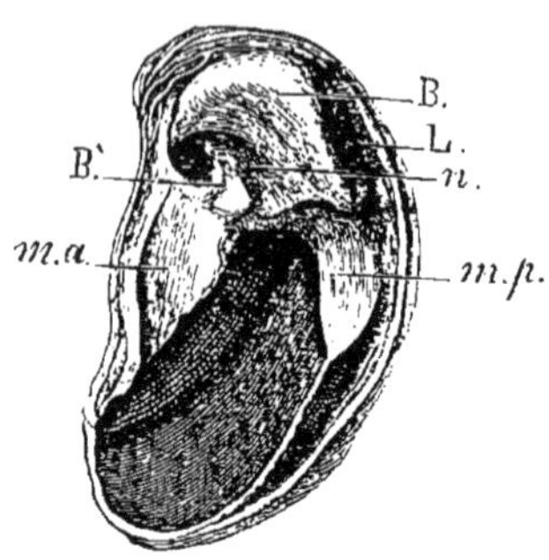

FIG. 143. — Valve droite d'*Heterodiceras Luci*, à 1/2 grand. (d'après M. Douvillé). — Kimmeridgien du Salève. Coll. de l'École des Mines.

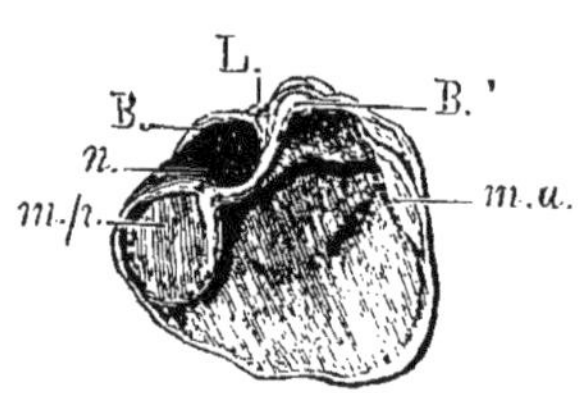

FIG. 144. — Valve gauche de *Monopleura trilobata*, grandeur naturelle (d'après M. Douvillé). — Urgonien d'Orgon. Collection de l'École des Mines.

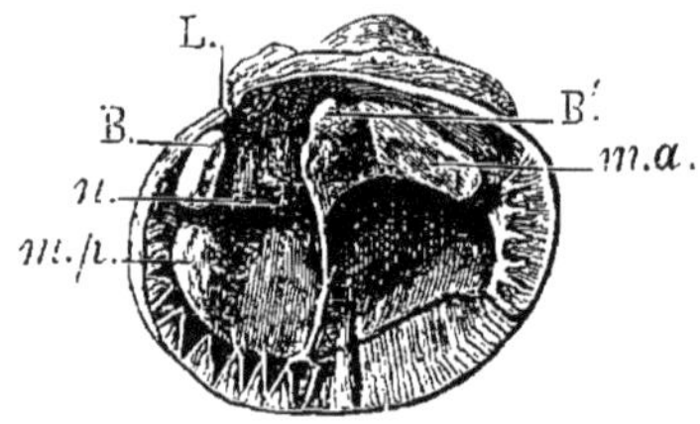

FIG. 145. — Valve gauche de *Plagioptychus Aguilloni*, aux 2/5 de grandeur (d'après M. Douvillé). — Turonien du Beausset, Var. Collection de l'École des Mines.

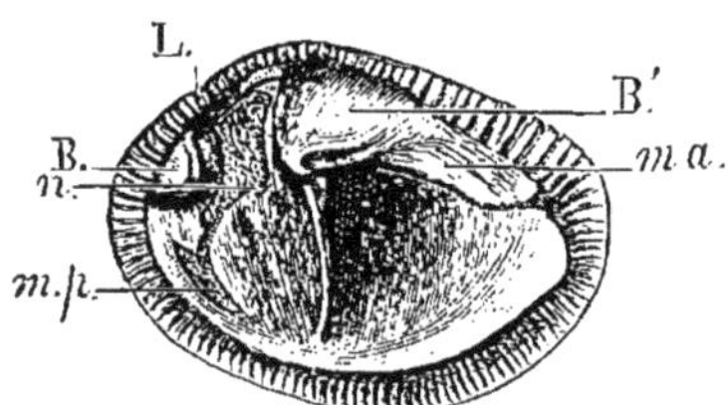

FIG. 146. — Valve gauche de *Caprina adversa*, aux 2/5 de gr. (d'après une contre-épreuve faite par M. Douvillé). — Cénom. de St-Savinien, Char.-Inf. Coll. de l'École des Mines.

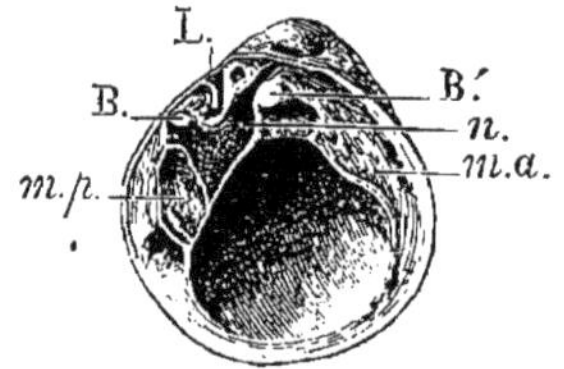

FIG. 147. — Valve gauche de *Caprotina striata*, grandeur naturelle (d'après M. Douvillé). — Cénomanien du Mans. Collection de l'École des Mines.

naissance à des genres restés confinés dans le secondaire. Ce qui donne surtout à la charnière de *Diceras* un aspect spécial, c'est la forme en croissant de la dent N. de sa valve gauche (fig. 138), et par conséquent de la fossette *n.* qui la reçoit sur la valve droite (fig. 142). M. Douvillé remarque que dans *Heterodiceras*[1], cette différence est atténuée, le croissant étant très diminué (fig. 143). En outre *Heterodiceras* diffère de *Diceras* parce que sa dent B. a pris un énorme développement et parce que l'attache du muscle postérieur *m.p.*, déjà exhaussée sur une lame myophore dans *Diceras*, est soulevée jusqu'au plan cardinal. *Heterodiceras* n'est pas loin de *Monopleura* de l'urgonien (fig. 144) et de *Plagioptychus* du turonien (fig. 145). Seulement il faut supposer qu'il y a eu inversion des pièces de la charnière; ce qu'on voit sur la valve droite d'*Heterodiceras* (fig. 143) se montre sur la valve gauche de *Monopleura* (fig. 144) et de *Plagioptychus* (fig. 145); au lieu de trouver une dent entre deux fossettes sur la valve gauche, une fossette entre deux dents sur la valve droite, on rencontre une fossette entre deux dents sur la valve gauche et une dent entre deux fossettes sur la valve droite. Si inexplicable que soit cette différence, nous pouvons croire qu'elle n'empêche pas d'admettre une communauté d'origine, car on l'observe dans la nature actuelle entre des espèces de *Chama* très voisines les unes des autres, et même, suivant M. Fischer, on l'a constatée chez des individus d'une même espèce, la *Chama pulchella*. Pour la forme de la charnière, *Plagioptychus* (fig. 145) et *Monopleura* (fig. 144) ne sont pas éloignés de *Caprina* (fig. 146) et de *Caprotina*[2] (fig. 147).

D'autre part, M. Douvillé montre que *Monopleura* (fig. 148) a des traits de ressemblance avec *Sphærulites* (fig. 149); on voit dans la valve inférieure de l'un et l'autre genre une dent médiane N. entre deux fossettes *b.* et *b'.*, auprès desquelles sont les empreintes des muscles antérieurs *m. a.* et du muscle postérieur *m. p.* Certaines espèces de *Sphærulites* (*Sph. Hæninghausi*, fig. 150), par l'atténuation de leur ligament L., marquent

1. Ἕτερος, autre, et δίκερας.
2. Diminutif de *Caprina*.

une tendance vers *Biradiolites*[1] (fig. 151), qui n'a plus de

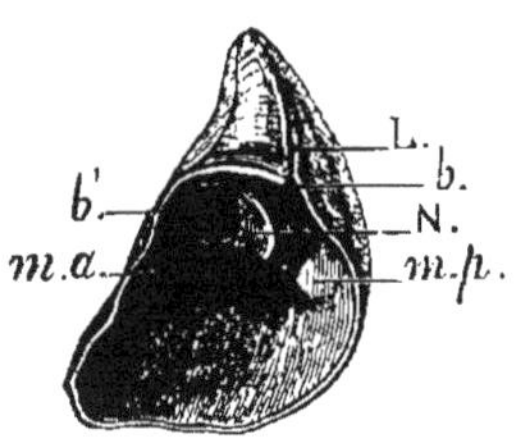

Fig. 148. — Valve droite de *Monopleura trilobata*, aux 3/4 de grandeur (d'après M. Douvillé). — Urgonien d'Orgon. Collection de l'École des Mines.

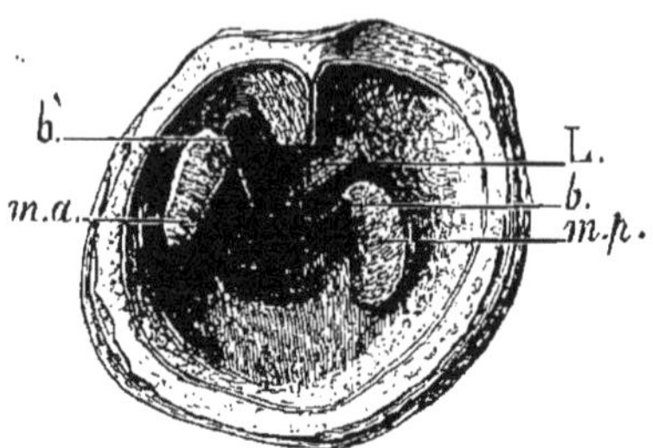

Fig. 149. — Valve droite (inférieure) du *Sphærulites foliaceus*, au 1/4 de grandeur (d'après M. Douvillé). — Cénomanien de l'île d'Aix. Collection de l'École des Mines.

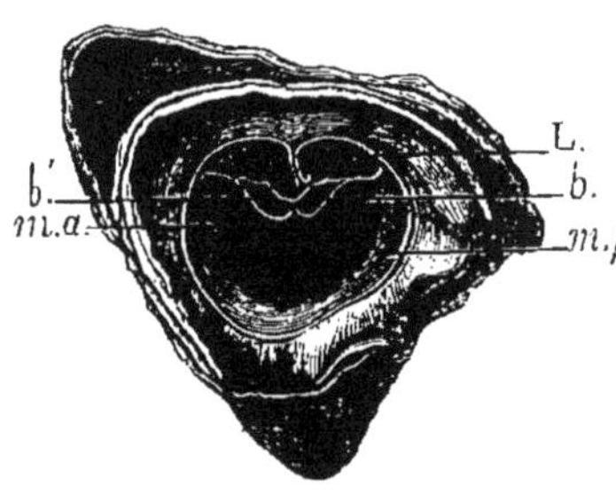

Fig. 150. — Valve droite (inférieure) de *Sphærulites Hœninghausi*, au 1/3 de grandeur (d'après M. Douvillé). — Sénonien de Saint-Mamest. Coll. de l'École des Mines.

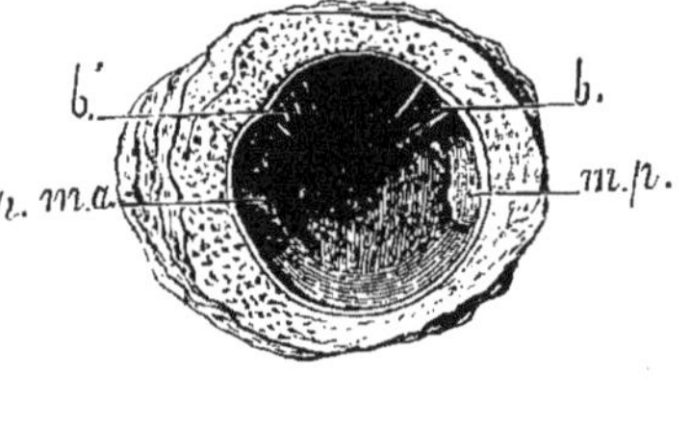

Fig. 151. — Valve droite (inférieure) de *Biradiolites cornu-pastoris*, aux 2/5 de grand. (d'après M. Douvillé). — Turonien. Collection de l'École des Mines.

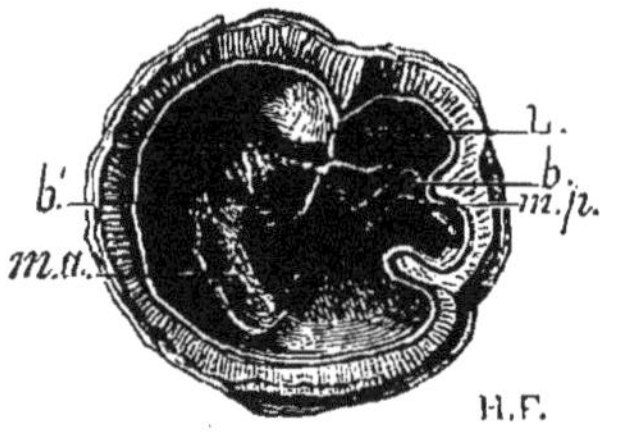

Fig. 152. — Valve droite (inférieure) d'*Hippurites (Vaccinites) radiosus*, au 1/3 de gr. (d'après M. Douvillé. — Sénonien de Lamérac, Charente. Coll. de l'École des Mines.

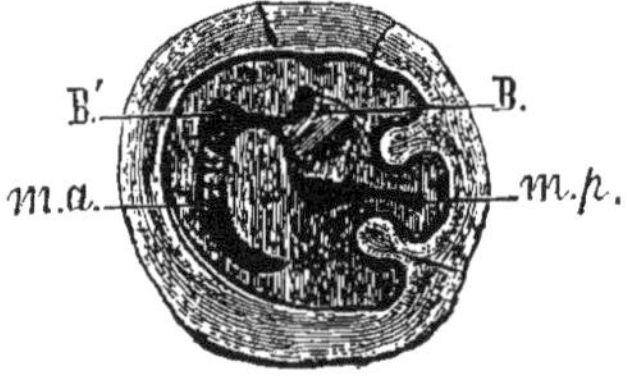

Fig. 153. — Valve droite (inférieure) d'*Hippurites bioculatus*, aux 3/4 de grandeur (d'après M. Douvillé). — Sénonien des Bains de Rennes. Collection de l'École des Mines.

ligament, ni d'arête cardinale. Les *Hippurites* telles qu'*Hip-*

1. *Bis*, deux fois, et *Radiolites*, pour indiquer les deux bandes de la face externe.

purites cornu-vaccinum et radiosus, rangées par M. Fischer dans le sous-genre *Vaccinites*[1] (fig. 152), ont une arête cardinale ainsi que *Sphærulites*; il en est d'autres (*Hippurites bioculatus*, fig. 153) qui sont dépourvues d'arête cardinale comme *Biradiolites*.

Ces gradations, mises en lumière par les figures de M. Douvillé, ne permettent pas encore d'établir les filiations complètes des rudistes, mais certainement elles diminuent la distance qui semblait séparer plusieurs membres de cette singulière famille.

La croyance que les rudistes sont des mollusques bivalves n'empêche pas de leur chercher des liens de parenté avec d'autres animaux, car si la doctrine de l'évolution et du développement progressif a quelque fondement, la plupart des fossiles doivent avoir des liens à la fois, avec des êtres plus élevés, qui sont leurs descendants, et avec des êtres moins élevés, qui sont leurs ancêtres. Je ne peux m'empêcher de remarquer des apparences de ressemblance entre les rudistes et les rugueux primaires pourvus de valve supérieure (opercule). Les noms de rugueux et de rudistes, qui ont le même sens, montrent que la muraille externe de ces animaux d'âge si différent n'est pas sans analogie. Les rudistes ont parfois des modes d'agrégation qui simulent ceux des polypiers, comme le montre la figure d'*Hippurites organisans* (fig. 129). Le peu de place laissé aux parties molles dans la coquille des rudistes est un trait de ressemblance avec les cœlentérés; mais ce qui est encore plus frappant, c'est la manière dont la coquille des rudistes est perforée, canaliculée; sans doute elle était intimement pénétrée par le tissu organique; une telle conformation est différente de celle des mollusques ordinaires, chez lesquels la coquille est un revêtement presque distinct de l'animal. Enfin, c'est une curieuse chose que la disposition rayonnée si manifeste chez beaucoup de rudistes (fig. 128 et 133). Dans un

1. Tiré du nom d'espèce, *cornu-vaccinum* (corne de vache).

résumé sur les rudistes[1] lu en 1855 à la Société géologique de Londres, Woodward a figuré sous le nom d'*Hippurites corrugatus* un rudiste qui présente de nombreuses cloisons. M. Douvillé m'a fait remarquer que la muraille d'*Hippurites organisans* a également une tendance à la disposition rayonnée (fig. 154), et il a appelé mon attention sur la *Barrettia*[2], une coquille encore énigmatique de la Jamaïque qui a été rangée

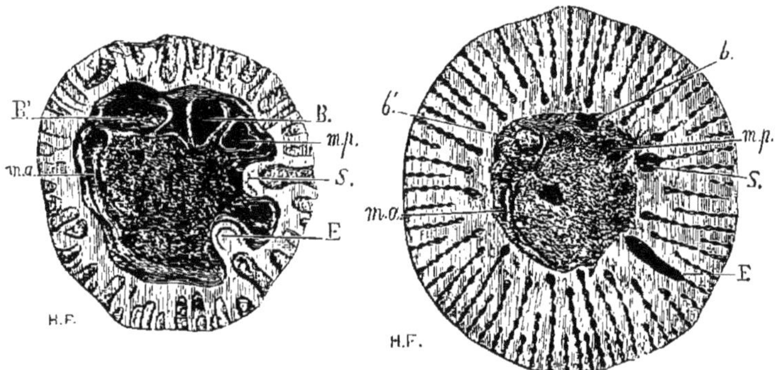

FIG. 154. — Coupe d'*Hippurites organisans*, grandie à 3/2. B. et B'. dents de la valve supérieure; E. S. piliers correspondant aux oscules; *m. a.* muscle antérieur; *m. p.* muscle postérieur. — Turonien des Bains de Rennes. Coll. de l'École des Mines.

FIG. 155. — Coupe de *Barrettia monilifera*, au 1/3 de grand.; *b. b'.* fossettes dentaires; E. S. piliers correspondant aux oscules; *m. a.* muscle antérieur; *m. p.* muscle postérieur. — Craie de la Jamaïque. Collection de l'École des Mines[3].

dans le *Manuel de conchyliologie* de Woodward parmi les rudistes. D'autres savants, suivant M. Fischer, l'ont regardée comme un polypier, mais M. Douvillé la place ainsi que Woodward parmi les rudistes, bien qu'elle ait un arrangement rayonné très prononcé (fig. 155).

1. *On the Structure and Affinities of the Hippuritidæ* (*Quart. Journ. of the Geol. Soc. of London*, pl. IV, fig. 4, 1855). Cette note de 22 pages me semble un chef-d'œuvre qui montre une fois de plus que les notes les plus courtes sont souvent les meilleures.

2. M. Fischer, dans son *Manuel de conchyliologie*, dit que *Barrettia* est actuellement éloignée des mollusques et considérée comme un polypier.

3. Pour ces deux figures comme pour celles des autres rudistes que M. Douvillé m'a communiqués, les légendes ont été faites conformément aux indications de cet habile paléontologiste.

Malgré ces apparences de ressemblance, je ne voudrais pas prétendre qu'un cœlentéré est devenu un mollusque; car les apparences sont souvent trompeuses. Je pose simplement une question.

Gastropodes. — Considérés dans l'ensemble des temps géologiques, les gastropodes présentent le spectacle d'un progrès continu. Dans l'ère secondaire, ils sont devenus plus nombreux que dans l'ère primaire; quelques-uns ont été très ornés (*Pteroceras* (fig. 156). Cependant ils n'ont pas encore atteint

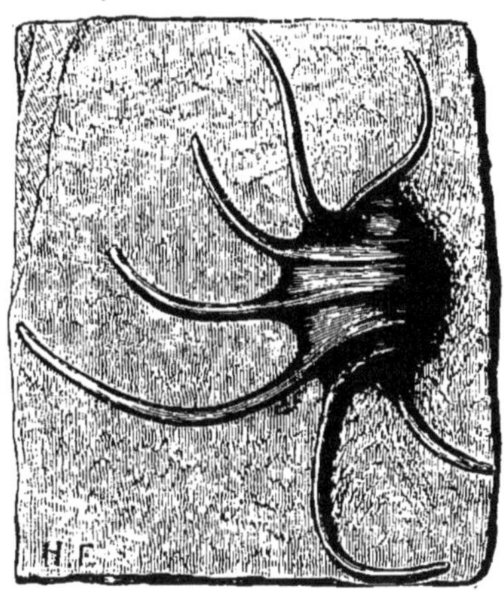

Fig. 156. — *Pteroceras aranea*, aux 2/5 de grandeur. — Oxfordien de Creuë, Meuse. Collection d'Orbigny.

leur apogée. Excepté à Saint-Cassian, dans le Tyrol, le trias n'a pas fourni beaucoup d'espèces, et les individus de cette localité sont en général de petite taille. Selon M. Zittel, 7 à 800 espèces de gastropodes sont connues dans le jurassique; leur importance n'a pas augmenté notablement dans le crétacé. Au contraire les gisements tertiaires de la France, de l'Italie, de l'Autriche en fournissent une multitude. Les gastropodes actuels surpassent encore ceux du tertiaire; c'est aujourd'hui qu'ils atteignent leur plus grande taille.

1. Πτερὸν, aile; κέρας.

En même temps que les gastropodes sont devenus plus nombreux, ils se sont diversifiés davantage. Les pulmonés, qui sont regardés comme les plus élevés de leur classe, ont commencé à être moins rares. Depuis les beaux travaux de M. Matheron, on sait que les couches lacustres de la Provence, attribuées autrefois au tertiaire inférieur, appartiennent au crétacé ; on y a trouvé plusieurs pulmonés.

Les gastropodes qu'Henry Milne-Edwards a nommés des opisthobranches, pour indiquer que leurs branchies sont en arrière du cœur, n'étaient représentés dans le primaire que par des formes encore douteuses ; leur règne a eu lieu pendant

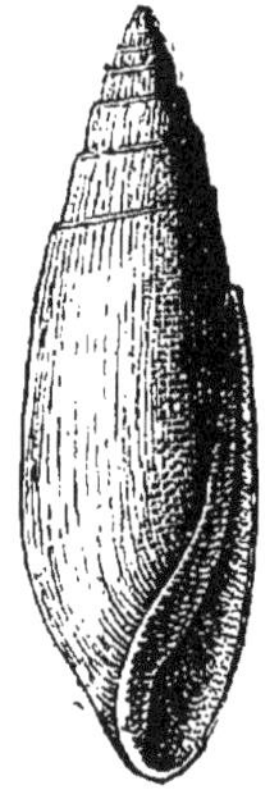

FIG. 157. — *Actæonina Dormoisiana*, au 1/3 de gr. (M. Fischer, d'après d'Orbigny). — Corallien de Nantua.

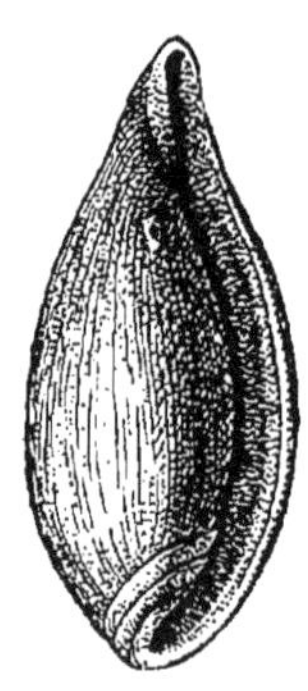

FIG. 158. — *Actæonella lævis*, à 1/2 grand. (M. Fischer, d'après d'Orbigny.) — Turonien d'Uchaux.

le secondaire ; j'en donne ici deux figures (*Actæonina*[1], fig. 157, et *Actæonella*, fig. 158).

Parmi les prosobranches, ceux qu'on appelle des siphonostomes, à cause de leur siphon chargé d'amener l'eau aux branchies, sont les plus perfectionnés des gastropodes marins, pourvus de branchies. Ils étaient très rares dans les temps primaires. Ils l'ont été un peu moins à l'époque du trias, mais M. Zittel prétend qu'alors ils avaient encore un très court canal

1. *Actæonina* et *Actæonella* sont des diminutifs d'*Actæon*.

indiquant sans doute un siphon branchial peu développé. Dans le jurassique et le crétacé, les siphonostomes se sont multi-

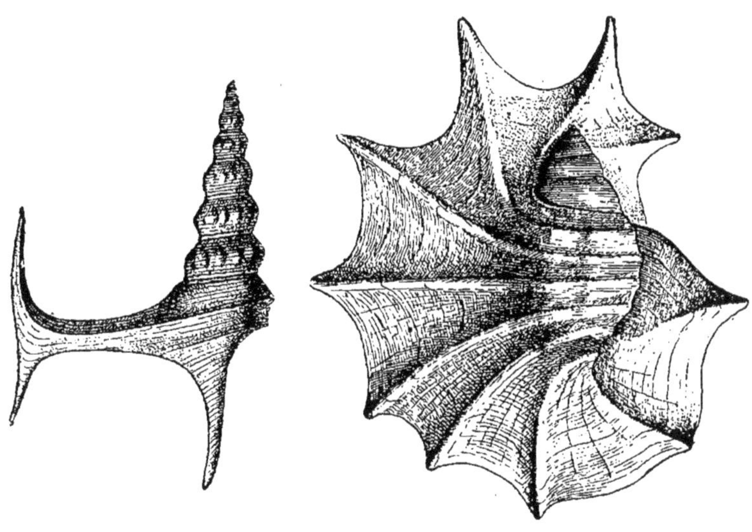

Fig. 159. — *Alaria (Anchura) carinata*, aux 3/4 de grand. (M. Fischer, d'après d'Orbigny). — Gault de l'Aube.

Fig. 160. — *Malaptera Ponti*, grandeur naturelle (M. Fischer, d'après M. Piette). — Corallien? de La Rochelle.

pliés sous des formes variées que les travaux d'Alcide d'Orbigny, Morris, Lycett, Deslonchamps et de MM. Piette, Gardner,

Fig. 161. — *Columbellina ornata*, 5/6 de grand. (M. Fischer, d'après d'Orbigny). — Cénomanien de Cassis (Bouches-du-Rhône).

Fig. 162. — *Zittelia Sophia* (M. Fischer, d'après le frère Ogérien). — Tithonique, Jura.

Cossmann, Hudleston ont mises en lumière. Pour en donner une idée, je reproduis ici les figures de deux genres (*Alaria*[1],

1. *Ala*, aile.

fig. 159) et *Malaptera*[1] (fig. 160), qui avaient un long canal pour loger le siphon branchial, et de deux autres genres (*Columbellina*[2], fig. 161 et *Zittelia*[3], fig. 162) qui, au lieu de canal, avaient une échancrure pour laisser leur siphon passer librement.

Plusieurs genres de gastropodes prosobranches se sont continués depuis l'ère secondaire, ou même depuis l'ère primaire jusqu'à l'époque actuelle. D'autres ont eu leur règne dans les temps secondaires, et ensuite ils sont devenus rares, ou même ils ont disparu. Parmi les genres qui ont eu leur apogée dans le secondaire, je citerai la forme *Pleurotomaria*; la fente de son labre[4], qui a laissé sa trace sur tous les tours de spire, permet facilement de la distinguer; on en connaît des espèces depuis le primaire; dans les époques secondaires elles sont très communes; puis le *Pleurotomaria* est devenu très

FIG. 163. — *Pleurotomaria Mysis*, grandeur naturelle. — Lias moyen de Fontaine-Étoupefour. Collection d'Orbigny.

FIG. 164. — *Pleurotomaria Quoyana*, aux 5/6 de grandeur (d'après M. Fischer et Bernardi). — Époque actuelle.

rare. On en a retrouvé dans l'époque actuelle quelques spécimens qui diffèrent peu de ceux des temps secondaires. On pourra comparer à ce point de vue une espèce du lias (fig. 163) avec une espèce actuelle que M. Fischer a représentée dans le *Journal de Conchyliologie*, et dont je reproduis ici la gravure (fig. 164).

1. Μάλα, beaucoup; πτερὸν, aile.
2. Diminutif de *Columbella*.
3. En l'honneur de M. Zittel, l'habile paléontologiste de Munich.
4. Πλευρὸν, côté; τομὴ, incision, à cause de la fente du labre.

D'autres genres ont eu une moindre durée. On ne les a rencontrés ni dans le primaire, ni dans le tertiaire, mais seulement dans le secondaire; appelés à dépenser toute leur force de vie pendant un laps de temps plus court, ils ont déployé dans l'époque secondaire une grande richesse de formes. C'est ce que montre la *Nerinea*[1] (fig. 165, 166).

Fig. 165. — *Nerinea trachea*, grandeur naturelle (M. Fischer, d'après Woodward). — Bathonien de Ranville, Calvados.

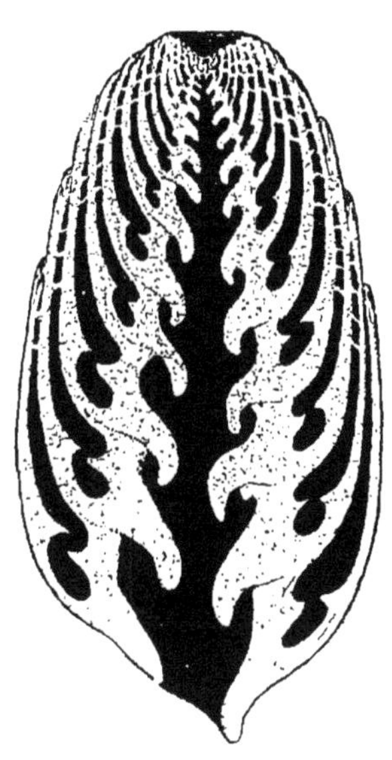

Fig. 166. — *Nerinea* (*Itieria*) *Cabanetiana*, aux 2/3 de grandeur, coupée dans la longueur (M. Fischer, d'après d'Orbigny). — Corallien d'Oyonnax près Nantua, Ain.

Cette coquille est caractérisée par la présence de bourrelets sur ses parois internes. M. Fischer a eu l'idée de choisir dans la *Paléontologie française* de d'Orbigny une série de figures destinées à faire voir combien ces bourrelets ont varié pendant les époques du bathonien et du corallien. La figure 167 représente une espèce très contractée; sur le labre, il y a trois bourrelets, *l*, *l'*, *l''*; sur la columelle, il y en a trois également,

1. Νηρηίνη, néréide. Briart et Cornet ont décrit dans le tertiaire inférieur de Mons un genre *Halloysia* très voisin des *Nerinea*.

c, *c'*, *c''*, et en outre on voit un pli *p* sur le bord pariétal qui suit les tours de spire. Dans la figure 168, les mêmes bourrelets

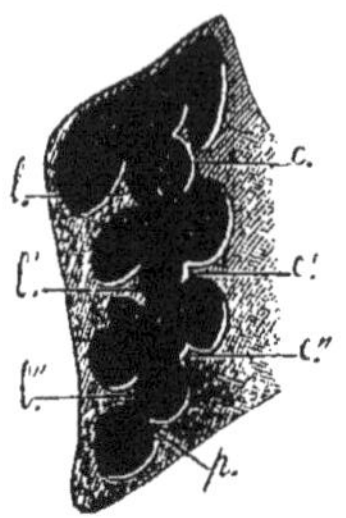

Fig. 167. — *Nerinea implicata*, à 1/2 grandeur (d'après d'Orbigny). — Bathonien de Marquise.

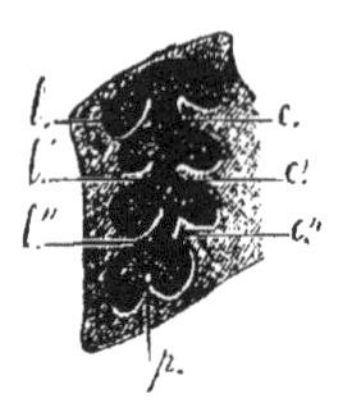

Fig. 168. — *Nerinea axonensis*, au double de grandeur (d'apr. d'Orbigny). — Bathonien de l'Aisne.

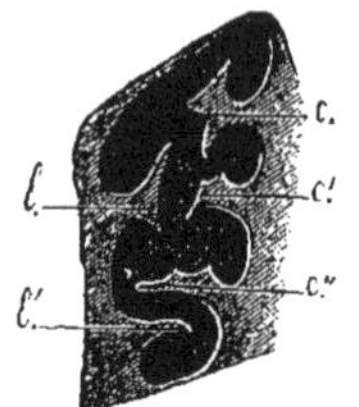

Fig. 169. — *Nerinea Clio*, aux 2/3 de grandeur (d'après d'Orbigny). — Corallien de Saint-Mihiel.

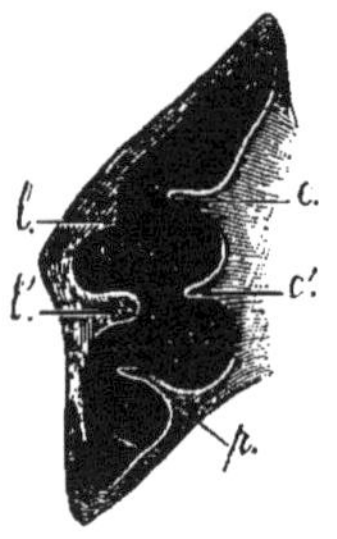

Fig. 170. — *Ner. Mosæ*, aux 3/4 de grandeur (d'après d'Orbigny). — Corallien de Saint-Mihiel.

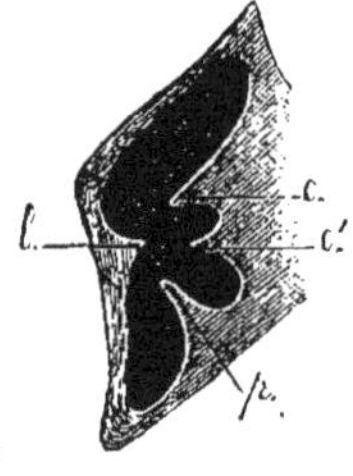

Fig. 171. — *Ner. nodosa*, aux 3/4 de grandeur (d'après d'Orbigny). — Oxfordien de Neuvisy.

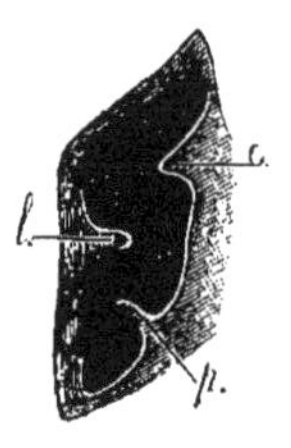

Fig. 172. — *Ner. canaliculata*, à 1/2 grandeur (d'après d'Orbigny). — Corallien de Châtel-Censoir, Yonne.

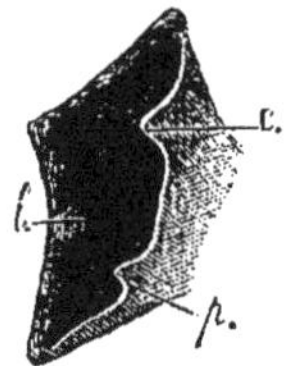

Fig. 173. — *Nerinea Jollyana*, aux 3/4 de gr. (d'après d'Orbigny). — Corallien de Clamecy, Nièvre.

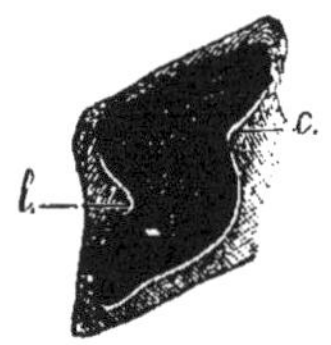

Fig. 174. — *Ner. Desvoidyi*, aux 3/4 de grandeur (d'après d'Orbigny). — Corallien de Châtel-Censoir.

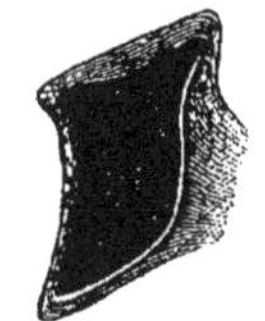

Fig. 175. — *Nerinea Cotteaui*, grandeur naturelle (d'après d'Orbigny). — Corallien de Châtel-Censoir.

existent, mais ils sont un peu plus simples. La figure 169 montre la disparition des bourrelets *l''* et *p* qu'on voyait dans les figures précédentes. Sur la figure 170, le bourrelet *l* s'atténue. Sur la figure 171, il n'y a plus qu'un bourrelet au labre *l*. La figure 172 ne laisse plus voir qu'un seul bourrelet sur le labre *l* et la columelle *c*; mais le bourrelet pariétal *p* persiste. Dans la figure 173, le bourrelet labral *l*, le bourrelet columellaire *c* et le bourrelet pariétal *p* deviennent peu saillants; dans la figure 174 nous constatons la disparition du bourrelet *p*; les bourrelets *l* et *c* ne sont plus représentés que par une inflexion des bords; enfin *Nerinea Cotteaui* (fig. 175) n'a plus aucun bourrelet, de sorte qu'elle fait le passage aux *Pyramidella* et aux *Cerithium*.

Céphalopodes. — La nature, toujours belle et toujours bonne, s'accommodant aux caprices des temps, semble s'être surpassée dans *Ammonites*; jamais elle n'a montré plus de plasticité, changeant à chaque zone des étages géologiques et gardant sa grâce dans toutes ses mutations. On dit que le nombre des espèces d'ammonitidés surpasse 3500; la grande majorité de ces espèces appartient à l'ancien genre *Ammonites*. Par suite des continuelles découvertes des paléontologistes, ce genre a bientôt compris une multitude d'espèces qui est hors de proportion avec la circonscription des autres genres; il paraît donc naturel d'y faire des coupures. Mais il est difficile d'opérer ces coupures de manière à établir des genres dont les limites soient bien tranchées. A Berlin Léopold de Buch, à Paris Alcide d'Orbigny, qui tous deux excellaient à saisir les caractères différentiels des êtres fossiles, entreprirent de partager les *Ammonites* en un certain nombre de sections; ils ne pensèrent point devoir aller plus loin : ils trouvèrent trop de passages entre ces sections pour leur attribuer une valeur générique. Plus récemment, MM. Suess, Hyatt, Laube, Zittel, Waagen, de Mojsisovics, Neumayr, Bayle, Uhlig, etc. ont scindé en genres nombreux l'ancien genre *Ammonites*.

Les caractères qui ont servi davantage pour établir des coupes parmi les ammonitidés sont tirés de la forme de la coquille, de la grandeur de sa chambre d'habitation, de son ouverture, des cloisons et de l'aptychus.

Je parlerai d'abord de la forme de la coquille. Les mollusques réunis autrefois sous le nom commun d'*Ammonites* se sont enroulés sur eux-mêmes dans un même plan, de telle sorte que leurs tours de spire sont restés contigus (fig. 176 à 184). Mais tantôt ils se sont enroulés un petit nombre de fois sur eux-mêmes (*Lytoceras*[1], fig. 176), tantôt ils ont eu un grand nombre de tours de spire (*Arietites*[2], fig. 177). Les tours de spire, ou

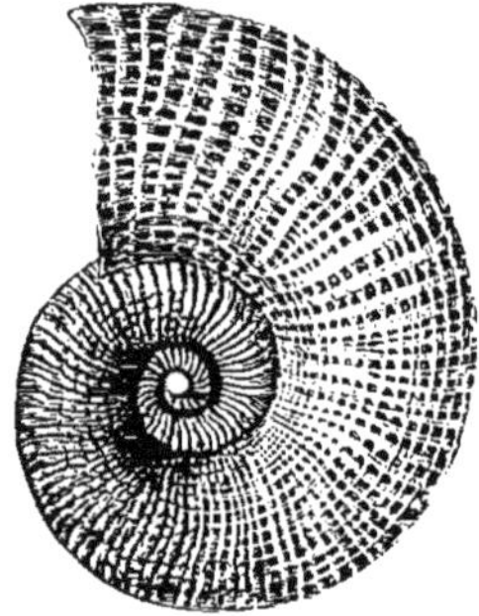

Fig. 176. — *Lytoceras cornu copiæ* à 1/2 grandeur. — Lias supérieur. — Collection d'Orbigny.

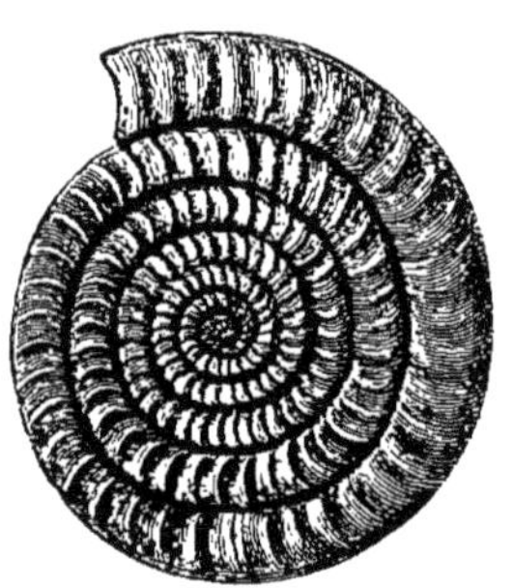

Fig. 177. — *Arietites Landrioti* au 1/4 de grandeur. — Lias inférieur de Pouilly. Collection d'Orbigny.

bien ne se sont pas du tout recouverts comme dans les deux figures précédentes, ou ils se sont un peu recouverts (fig. 182), ou bien ils se sont tellement recouverts que le dernier formé a embrassé, en totalité ou en partie, ceux qui l'ont précédé (fig. 183). Le corps de l'animal a été plus ou moins arrondi ou carré, ou comprimé de dessus en dessous, ou de gauche à droite. Les figures suivantes (fig. 178, de A à M), qui représentent des coupes transverses du dernier tour de spire, donnent une idée des variations des ammonitidés; étant prises au niveau de la chambre d'habitation, elles font connaître la forme du corps de l'animal. Le corps est rond (fig. A), il prend une

1. Λυτὸς, délié; κέρας, corne.
2. Corne de bélier, *aries*, *arietis*.

forme concavo-convexe (fig. B); il s'aplatit de dessus en dessous (fig. C); il s'aplatit plus encore (fig. D); au lieu d'être rond comme dans la figure A, il est carré (fig. E); le milieu du ventre forme une quille qui fait saillie en dehors (fig. F), ou il

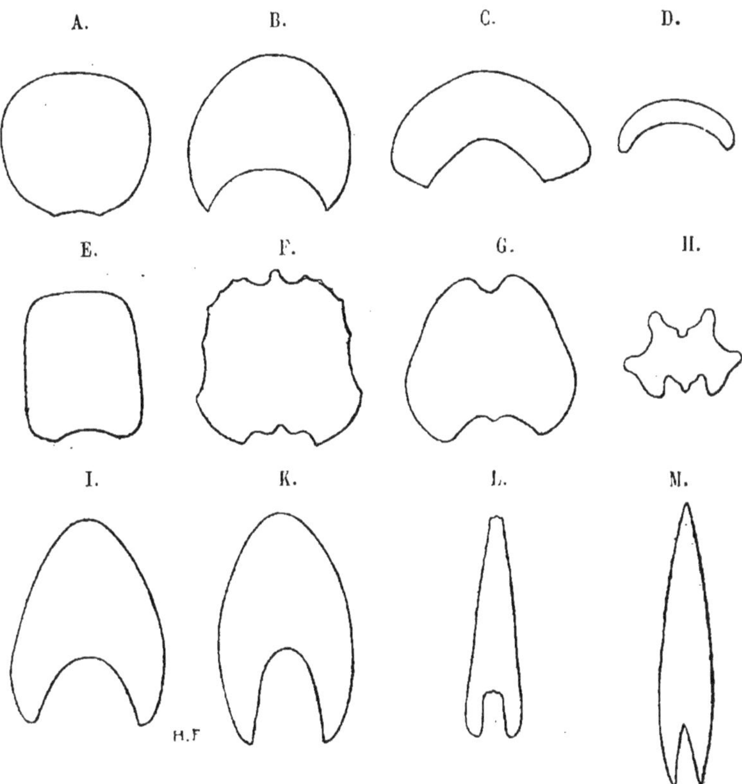

FIG. 178. — Sections du dernier tour de quelques ammonites : A. *Lytoceras cornu copiæ*, Lias sup. — B. *Stephanoceras Brongniarti*, Bajocien. — C. *Stephanoceras Goliathus*, Oxfordien. — D. *Arcestes bufo*, Trias. — E. *Peltoceras arduennensis*, Oxfordien. — F. *Schloenbachia inflata*, Gault. — G. *Hoplites Delucii*, Gault. — H. *Hoplites tuberculatus*, Gault. — I. *Perisphinctes arbustigerus*, Bathonien. — K. *Phylloceras heterophyllus*, Lias supérieur. — L. *Sageceras Haidingeri*, Trias. — M. *Pinacoceras parmæformis*, Trias.

rentre en dedans (fig. G et H); le corps donne une section en forme d'ogive (fig. I); l'ogive s'allonge (fig. K); le corps, en s'étendant de dessus en dessous, s'aplatit latéralement (fig. L et M). L'ornementation des coquilles n'est pas moins variée que leur forme; on s'en rendra compte en comparant les figures 176, 177, 179, 180, 190, 191.

Si grand que soit l'intervalle entre les formes extrêmes, la multitude des espèces est si grande que l'on observe souvent d'insensibles transitions. En outre, il arrive parfois que, parmi des individus d'une même espèce, nous constatons de notables différences; par exemple quand nous ramassons des *Hoplites*[1] *Delucii* dans les briqueteries du gault de la Champagne, ou des *Schloenbachia*[2] *varians* dans la craie cénomanienne de Rouen, nous trouvons des individus de ces deux espèces dont les uns sont épais (fig. 179, A et B), dont les autres sont minces (même figure, C). On admet aujourd'hui que les premiers sont des

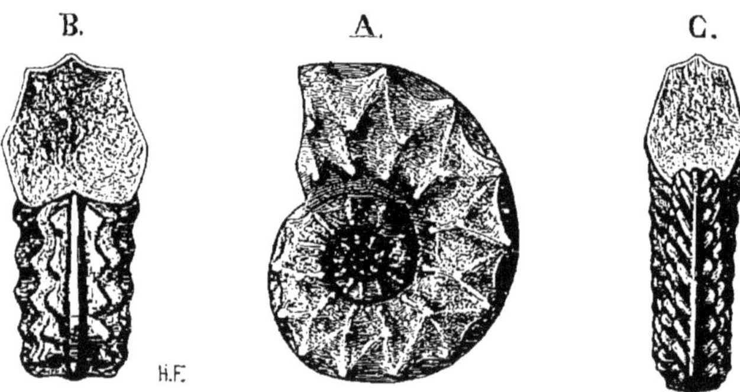

Fig. 179. — *Schloenbachia varians* aux 3/5 de grandeur : A. Individu femelle attribué à une espèce spéciale sous le nom de *Coupei*, vu de côté; B. le même du côté de l'ouverture; C. individu femelle vu du côté de l'ouverture. — Cénomanien de Rouen. Collection d'Orbigny.

femelles et les seconds sont des mâles de la même espèce, mais on a d'abord attribué à une espèce distincte sous le nom de *Coupei* les échantillons épais de *Schloenbachia varians*, et sous le nom de *Benettianus* les échantillons épais d'*Hoplites Delucii*. Il est curieux de voir de simples particularités sexuelles confondues avec les particularités qu'on est convenu d'appeler spécifiques.

Ce n'est pas seulement entre les individus de même espèce

1. Ὁπλίτης, soldat bien armé.
2. En l'honneur du paléontologiste Schloenbach.

qu'on observe de notables différences; on en voit sur un même individu suivant l'âge où on le considère. Il n'en est pas d'*Ammonites* comme de beaucoup d'animaux qui, en avançant en âge, détruisent les traces des états par lesquels ils ont passé; le papillon garde peu de marques de son existence larvaire, la grenouille ne conserve pas les souvenirs de sa vie de têtard; mais *Ammonites*, si vieux qu'il soit, a gardé cachée dans ses tours de spire toute l'histoire de sa vie. De sa jeunesse à sa vieillesse, il a subi des modifications tellement profondes que, si on n'en avait que des tronçons isolés, on n'hésiterait pas à les attribuer à des genres distincts. Ainsi *Acanthoceras*[1] *mamillare* (fig. 180, A, B, C) a été d'abord peu orné, puis il a eu

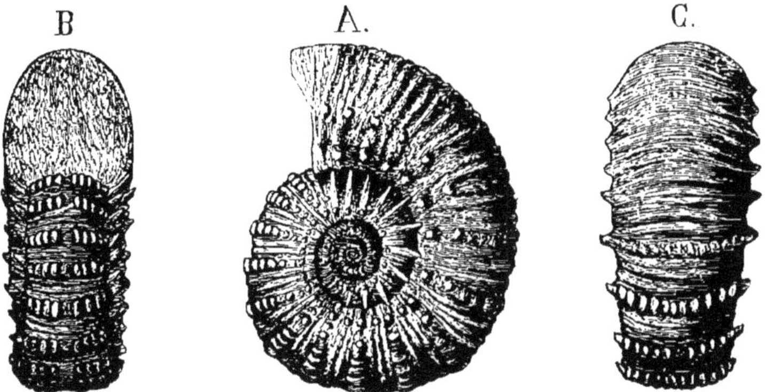

Fig. 180. — *Acanthoceras mamillare*, à 1/5 de grandeur. A. vu de côté; B. vu du côté de l'ouverture; C. vu sur le ventre. — Gault de Dienville, Aube. Collection d'Orbigny.

de nombreux petits mamelons, puis les petits mamelons se sont réunis pour constituer de gros mamelons qui s'élèvent parfois en pointes, et enfin dans sa vieillesse, n'ayant pas la même force qu'en sa jeunesse, il n'a plus formé que de légères côtes. Si nous le regardons à plat, comme dans la figure A, nous voyons d'abord des pointes, puis des mamelons, puis des côtes peu marquées; lorsque nous le considérons placé comme dans la figure B, la coquille nous paraît très ornée; posée comme

1. Ἄκανθα, épine; κέρας, corne.

dans la figure C, la coquille présente une parure très simple. *Perisphinctes*[1] *plicatilis* (fig. 181) avait d'abord de nombreuses

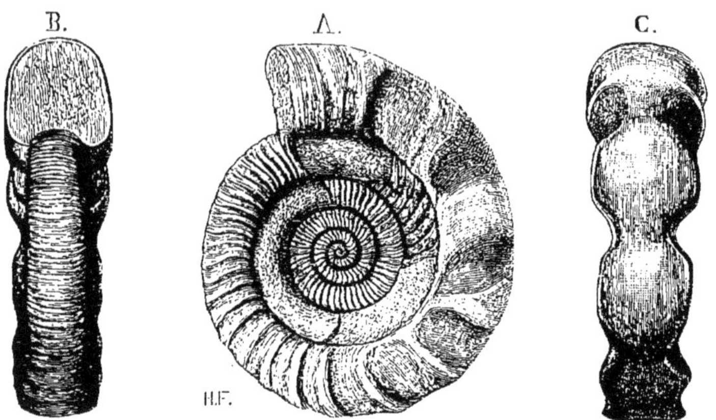

FIG. 181. — *Perisphinctes plicatilis* à 1/6 de grandeur. A. vu de côté; B. vu du côté de l'ouverture; C. vu sur le ventre. — Oxfordien de Niort. Collection d'Orbigny.

petites côtes rapprochées les unes des autres; plus tard il avait d'énormes côtes très espacées, de sorte que, si nous dessinons ses faces B et C, nous croyons avoir des figures de deux

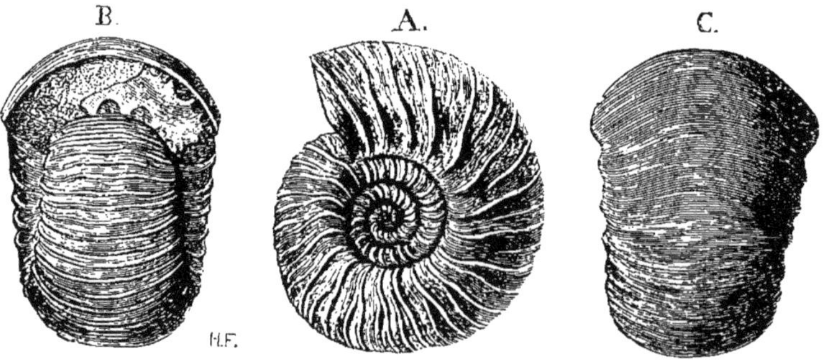

FIG. 182. — *Cadoceras Elatmæ* (*virgatum*) à 1/2 grandeur. A. vu de côté; B. vu sur le côté de l'ouverture; C. vu sur le ventre. — Callovien inférieur d'Elatma sur Œka, gouvernement de Tambow. Collection du Muséum.

coquilles très différentes. Je représente ici des échantillons de Russie que le savant professeur Pavlow a bien voulu donner

1. Περὶ, autour; σφιγκτὸς, étranglé.

au Museum (*Cadoceras*[1] *Elatmæ*, fig. 182 A, B et C) ; du côté B on voit de nombreux plis tandis que du côté C la surface est presque lisse.

Outre les changements dans l'ornementation, il y en a eu

B.

A.

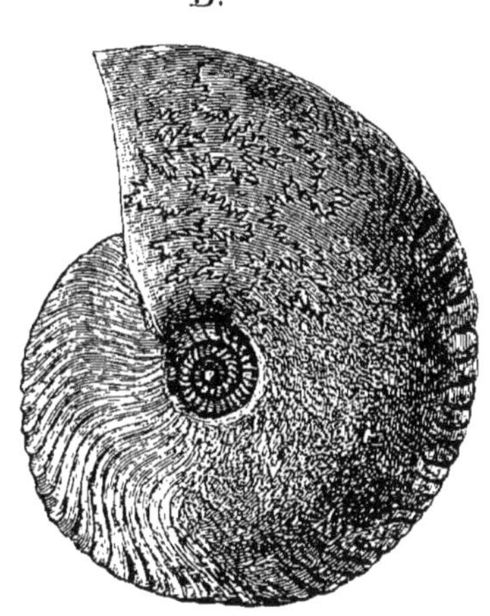

Fig. 183. — *Cardioceras* (*Amaltheus*) *cordatum*. A. jeune individu de grandeur nat. à tours découverts et très ornés : B. individu plus âgé à 1/2 grandeur, à tours plus embrassants et dont les ornements ont en partie disparu. — Oxfordien de Neuvisy, Ardennes. Collection d'Orbigny.

dans le mode de recouvrement des tours de spire : *Cardioceras cordatum*[2], dans sa jeunesse, avait ses tours de spire apparents

1. Κάδος, tonneau ; κέρας, corne. Ces ammonites, envoyées par M. Pavlow, sont curieuses pour la beauté de leur nacre.

2. *Cardioceras* de l'oxfordien soulève une question très embarrassante pour la nomenclature. J'aurais cru qu'on devait l'appeler *Amaltheus* parce qu'il ressemble à l'*Amaltheus* du lias. Pourtant on lui refuse ce nom parce qu'il ne descend pas de cette forme ; il paraît que c'est un *Stephanoceras* aplati. Faut-il établir les noms d'après la ressemblance ou d'après la parenté? En théorie, il semble qu'on devrait prendre la parenté pour base, mais dans la pratique, si on établit les noms d'après les parentés et non d'après les ressemblances, on rendra la nomenclature incompréhensible ; car alors on sera obligé d'inscrire sous le même nom des êtres très dissemblables et sous des noms différents des êtres presque semblables, comme par exemple *Amaltheus* du lias et *Cardioceras* de l'oxfordien. En outre, lorsqu'on donne des désignations génériques distinctes aux formes semblables qui ont eu des origines différentes, on ne met pas en relief ce fait curieux qu'il y a eu dans la nature des convergences aussi bien que des divergences.

(fig. 183, A); dans sa vieillesse, ses tours se recouvraient davantage (même figure, B). En vérité, si dans le court espace de temps qu'embrasse la vie d'un individu de telles modifications se sont produites, il a pu s'en produire de bien plus grandes encore dans le laps immense des temps géologiques.

Les naturalistes ont attaché de l'importance à la grandeur de la chambre d'habitation pour la classification des ammonitidés (fig. 184). Il y a des espèces chez lesquelles la chambre où

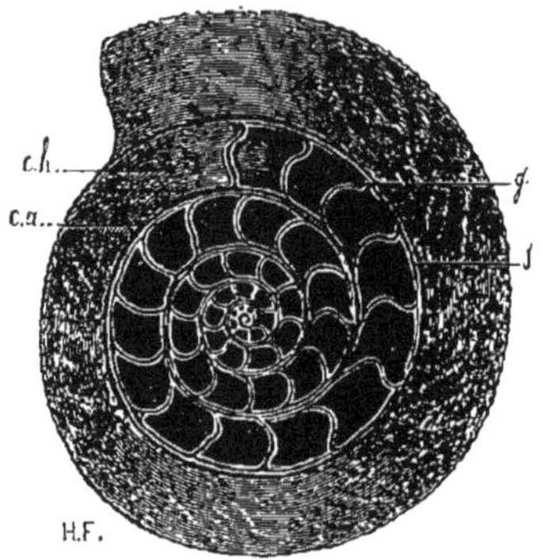

Fig. 184. — *Perisphinctes plicatilis* au 1/5 de grandeur, coupé par le milieu pour montrer la grande chambre d'habitation *c.h.*, les chambres aériennes *c.a.*, le siphon *s.*, les goulots *g.* — Oxfordien de Trouville, Collection d'Orbigny.

logeait l'animal occupe un tour et demi, d'autres où elle a à peine un demi-tour. En général les chambres d'habitation sont d'autant plus longues que les tours de spire sont plus étroits; le mollusque ne pouvant s'étendre en largeur, s'étendait en longueur. Je pense qu'en mettant un grand nombre d'espèces d'ammonitidés à côté les unes des autres, on trouverait une série de chambres d'habitation de toutes grandeurs. La largeur et la longueur de ces chambres indiquent qu'un mollusque était plus ou moins long ou gros; il est permis de penser que chez les ammonitidés comme dans tous les groupes du règne animal, il y a eu des passages entre les individus gros et courts et les individus qui étaient étroits et longs.

Ammonites n'a pas eu toujours des tours de spire contigus.

Il s'est déroulé, tantôt dès sa jeunesse (*Crioceras*[1], *Ancyloceras*[2], fig. 186), tantôt dans un âge avancé (*Scaphites*[3], *Macrosca-*

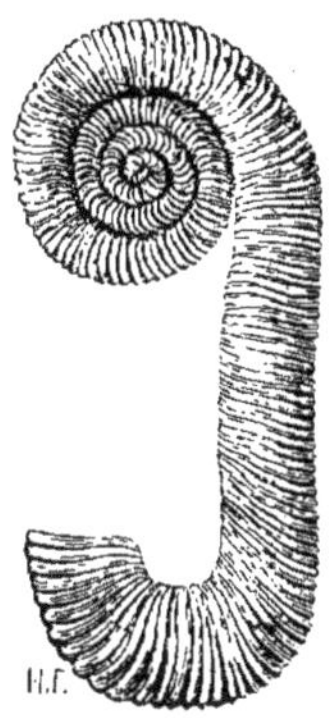

Fig. 185. — *Macroscaphites* (*Scaphites*) *Ivanii* au 1/3 de grandeur. — Urgonien de Barrême, Basses-Alpes. Collection d'Orbigny.

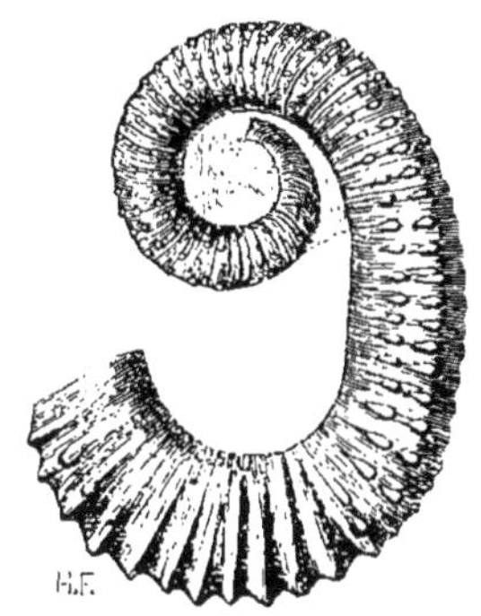

Fig. 186. — *Ancyloceras Puzosianum* à 1/2 grandeur. — Urgonien d'Anglès, Basses-Alpes. Collection d'Orbigny.

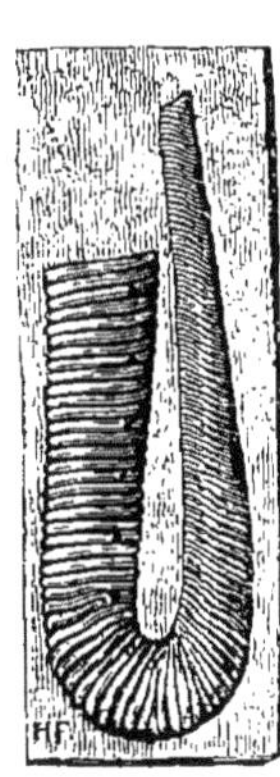

Fig. 187. — *Hamulina subæqualis* à 1/2 grandeur. — Urgonien d'Anglès, Basses-Alpes. Coll. d'Orbigny.

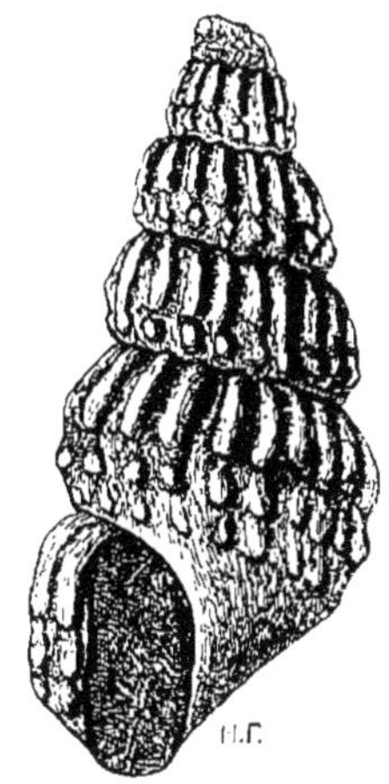

Fig. 188. — *Turrilites costatus* aux 2/3 grandeur. — Cénomanien de Rouen. Collection d'Orbigny.

phites[4], fig. 185). Il a pu se dérouler au point de ne plus former qu'une simple courbe (*Toxoceras*[5]) ou même de devenir

1. Κριός, bélier; κέρας, corne.
2. Ἀγκύλος, recourbé, et κέρας.
3. Σκάφη, barque.
4. Μακρός, grand, et *Scaphites*.
5. Τόξον, arc, et κέρας.

tout à fait droit (*Baculites*[1], *Baculina*[2] ou *Rhabdoceras*[3]). Quelquefois, au lieu de se courber en arc, il s'est reployé sur lui-même une fois (*Hamulina*[4], *Ptychoceras*[5]) ou deux fois (*Hamites*[6], fig. 187).

Ammonites a pu sortir de son plan en même temps que ses tours se disjoignaient (*Anisoceras*[7]); parfois il s'est enroulé en tire-bouchon, et alors tantôt ses tours de spire sont restés contigus (*Turrilites*[8], fig. 188), tantôt ils se sont disjoints dans l'âge adulte (*Heteroceras*[9]), tantôt ils se sont disjoints dès la jeunesse (*Helicoceras*)[10].

J'ai réuni dans la figure 189 des schémas de nautilidés et d'ammonitidés. On y remarquera que ces deux groupes, dont l'un a régné dans le primaire, et dont l'autre a régné dans le secondaire, présentent de singulières répétitions de formes. On n'a que l'embarras du choix pour expliquer le mode suivant lequel leurs passages se sont accomplis. Nous pouvons supposer que plusieurs formes de nautilidés ont donné naissance directement à la forme d'ammonitidé qui leur correspond. Ainsi les *Orthoceras* primaires seraient devenus les *Melia*[11] triasiques, qui à leur tour seraient devenus le *Rhabdoceras* du trias, la *Baculina* du néocomien, les *Baculites* de la craie; *Gyroceras* primaire aurait enfanté *Crioceras*; *Ophidioceras* primaire aurait enfanté *Choristoceras*[12] triasique, qui aurait produit *Scaphites*; *Cryptoceras* aurait enfanté *Goniatites*, qui lui-même aurait enfanté *Ammonites*. Nous pouvons imaginer aussi une série de déroulements secondaires qui aurait suivi

1. *Baculus*, bâton.
2. Diminutif de *baculus*.
3. Ῥάβδος, verge; κέρας, corne.
4. Diminutif de *Hamites*.
5. Πτὺξ, πτυχὸς, pli, et κέρας,
6. *Hamus*, hameçon.
7. Ἄνισος, inégal, et κέρας.
8. *Turris*, tour.
9. Ἕτερος, autre, et κέρας.
10. Ἕλιξ, ιχος, hélice, spire, et κέρας.
11. *Melia*, lance.
12. Χωριστὸς, séparé, et κέρας.

la série des enroulements primaires; ainsi *Orthoceras* droit

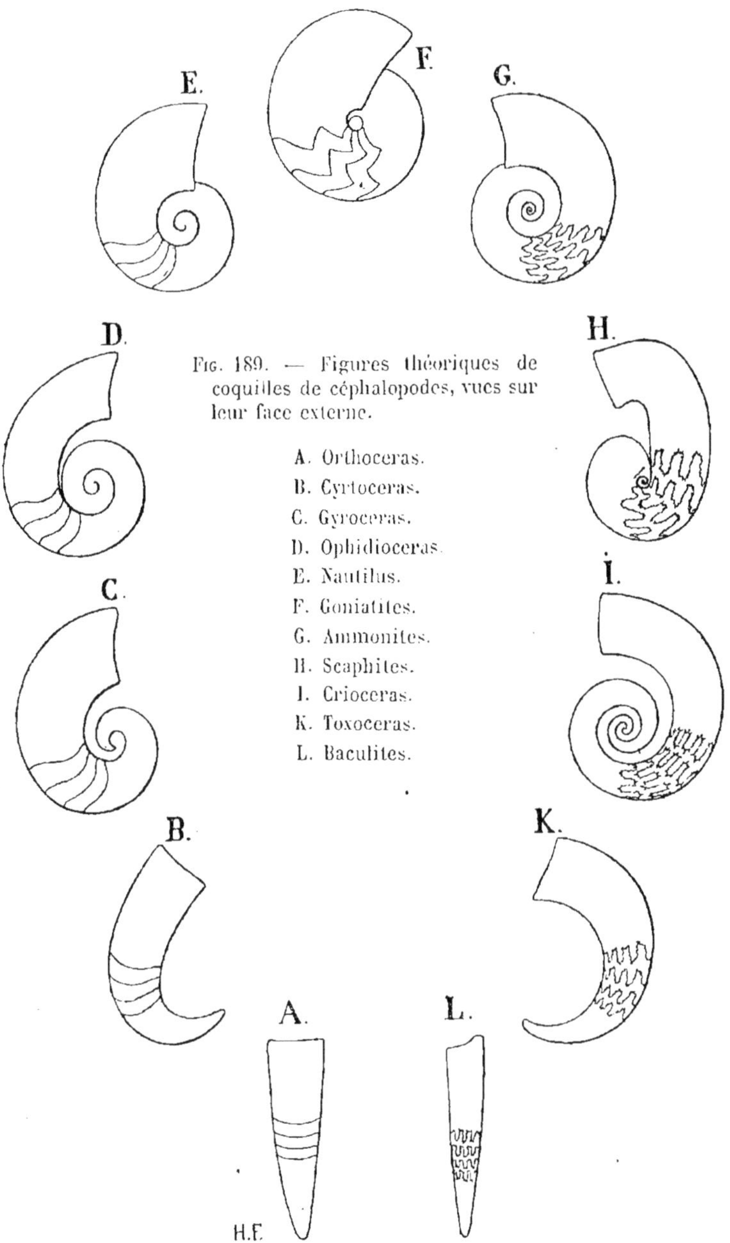

Fig. 189. — Figures théoriques de coquilles de céphalopodes, vues sur leur face externe.

A. Orthoceras.
B. Cyrtoceras.
C. Gyroceras.
D. Ophidioceras.
E. Nautilus.
F. Goniatites.
G. Ammonites.
H. Scaphites.
I. Crioceras.
K. Toxoceras.
L. Baculites.

(fig. 189, A) se serait courbé pour devenir *Cyrtoceras* B, puis

Gyroceras C, puis *Ophidioceras* D, puis *Nautilus* E, *Goniatites* F, *Ammonites* G, et ensuite *Ammonites* se serait déroulé, prenant successivement les aspects *Scaphites* H, *Crioceras* I, *Toxoceras* K, et enfin revenant à la forme *Baculites* L, droite comme celle du progéniteur primitif *Orthoceras* A; ce serait là un atavisme qui montrerait l'enchaînement des êtres de la fin du secondaire avec ceux des temps siluriens.

La supposition que les céphalopodes, après avoir été portés à s'enrouler pendant la durée des temps primaires, ont été portés au déroulement pendant la durée des temps secondaires, est la plus vraisemblable, parce que l'*Orthoceras* de forme droite et le *Cyrtoceras* légèrement courbé ont régné dans le silurien, le *Gyroceras* un peu déroulé a dominé dans le dévonien; le *Nautilus* et le *Goniatites* enroulés ont régné dans le carbonifère; les *Ammonites*, bien enroulées également, ont dominé dans le trias, le jurassique; les *Macroscophites*, *Ancyloceras*, *Crioceras*, un peu déroulés, ont régné dans le commencement du crétacé; les *Hamites*, *Turrilites*, *Helicoceras*, plus déroulés, ont caractérisé le crétacé moyen, et *Baculites*, tout à fait déroulé, a vécu dans le crétacé supérieur. En outre, le secondaire renferme plusieurs formes telles que *Cochloceras*, *Turrilites*, *Helicoceras*, *Hamites*, *Ptychoceras*, qui n'ont pas d'équivalent dans le primaire; on ne peut donc pas, dans l'état de nos connaissances, prétendre qu'elles descendent directement des formes primaires; la plupart sans doute des formes secondaires se sont engendrées les unes les autres.

L'ouverture de la coquille des ammonitidés présente des variations considérables. Quelquefois ses bords forment sur chacun des côtés une avance qui peut devenir une longue languette, comme dans le *Cosmoceras Jason*; souvent, au contraire, le milieu du bord externe se prolonge plus que les parties latérales; je représente ici (fig. 190) une ammonite dont la pointe médiane se recourbe en forme de corne.

Fréquemment les bords s'infléchissent en dedans pour diminuer l'ouverture, rappelant la disposition de plusieurs des nautilidés primaires à ouverture contractée[1]; il y a là une sorte d'atavisme. Je donne (fig. 191) la figure d'un spécimen d'am-

Fig. 190. — *Schloenbachia rostrata* au 1/4 de grandeur. — Dans la Gaize de Cruis près Saint-Étienne, Basses-Alpes. — Donné par M. de Selle à l'École des Mines.

monite à bouche très contractée que M. Douvillé a fait connaître. Évidemment la forme de l'ouverture n'est pas sans

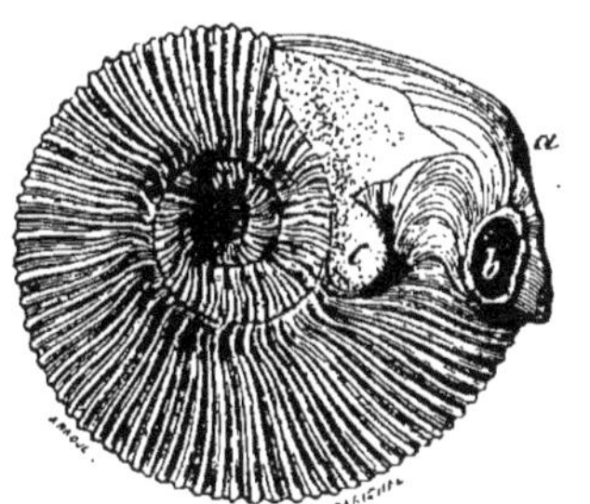

Fig. 191. — *Morphoceras*[2] *pseudo anceps*, grandeur naturelle : *a*. orifice médian ; *b*. orifices latéraux ; *c*. ouverture semi-circulaire placée près de l'ombilic (d'après M. Douvillé). — Oolite ferrugineuse de Saint-Honoré-les-Bains, Nièvre. Collection de l'École des Mines.

importance; malheureusement, comme le plus souvent cette partie est brisée, il nous est difficile d'affirmer ou de nier qu'il

1. *Glossoceras, Gomphoceras, Phragmoceras, Lituites, Hercoceras, Adelphoceras.*
2. Μόρφων, qui porte un masque ; κέρας, corne.

y ait des transitions entre les différents aspects qu'elle présente dans les ammonitidés.

Les cloisons des ammonitidés ont sur leurs bords d'élégantes découpures (fig. 192); leurs parties qui se portent en arrière sont appelées les lobes; leurs parties qui s'avancent sont les selles. On observe une grande inégalité dans la complication

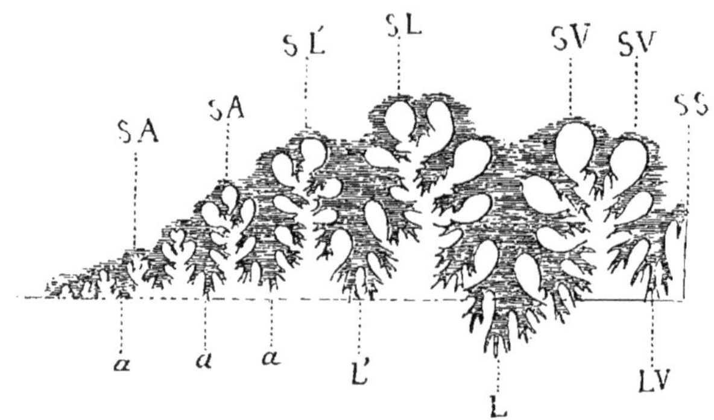

Fig. 192. — Bords d'une cloison de *Phylloceras*[1] *heterophyllum*, grandeur naturelle : SS. selle siphonale; SV. selle ventrale; SL. première selle latérale; SL'. deuxième selle latérale; SA. SA. selles auxiliaires; LV. lobe ventral; L. lobe latéral supérieur; L'. deuxième lobe latéral; *a. a. a.* lobes auxiliaires latéraux (d'après M. Fischer). — Lias supérieur.

des lobes et des selles. *Lobites*[2] du trias (fig. 200) a des cloisons aussi simples que les *Goniatites* primaires dont il est sans doute dérivé. On trouve également dans le trias des *Ceratites*[3] (fig. 199) où les lobes sont légèrement denticulés, et des *Trachyceras*[4] (fig. 198) où les selles, aussi bien que les lobes, sont denticulées. Dans *Oxynoticeras*[5] du lias (fig. 197) les cloisons ont plus de complication. La richesse est à son comble dans *Perisphinctes Achilles* du corallien (fig. 196). Chez *Hoplites Leopoldinus* du néocomien (fig. 195), les cloisons deviennent

1. Φύλλον, feuille; κέρας, corne.
2. Λοβὸς, lobe.
3. Κέρας, corne.
4. Τραχὺς, rude, et κέρας, parce que les Trachyceras ont de nombreux tubercules.
5. On a fait un nom de genre avec l'*Ammonites oxynotus* (ὀξὺς, pointu νῶτος, dos).

plus simples; elles le sont bien plus encore dans *Schloen-*

Fig. 193 — *Tissotia* (*Buchiceras*) *Tissoti* (d'après M. Bayle). — Santonien suivant M. Le Mesle. Prov. de Constantine.

Fig. 194. — *Schloenbachia Senequieri* (d'après d'Orbigny). — Gault d'Escragnolles.

Fig. 195. — *Hoplites Leopoldinus* (d'après d'Orbigny). — Néocomien de Vendeuvre.

Fig. 196. — *Perisphinctes Achilles* (d'après d'Orbigny). — Corallien de la Rochelle.

Fig. 197. — *Oxynoticeras oxynotum* (d'après Dumortier). — Lias inf. de Saint-Fortunat.

Fig. 198. — *Trachyceras furcatum* (d'après M. de Mojsisovics). — Trias de Saint-Cassian.

Fig. 199. — *Ceratites nodosus* (d'après M. Bayle). — Trias de la Bavière.

Fig. 200. — *Lobites cucullatus* (d'après M. de Mojsisovics). — Trias de Röthelstein, Tyrol.

bachia Senequieri du gault (fig. 194), et surtout dans *Tis-*

sotia[1] *Tissoti* (fig. 193); elles semblent alors faire un retour aux formes de Ceratites du trias. Généralement, dans la première partie du secondaire on rencontre des ammonitidés qui ont des lobes très nombreux, mais peu compliqués; dans le milieu du secondaire, il y a surtout des formes à cloisons compliquées; la dernière partie du secondaire offre un mélange d'espèces dont les cloisons sont restées très compliquées et de quelques espèces dont les cloisons se sont simplifiées.

Les différences considérables que présentent les cloisons des ammonitidés ont fait penser à quelques paléontologistes que l'on pourrait en tirer un bon parti pour la classification. Mais d'abord il faut remarquer que les variations ne concordent pas avec celles de la forme générale de la coquille; ainsi, quand on voit *Cochloceras*[2] (fig. 201) se disposer en tire-bouchon

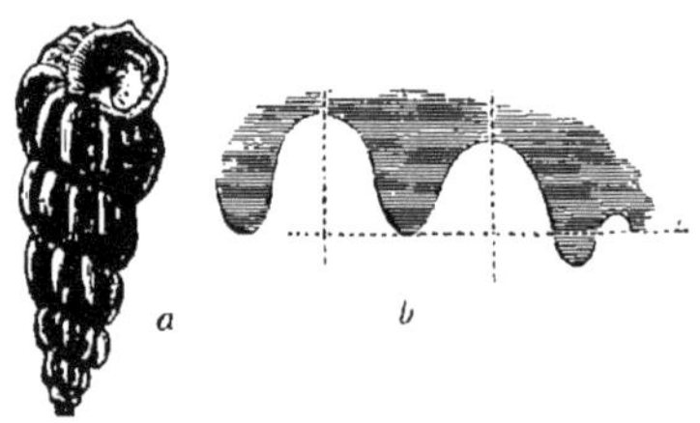

Fig. 201. — *Cochloceras Fischeri* : *a*. coquille; *b*, cloison (M. Fischer, d'après de Hauer). — Keuper d'Aussee.

comme *Turrilites*, *Lobites* s'enrouler comme *Ammonites*, *Rhabdoceras* se dresser comme *Baculites*, on ne pourrait pas deviner que ces coquilles ont des cloisons aussi différentes. Puis, maintenant que l'on connaît des milliers d'espèces, on a tous les degrés dans les complications des cloisons. Sur une même espèce, nous observons des variations notables : évidemment les cloisons de la femelle d'une *Schloenbachia varians* (fig. 179, B) ne peuvent être exactement les mêmes que celles d'un mâle C de cette espèce qui est bien moins épais. Non seulement dans une même espèce, mais encore dans un même individu, les cloisons présentent de grandes différences;

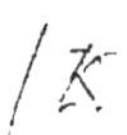

1. M. Douvillé substitue ce nom à celui de *Buchiceras*.
2. Κόχλος, spirale, et κέρας, corne.

M. Branco, dont j'ai cité dans mon précédent volume les études sur les ammonitidés, a montré que la complication des bords des cloisons augmente avec l'âge, de sorte qu'il y a plus d'écart entre l'état jeune et l'état adulte d'un même individu qu'entre beaucoup d'espèces différentes prises au même âge ; pour s'en assurer, on pourra regarder la figure ci-dessous (fig. 202).

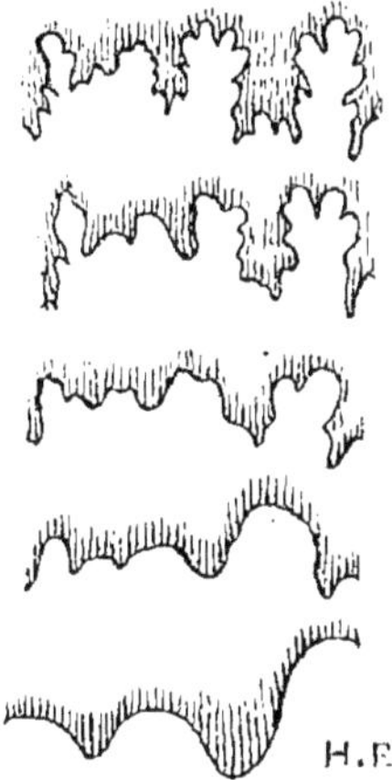

Fig. 202. — Cloisons du *Lytoceras Germaini*, à différents grossissements depuis le jeune âge jusqu'à l'âge adulte, dans un même individu (d'après M. Branco). — Lias supérieur de Pimperdu.

Il ne faut pas d'ailleurs s'exagérer l'importance des variations des cloisons des ammonitidés. C'est sans doute avec l'aspect des prolongements cutanés de plusieurs des gastropodes nudibranches et surtout du *Dendronotus arborescens*[1] qu'on peut le mieux comparer l'aspect que devaient avoir les prolongements de la peau des ammonites auxquels a été due la formation du persillage des cloisons. Mais il y a cette différence considérable que les prolongements du *Dendronotus* servent à la respiration, tandis que ceux des ammonitidés ont servi pour fixer l'animal à sa coquille et pour sécréter les cloisons.

Plusieurs paléontologistes ont attaché de la valeur à l'aptychus[2] pour la classification des ammonitidés. On appelle ainsi

1. Voir sa figure dans le *Manuel de conchyliologie de Woodward*.
2. 'Α privatif; πτύξ, πτύχος, pli.

une paire de valves calcaires que l'on trouve quelquefois dans la chambre d'habitation des ammonitidés. Le plus souvent les

Fig. 203. — *Ægoceras Johnstoni* (*laqueus*) montrant son anaptychus en place, grandeur naturelle. — Lias inférieur de Chalindrey. Donné au Muséum par M. Schlumberger.

valves sont séparées (fig. 204). La figure 205 montre deux valves soudées ensemble, avec une dépression médiane qui

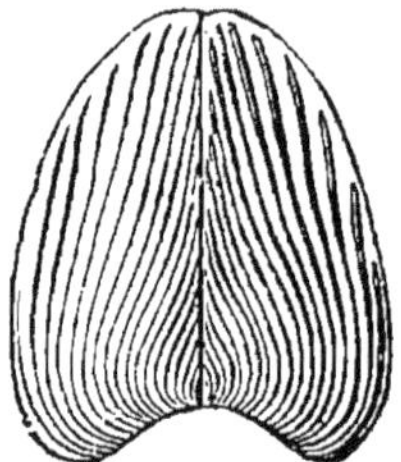

Fig. 204. — *Aptychus* de l'*Oppelia lingulata* (M. Fischer, d'après Woodward). — Oxfordien de Chippenham.

Fig. 205. — *Synaptychus* du *Scaphites spiniger* à 1/2 grandeur (d'après Schlüter). — Crétacé supérieur de Westphalie.

Fig. 206. — *Aptychus* qui a été décrit sous le nom d'*A. cretaceus*, provenant sans doute, suivant M. Fischer, d'une baculite, au double de gr. (d'après Schlüter).

Fig. 207. — *Anaptychus* de l'*Amaltheus margaritatus*, grandeur naturelle (d'après M. Schlumberger). — Lias moyen de Nancy.

marque leur distinction originaire; on a signalé cette disposition sous le nom de *synaptychus*[1]. La figure 206 représente un

1. Σὺν, avec, et *aptychus*.

échantillon où l'union des valves est complète. Dans plusieurs ammonitidés, on trouve, au lieu d'un aptychus calcaire, une lame cornée; cette lame a reçu le nom d'*anaptychus*[1] (fig. 203 et 207).

Quelques naturalistes ont cru que l'aptychus était un revêtement de la glande nidamentaire, c'est-à-dire de l'organe qui produit l'albumen dont les œufs sont entourés. Cette opinion paraît être aujourd'hui peu en faveur; M. Zittel, qui a beaucoup étudié les collections de Solenhofen, où les ammonites ont souvent conservé en place leur aptychus, pense que le mieux est d'accepter l'ancienne croyance que les aptychus sont des opercules d'ammonites. En regardant le capuchon du nautile vivant, M. Richard Owen a trouvé que sa forme ressemble à celle d'un aptychus dont les valves sont étalées. Le regretté paléontologiste Dumortier, qui avait une grande expérience des mollusques secondaires, s'est exprimé dans les termes suivants: *J'ai toujours trouvé les aptychus placés au milieu de la dernière loge des ammonites et d'une dimension telle que les deux valves réunies, suivant leur côté rectiligne, forment une surface qui coïncide exactement avec le gabarit intérieur de l'ammonite dans laquelle ils se trouvent*[2]. Le Hon, en figurant une ammonite pourvue de son aptychus, l'a décrite ainsi : « *Son opercule est resté si bien en place et ferme la bouche avec une telle précision qu'un ouvrier bijoutier n'eût pas fermé cette ouverture plus hermétiquement*[3]. » A la vérité, il n'en est pas toujours de même; on a souvent observé des aptychus plus petits que le bord de l'ouverture des ammonitidés. Mais il n'est pas nécessaire que l'opercule ait toujours fermé hermétiquement l'ouverture; M. Fischer a constaté que dans plusieurs gastropodes (*Conus*, *Terebellum*, *Pleurotoma*, *Strombus*, *Pteroceras*, etc.), l'opercule n'est nullement en proportion de la

1. 'A privatif et *aptychus*.
2. Eugène Dumortier, *Études paléontologiques sur les Dépôts jurassiques du bassin du Rhône*, 2e vol., p. 180, 1867.
3. Le Hon, *Note sur les Aptychus* (*Bulletin de la Soc. géol. de France* 2e série, vol. 27, p. 10, 1869).

grandeur de l'ouverture. On a aussi trouvé des aptychus plus grands que l'ouverture des ammonitidés où ils étaient engagés; cela s'explique en supposant que les valves ont pu être posées obliquement, et ainsi prendre moins de place que si elles étaient droites.

Si l'aptychus a été un opercule, il est difficile de le considérer comme un corps d'une grande importance pour la classification des ammonitidés. M. Fischer m'a dit que pendant longtemps on a attribué à un même genre des *Natica* à opercule corné et des *Natica* dont l'opercule est calcaire, et, qu'en effet, sauf la différence de l'opercule, ces animaux sont absolument les mêmes. Il m'a appris aussi que, suivant les observations de Jeffreys, le *Buccinum undatum* de nos côtes a tantôt un opercule, tantôt deux ou trois opercules distincts, suivant les localités, sans qu'il soit possible d'établir aucune différence spécifique. Sur la côte occidentale de l'Amérique du Nord, M. Dall a trouvé, dans une même espèce du genre *Volutharpa*, 75 pour 100 d'individus qui n'ont pas de trace d'opercule, 10 pour 100 d'individus qui ont un opercule parfaitement conformé et 15 pour 100 d'individus qui présentent seulement des vestiges de la partie du manteau où l'opercule est sécrété. M. Stimpson a constaté les mêmes faits dans la mer de Behring. S'il en a été des céphalopodes comme des gastéropodes, les caractères de l'aptychus ont été loin d'être invariables.

Comme on le voit par les pages qui précèdent, les ammonitidés offrent un exemple frappant de la difficulté d'établir des séparations nettes entre des formes dont les extrêmes présentent les différences les plus manifestes. C'est un curieux spectacle que celui des mutations de ces innombrables créatures à travers les couches secondaires. On dirait qu'avant de les laisser s'anéantir dans l'océan des âges, l'artiste divin qui a produit ces chefs-d'œuvre ne les quitte qu'à regret; il épuise sur eux des combinaisons indéfinies. En vain les meilleurs naturalistes s'efforcent de les grouper et font cent genres où, il y a quelques années, les plus fins analystes n'en admettaient qu'un seul, l'ammonite glisse devant nos esprits étonnés comme les flots des mers glissent contre les flots, et elle nous apporte la preuve irrésistible de la mutabilité de la nature.

D'après cela, on ne peut douter que les ammonitidés offriront un vaste champ pour l'étude des enchaînements des anciens êtres. Plusieurs recherches ont déjà été entreprises à cet égard par d'habiles paléontologistes, MM. Waagen, Neumayr, de Mojsisovics, Hyatt, Würtemberger, Uhlig, Buckman, etc.[1].

L'histoire de *Nautilus* présente un grand contraste avec celle d'*Ammonites*. Il a vécu dès l'époque silurienne, et, pendant tous les âges primaires, il s'est multiplié sous des aspects variés; dans l'ère secondaire, il s'est peu à peu restreint à un genre unique; il était comme fatigué de s'être prodigué, semblable à ces *Azalea* et autres plantes d'appartements, que les cultivateurs ont forcées et qui, ayant dans un court espace de temps épuisé toute leur vigueur, n'ont plus que de faibles épanouissements. A côté de *Nautilus* appauvri, *Ammonites*, plus jeune, a eu sa splendeur pendant l'ère secondaire, et peut-être parce qu'il avait dépensé encore une plus grande somme de force et de beauté, il s'est éteint complètement. *Nautilus* lui a survécu; il existe toujours, attestant les enchaînements du monde animal à travers l'immensité des âges. Il a eu la singulière destinée d'assister à tous les changements de la nature organique. S'il pouvait parler, il nous apprendrait bien des choses!

Outre les céphalopodes logés dans une coquille externe, les océans secondaires en ont nourri plusieurs qui avaient une coquille interne. Parmi eux quelques-uns, comme par exemple le *Loligo*, semblent avoir été de proches parents des mollusques de nos mers; d'autres, tels que les bélemnites, ont été si différents que leur détermination a longtemps embarrassé les

1. Au moment où je livre cette feuille à l'impression, je reçois un vaste ouvrage de M. Hyatt, intitulé *Genesis of the Arietidæ*.

naturalistes. Les bélemnites[1] ont été prises tour à tour pour de l'urine de lynx pétrifiée, des pierres de foudre, des stalactites, des dattes, de l'ambre, des queues d'écrevisses, des radioles d'oursins, des dents de cétacés, des jeux de la nature; on est d'accord aujourd'hui pour les ranger près des *Loligo* (calmars). Les paléontologistes, dont la pensée voyage à travers les âges, sont, comme les explorateurs des forêts vierges, exposés à faire fausse route : mais l'histoire de la bélemnite leur montre qu'avec de la patience ils finissent par trouver le chemin de la vérité. On connaît aujourd'hui des empreintes de tout le

Fig. 208. — *Belemnites semisulcatus*, grandeur naturelle. — Kimmeridgien de Solenhofen. Collection Puzos, École des Mines.

Fig. 209. — *Belemnites Bruguierianus* au 1/5 de grandeur (d'après M. Huxley). — Lias inférieur de Charmouth.

corps de cet animal. Je reproduis, figure 209, le dessin d'un échantillon qui a été étudié par M. Huxley et, figure 208, le dessin d'un spécimen plus petit, mais plus net, qui appartient à l'École des Mines de Paris. M. Douvillé a bien voulu me le communiquer. On voit en avant, d'une manière très vague, des

1. Βέλεμνον, trait, pointe.

bras courts, épais, peu nombreux; l'empreinte du corps, plus large en avant qu'en arrière, montre de chaque côté un sillon correspondant sans doute à une extension cutanée qui formait des membranes natatoires. Le rostre est très long.

Nées un peu avant le lias, les bélemnites se sont rapidement multipliées et se sont éteintes vers la fin du crétacé; on doit croire qu'elles vivaient par bandes, attendu qu'on trouve en profusion sur certains points les restes d'une même espèce; elles tenaient compagnie aux ammonites. A en juger par leurs rapports de forme avec le calmar, on suppose qu'elles nageaient à reculon très rapidement. Pour attaquer, elles avaient des bras armés de griffes; pour se défendre, elles possédaient, comme Gygès de la Fable, le pouvoir de se rendre invisibles, car elles avaient une poche à encre qui obscurcissait l'eau, quand elles voulaient échapper à leurs ennemis. En vérité, ces créatures des océans secondaires étaient d'heureuses bêtes; leur étude, comme celle de tous les fossiles, poussée à quelque perfection, révèle que les harmonies du monde organique ne datent pas d'aujourd'hui.

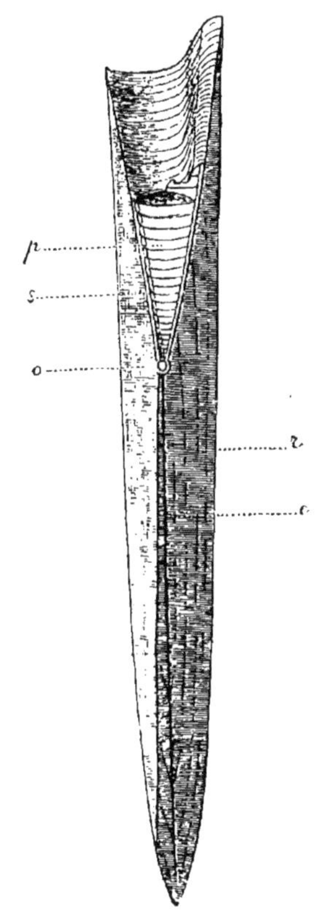

Fig. 210. — Section longitudinale de *Belemnites bessinus* : *p.* phragmocône avec ses loges aériennes; *s.* siphon; *o.* loge initiale; *r.* rostre; *c.* son axe central (M. Fischer d'après M. Munier-Chalmas). — Bathonien de Port-en-Bessin.

Le squelette des bélemnites (fig. 210) est composé d'une pièce cornée appelée *proostracum*[1], qui en arrière constitue

1. Πρὸ, en avant ὄστρακον, coquille.

un cornet nommé *phragmocône*[1], divisé par des cloisons en loges aériennes; le phragmocône est enveloppé par le rostre *r*. Les formes sont assez variables, comme le montrent les figures d'une bélemnite proprement dite (fig. 211), d'une *Duvalia*[2] (fig. 212), d'une *Belemnitella*[3] (fig. 213). Le plus souvent on ne

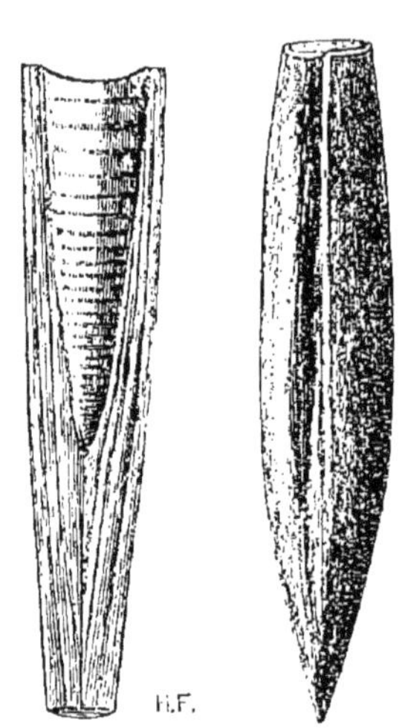

FIG. 211. — *Belemnites hastatus.* A. Section, de grandeur naturelle, montrant le phragmocône, la loge initiale et le rostre; B. rostre, aux 3/4 de grandeur. — Oxfordien d'Écommoy, Sarthe. Collection d'Orbigny.

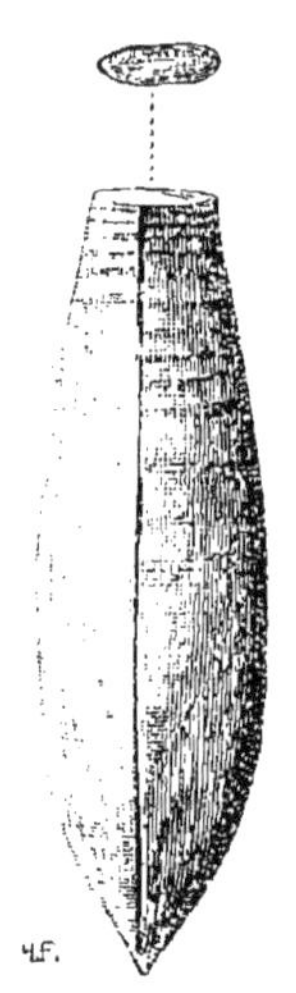

FIG. 212. — *Duvalia Emerici*, grandeur naturelle. — Néocomien de Castellane, Basses-Alpes. Collect. d'Orbigny.

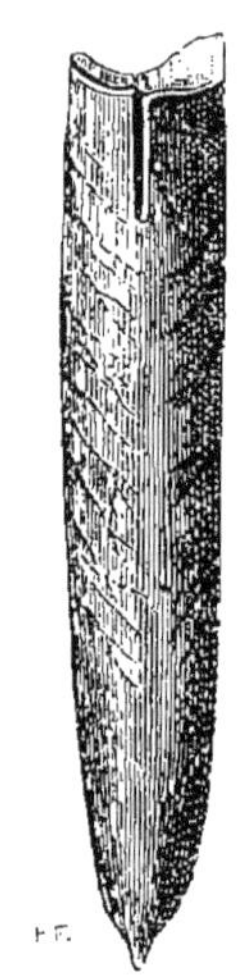

FIG. 213. — *Belemnitella mucronata* aux 4/5 de grandeur. — Craie blanche d'Epernay. Collection d'Orbigny.

trouve que des rostres, de sorte qu'il est difficile de déterminer exactement les espèces; on ne peut même pas, d'après la grandeur du rostre, connaître la dimension des individus, car si on compare les figures 208 et 209, on remarquera que dans *Belemnites semisulcatus* le rostre égale la moitié de la longueur totale du corps, tandis que dans *Belemnites Bruguierianus* il n'en est pas le cinquième.

1. Φράγμος, clôture; κῶνος, cône.
2. En l'honneur de Duval-Jouve, qui a fait un important travail sur les bélemnites, M. Bayle a nommé *Duvalia* les bélemnites dont le rostre est aplati.
3. Elles diffèrent parce que leur phragmocône et leur rostre sont fendus.

Je ne peux m'empêcher d'être frappé de la ressemblance du phragmocône des bélemnites avec la coquille de leurs prédécesseurs, les orthocères, et de me demander s'ils n'en sont pas les descendants. Une des principales différences est la présence du rostre chez les bélemnites et son absence chez les orthocères; mais le rostre des bélemnitidés est inégalement développé, et, même dans les bélemnites proprement dites, il est parfois très réduit, comme le montre la figure ci-dessous d'un échantillon que M. Le Mesle a préparé (fig. 214); d'autre part, il y a eu dans

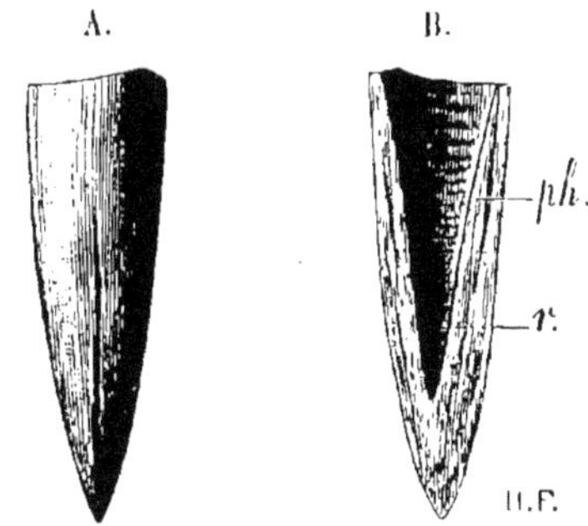

Fig. 214. — *Belemnites curtus*, grandeur naturelle. A. rostre vu extérieurement; B. coupe qui montre la cavité du phragmocône *ph.* enveloppée par un rostre court et mince *r.* — Lias supérieur de Poillé, Sarthe. Collection de M. Le Mesle.

le silurien des orthocères réparateurs qui sécrétaient sur le bout de leur coquille un dépôt calcaire analogue au rostre des bélemnites. Une autre différence entre les orthocères et les bélemnites consiste en ce que les premiers n'ont pas la loge initiale sphérique qu'on trouve dans les seconds (fig. 210 et 211); j'ai déjà[1] expliqué pourquoi il ne fallait pas attacher trop d'importance à cette différence. Enfin le principal motif qui peut porter à douter de la parenté des orthocères et des bélemnites, c'est que les premiers sont logés dans leur coquille, tandis que les seconds ont une coquille interne; mais il n'est pas certain que toutes les espèces d'orthocères aient été aussi complètement enfermées dans leur coquille que les nautiles

1. *Enchaînements du monde animal. Fossiles primaires*, page 172.

actuels; les observations faites sur les orthocères réparateurs tendent à faire supposer le contraire; d'autre part, il se peut que, chez certaines espèces de bélemnites, les parties molles aient été peu développées comparativement à la coquille, et il est facile de se représenter une série d'échantillons dans lesquels, la coquille diminuant et les parties molles augmentant toujours, on passera des orthocères aux bélemnites. Ces dernières, qui ont été sans doute des mollusques d'une organisation très élevée, n'avaient plus besoin d'être protégées par une coquille chambrée; cette coquille, qui ne faisait que gêner leurs mouvements, aura été amoindrie, en même temps que le rostre se développait pour devenir un instrument qui favorisait la rapidité et la sécurité de la marche à reculon[1].

1. Par des raisons semblables, on peut supposer que la *Spirula* des mers actuelles, dont la coquille est interne, descend de quelque céphalopode dont la coquille était externe.

CHAPITRE VI

LES BRACHIOPODES SECONDAIRES — LES ARTICULÉS

Brachiopodes. — Les brachiopodes sont une des meilleures preuves que, si nous admettons un développement progressif dans l'ensemble du monde animal, nous devons nous garder de croire que ce développement a été uniforme et continu pour toutes les classes. Après avoir occupé une large place parmi les êtres des temps primaires, ils ont perdu de leur importance dans l'ère secondaire, et depuis ils ne l'ont pas recouvrée.

Assurément certaines espèces de brachiopodes se rencontrent en grand nombre dans quelques couches secondaires ; la *Terebratula* (*Cœnothyris*) *vulgaris*, par sa profusion dans le Muschelkalk, a contribué à faire imaginer le nom de cet étage ; dans le bathonien du Calvados, on trouve en quantité la *Magellania digona*, la *Rynchonella concinna* ; dans le néocomien de Champagne, la *Terebratula sella*, la *Rhynchonella semistriata* ne sont pas moins abondantes ; on pourrait citer beaucoup de cas semblables. Cela montre que les brachiopodes ont gardé les habitudes de sociabilité qu'ils avaient dans les temps primaires. Mais, de même que les campagnes, où la même plante est représentée par de nombreux individus, ne sont pas celles qui offrent aux botanistes le plus de genres, les couches du globe, où certaines espèces d'animaux sont en profusion, ne sont pas toujours celles qui annoncent aux paléontologistes le plus de richesse générique ; comme je l'ai déjà fait remarquer à propos des crinoïdes, la nature a quelquefois[1] la force de se répéter, alors qu'elle a déjà perdu celle de se diversifier.

Les genres de brachiopodes n'ont pas gagné sous le rapport de la qualité ce qu'ils ont perdu en quantité. Ils ne se sont point perfectionnés pendant les temps secondaires ; les genres inarticulés, que les zoologistes regardent comme supérieurs aux genres articulés, sont devenus comparativement plus rares.

La classe des brachiopodes, dans les temps secondaires, est très différente de ce qu'elle était dans les temps primaires. Cela provient surtout de la disparition des grandes familles des spiriféridés, des orthisidés et des productidés, qui avaient une si universelle extension dans les temps primaires. Cependant cette disparition ne s'est pas faite brusquement ; *Cyrtina* et *Athyris*, qui ont été des genres de spiriféridés très importants dans le primaire, se sont prolongés jusqu'au rhétien. On rencontre dans le lias *Koninckina*[2], forme intermédiaire entre les spiriféridés et les orthisidés, *Koninckella*[3] et *Cadomella*[4], qui ressemblent tant à la *Leptæna* qu'on les avait pendant longtemps rapportées à ce genre. Tous les géologues qui explorent le lias, savent qu'on y trouve parfois une telle profusion de spiriféridés qu'au premier abord on risque de se croire dans un terrain primaire. La figure 215 représente un de ces spiriféridés du lias; comme plusieurs autres figures que l'on verra plus loin, elle a été faite d'après des préparations que M. Munier-Chalmas a bien voulu me communiquer; cet habile paléontologiste a choisi des échantillons silicifiés engagés dans une gangue calcaire ; en les mettant dans de l'eau légèrement aci-

1. Ce que je dis là est une exception et non la règle ; en général le summum de diversité des membres d'une famille s'est produit à l'époque géologique où les individus sont devenus les plus nombreux, les plus grands et ont été le plus richement pourvus.

2. En l'honneur du paléontologiste de Koninck.

3. Même étymologie.

4. *Cadomum*, Caen.

dulée, il a dissous le carbonate de chaux et isolé des pièces siliceuses d'une étonnante délicatesse.

Les genres de brachiopodes primaires qui ont traversé les temps secondaires pour arriver jusqu'à l'époque actuelle, sont

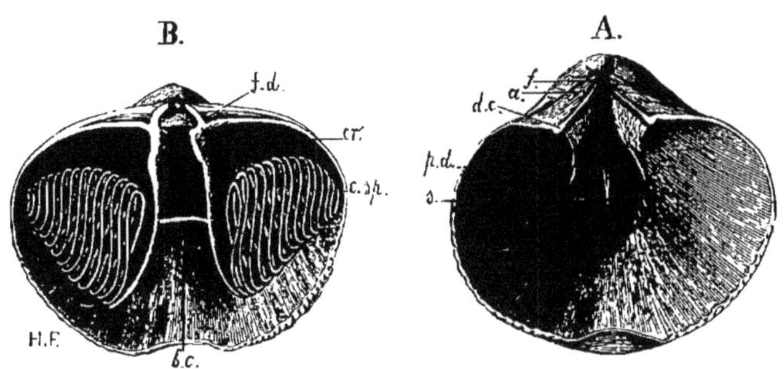

Fig. 215. — *Spiriferina rostrata*[1], grandeur naturelle. A. valve ventrale : *f.* son foramen ; *a.* aréa ; *d.c.* dents cardinales ; *p.d.* plaques dentaires placées au-dessous des dents ; *s.* septum. B. valve dorsale : *f.d.* fossettes dentaires ; *cr.* crura ; *b.c.* bandelette crurale ; *c.sp.* cônes spiraux (d'après des préparations de M. Munier-Chalmas). — Lias moyen de Tournus, Saône-et-Loire. Collection de la Sorbonne.

au nombre de cinq : *Lingula, Discina, Crania, Rhynchonella* et *Terebratula*[2]. Les *Lingula*, qui avaient eu un extrême développement à l'époque cambrienne, n'ont plus d'importance dans les mers secondaires ; il en est de même des *Discina*. Les *Crania* (fig. 216) se montrent en abondance à l'âge de la craie blanche. Quant aux *Rhynchonella* et aux *Terebratula*, elles comptent au nombre des fossiles les plus communs dans presque tous les étages des terrains secondaires.

Fig. 216. — Valve inférieure de *Crania parisiensis*, grandeur naturelle. — Craie blanche de Meudon. Collection d'Orbigny.

Les *Rhynchonella* (fig. 217) se distinguent en général parce que le sommet de leur valve ventrale

1. Pour les pièces des brachiopodes, j'ai pris les noms adoptés par M. Œhlert dans son excellent travail sur les brachiopodes qui est joint au *Manuel de conchyliologie* de M. Fischer.

2. Suivant M. Œhlert, il y a eu dans le carbonifère un brachiopode qui était voisin des *Magellania* actuelles, c'est la *Cryptacantha* ; ce genre avait son appareil brachial semblablement disposé.

forme un bec que n'entame pas le foramen, parce qu'elles ont des côtes rayonnantes, parce que leur test est fibreux et surtout parce que les supports de leurs bras restent dans un état rudimentaire (fig. 218). M. Zittel dit qu'on en connaît environ 500 espèces. Évidemment la plupart de ces prétendues

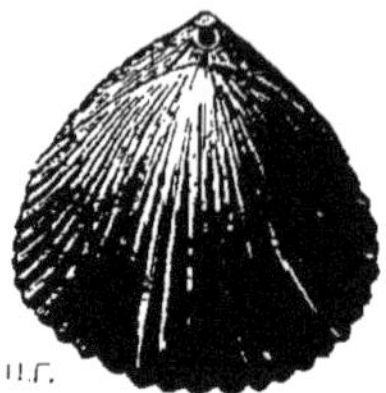

Fig. 217. — *Rhynchonella concinna*, grand. naturelle, vue sur la face dorsale et de profil. — Grande oolite de Ranville, Calvados. Collection d'Orbigny.

espèces doivent être bien voisines les unes des autres. Pour moi, il m'est impossible de douter qu'on ait là un exemple de continuité d'un type qui a subi de légères modifications à travers les âges, et je pense qu'un jour on s'étonnera que tant de

A.

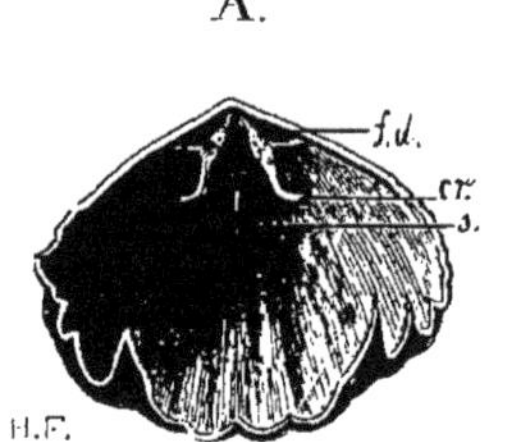

B.

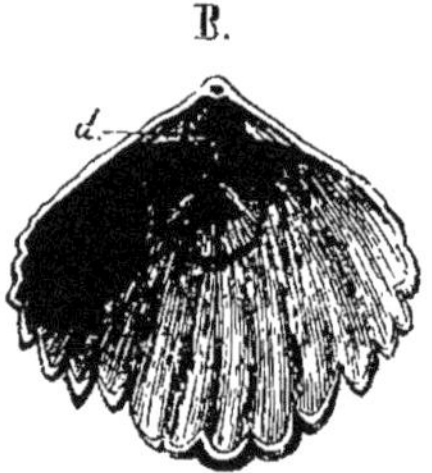

Fig. 218. — *Rhynchonella meridionalis*, grandeur naturelle. A. valve dorsale; *f.d.* fossettes dentaires; *cr.* crura; *s.* septum. B. valve ventrale; *d.* dents (d'après une préparation de M. Munier-Chalmas). — Lias supérieur des environs de Toulon. Collection de la Sorbonne.

naturalistes distingués se soient longtemps refusés à admettre cette continuité. Il est d'autant plus difficile de nier les passages des *Rhynchonella* que, dans une même espèce, on voit des variations aussi grandes ou même plus grandes que celles que l'on constate chez les individus d'espèces différentes; cela a été bien mis en lumière par les beaux travaux de

Davidson. Pour en donner une idée, je dirai que les coquilles représentées ici (fig. 219, A. B. C.) ont été attribuées par cet éminent paléontologiste à une même espèce, la *Rhynchonella cynocephala*, qui a tantôt un pli médian (fig. A.), tantôt deux (fig. B.), tantôt trois (fig. C.). D'Orbigny a rapporté aussi

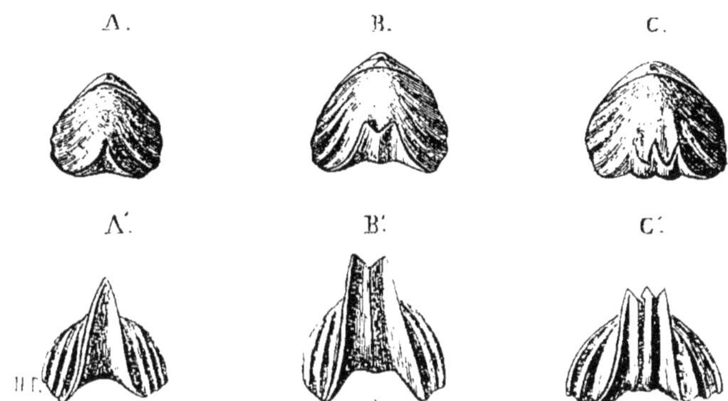

Fig. 219. — *Rhynchonella cynocephala*, grandeur naturelle. A. avec un pli médian ; B. avec deux plis ; C. avec trois plis. A', B', C'. mêmes coquilles vues dans la région palléale (d'après Davidson). — Bajocien du Yorkshire.

à une même espèce, la *Rhynchonella vespertilio*, les coquilles représentées dans la figure 220 sous les lettres A. B. C. ; la première est la forme la plus ordinaire ; dans la variété B., le

Fig. 220. — *Rhynchonella vespertilio*, aux 3/4 de grandeur. A. Variété ordinaire de la craie de Tours. B. et C. Variétés de la craie de Saintes (d'après d'Orbigny).

milieu de la région palléale devient proéminent ; au contraire, dans la variété C., le milieu est concave et les côtés forment comme des ailes qui ont fait imaginer le nom de *vespertilio* (chauve-souris).

Il y a un singulier contraste entre la continuité du genre

Rhynchonella et la variabilité de ses espèces ; il est à la fois une des formes les plus durables et les plus changeantes. Sans doute c'est sa mobilité même qui lui a permis de persister ; lorsqu'un bassin de mer se modifiait, la *Rhynchonella* se modifiait aussi ; quand il retrouvait son premier état, elle également le retrouvait. Grâce à la facilité avec laquelle elle s'accommodait aux changements, elle a passé saine et sauve à travers les ruines des mondes, pendant que de puissantes créatures ont été détruites ; on peut dire d'elle ce que j'ai dit des foraminifères, c'est un type élastique.

Les *Terebratula* sont généralement faciles à distinguer des *Rhynchonella* parce que le sommet de leur grande valve, au lieu de former un crochet, est tronqué pour le passage du pédoncule, parce que leur test n'a plus une texture fibreuse, parce que leurs ornements sont plutôt concentriques que rayonnants et surtout parce que les supports de leurs bras sont plus développés. Mais les *Terebratula* ont eu cela de commun avec les *Rhynchonella* qu'elles ont joui d'une singulière longévité.

Depuis l'étage rhétien jusqu'à la craie et même jusqu'à l'époque actuelle, il y a eu des *Terebratula* qui se sont beaucoup ressemblé. La *Terebratula biplicata* dont je donne ici la figure (fig. 221), a été une des formes les plus persistantes ; dans son grand ouvrage sur les brachiopodes fossiles[1], Davidson a reproduit ce passage du professeur Waagen : « *Toute personne, qui a déterminé des coquilles de brachiopodes, doit savoir que, dans certains groupes, par exemple dans le groupe de la Terebratula biplicata, il est presque impossible de déterminer une espèce, sans savoir la formation d'où proviennent les échantillons ; et même,*

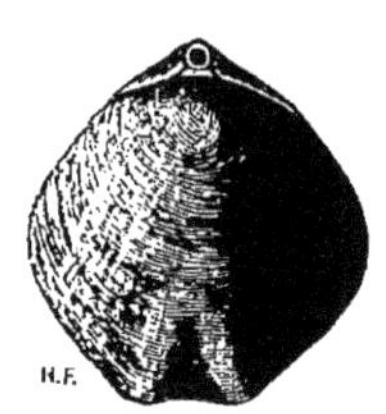

Fig. 221. — *Terebratula biplicata*, grandeur naturelle. — Cénomanien de Port des Barques. Collection d'Orbigny.

1. *Palæontographical Society. A monograph of the British fossil Brachiopoda*, vol. V, p. 357. — 1882-1884.

quand on connaît les gisements, il faut prendre des soins extrêmes et observer les caractères les plus minutieux pour arriver à une détermination spécifique qui soit satisfaisante. » Davidson a ajouté : « *Ce que le docteur Waagen a dit du groupe de la Terebratula biplicata est tout à fait correct; la difficulté qu'il présente se rencontre également pour des espèces appartenant à plusieurs autres groupes.* » La *Terebratulina*[1] *striata* de la craie ressemble tellement à la *Terebratulina caput-serpentis* actuellement vivante qu'il est difficile de douter que cette dernière en soit la continuation; pour qu'on s'en rende compte, je reproduis les dessins que Davidson a donnés de l'une et de l'autre (fig. 222 et 223).

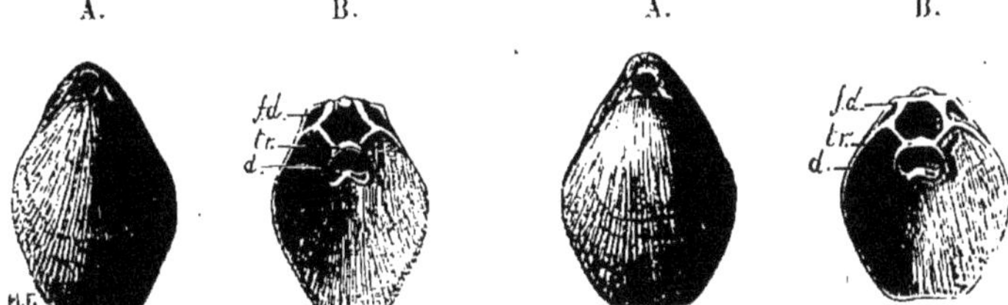

Fig. 222. — *Terebratulina striata*, gr. d'un quart. A. vue avec les deux valves; B. valve dorsale vue en dedans; *f.d.* fossettes dentaires; *d.* lame descendante; *tr.* réunion des crurales (d'après Davidson). — Craie de Norwich.

Fig. 223. — *Terebratulina caput-serpentis*, grandeur naturelle. A. vue avec les deux valves; B. la valve dorsale vue en dedans. Mêmes lettres (d'après Davidson). — Mers actuelles.

En parlant de la *Terebratulina* de la craie, M. Huxley a dit : *La famille humaine, se vantant de la plus longue série d'ancêtres, doit courber le front devant l'arbre généalogique de ce coquillage insignifiant. Nous sommes fiers, nous autres Anglais, de compter parmi nos ancêtres un soldat présent à la bataille d'Hastings; les ancêtres de la Terebratula caput-serpentis ont pu assister à une bataille d'Ichthyosaurus*[2]. » Ce sont là de ces formes que j'ai appelées panchroniques, parce

1. Diminutif de *Terebratula*.

2. *Un morceau de craie*, Conférence à l'Association britannique pour l'avancement des sciences, session de Norwich, 1868.

qu'elles sont à peu près de tous les temps; ce n'est pas à elles qu'il faut appliquer le nom de médailles de la création, car on ne saurait les comparer aux médailles avec lesquelles les antiquaires déterminent les dates.

Les naturalistes s'accordent à ranger parmi les térébratulidés des coquilles fort différentes les unes des autres. Il y en

Fig. 224. — *Terebratula sphæroidalis*, gr. nat. — Bajocien de Moutiers, Calvados. Collection d'Orbigny.

Fig. 225. — *Terebrirostra lyra*, au double de grandeur. — Cénomanien du Havre. Collection d'Orbigny.

Fig. 226. — *Terebratella Menardi*, grandeur naturelle. — Cénomanien du Mans. Collection d'Orbigny.

a d'ovales, d'autres s'allongent, d'autres s'élargissent. Le plus souvent elles ont des ornements concentriques; quelquefois elles ont des côtes rayonnantes. Elles n'ont pas d'aréa et leur

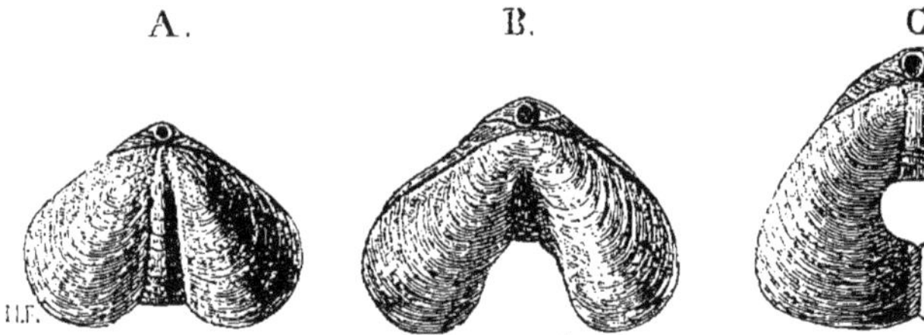

Fig. 227. — *Terebratula diphyoides*, A. Individu jeune, grandeur naturelle, Néocomien supérieur de Barrême, Basses-Alpes; B. Individu plus âgé, à 1/2 grandeur, Néocomien supérieur de Berrias, Ardèche; C. Individu adulte, à 1/2 grandeur, Néocomien supérieur de Berrias. — Collection d'Orbigny.

foramen est tout près de la charnière (fig. 224), ou bien elles ont une large aréa (fig. 226), ou bien elles ont une longue aréa et le foramen est porté loin de la charnière (fig. 225). On en voit qui, en se développant, laissent un trou au milieu de leur coquille (fig. 227); A. est devenu B., qui est devenu C.

Les parties internes n'offrent pas des différences moindres. Je donne ici (fig. 228 à 233) quelques dessins qui montrent les variations des supports brachiaux des térébratulidés; dans ces dessins, on a représenté les petites valves (valves libres ou dorsales) qui portent l'appareil brachial; les mêmes parties sont désignées par les mêmes lettres : *f. d.* sont les

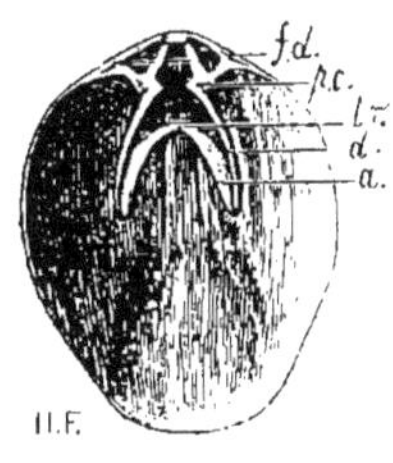

Fig. 228. — *Terebratula subpunctata*, aux 3/4 de gr. (d'après une préparation de M. Munier-Chalmas. — Lias moy. de Foix, Ariège. Coll. du Muséum.

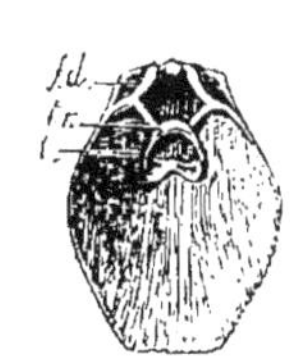

Fig. 229. — *Terebratulina striata*, gr. nat. (d'après Davidson). La réunion des crurales est par erreur marquée *tr.* au lieu de *p. c.* — Craie du Norfolk.

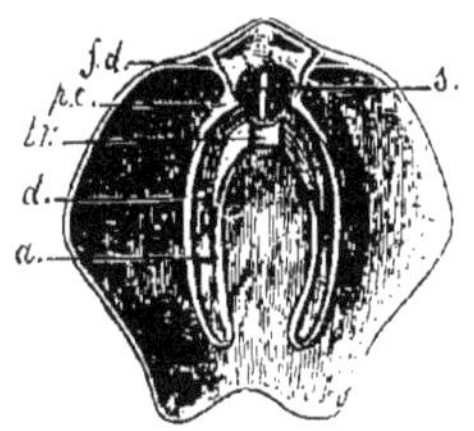

Fig. 230. — *Magellania (Zeilleria) quadrifida*, gr. nat. (d'après une préparation de M. Munier-Chalmas). — Lias moyen des Granges. Coll. de la Sorbonne.

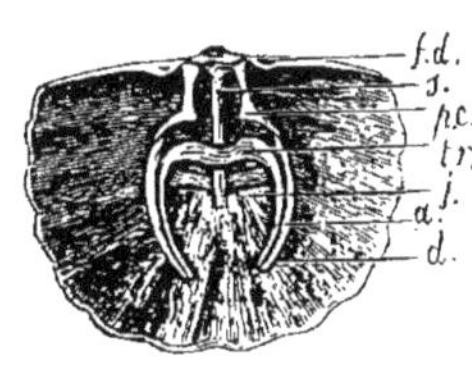

Fig. 231. — *Terebratella Delbosi*, double de gr. (d'après une prép. de M. Munier-Chalmas). — Néocomien de Cadurcet, Ariège. Coll. de la Sorbonne.

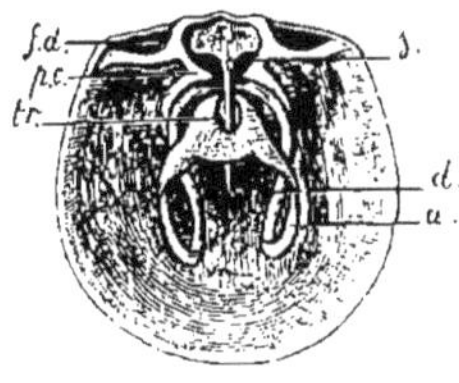

Fig. 232. — *Kingena lima*, grandie du double (d'après Davidson). — Craie du Norfolk.

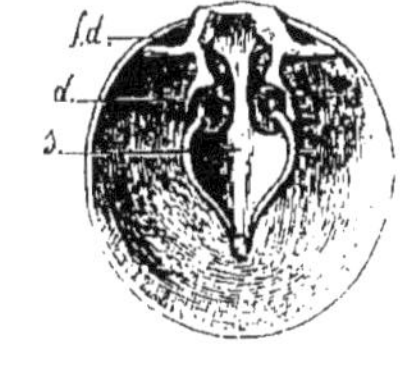

Fig. 233. — *Magas pumilus*, au double de grandeur (d'après Davidson). — Craie de Meudon. Collection du Muséum.

fossettes dentaires, *p. c.* sont les pointes qu'on est convenu d'appeler pointes crurales; *d.* sont les lames descendantes; *a.* sont les lames ascendantes; *tr.* est la bandelette transverse formée par l'union des lames ascendantes; *s.* est le septum ou cloison médiane; *j.* est la bandelette jugale qui joint quelquefois les lames descendantes avec le septum. Dans la *Terebratula* proprement dite (fig. 228), les supports brachiaux sont peu développés; dans la *Terebratulina* (fig. 229), ils le sont encore moins, mais les pointes crurales *p. c.* se sont allongées de manière à se rejoindre. La *Magellania*[1] (fig. 230) est une *Terebratula* où les branches descendantes *d.* et les branches ascendantes *a.* se sont allongées. La *Terebratella*[2] (fig. 231) est une *Magellania* où le septum *s.* est uni aux branches descendantes par des lames jugales *j. Kingena*[3] (fig. 232) est une *Terebratella* où les lames jugales se sont rapprochées de la charnière et où la lame transverse *tr.*, qui a pris un grand développement, s'est unie au septum *s. Magas*[4] (fig. 233) se rapproche d'une *Terebratella* chez laquelle le septum *s.* se serait beaucoup élargi, et où au contraire les branches ascendantes ne se seraient pas assez étendues pour se rejoindre de manière à former une lame transverse.

Si diverses que soient les apparences sous lesquelles les térébratulidés secondaires se sont présentés, on découvre entre eux des passages non seulement dans les caractères extérieurs, mais aussi dans les dispositions des pièces internes : branches ascendantes, descendantes, septum, lames transverses et jugales. Suivant M. Friele, les jeunes *Magellania* passeraient par la phase *Terebratella*, et, d'après M. Douvillé, elles passeraient aussi par la phase *Magas*. Deslongchamps a remarqué que les vieilles *Terebratella* de la section appelée *Lyra*, perdent leur bandelette jugale, de sorte que leur aspect devient le même que dans *Magellania*. M. Œhlert m'a appris que le développement des supports brachiaux des térébratulidés semble s'être opéré graduellement dans les temps géologiques;

1. En l'honneur du voyageur Magellan. *Magellania* a aussi été appelée *Waldeimia* en l'honneur de Fischer de Waldeim.

2. Diminutif de *Terebratula*.

3. Ce nom a été proposé en l'honneur de King, qui a fait d'intéressants travaux sur les brachiopodes fossiles.

4. Μαγὰς, chevalet d'un instrument à cordes, à cause de la disposition du septum qui s'étend entre les deux valves.

suivant lui, la plupart des térébratulidés primaires ont eu de petits supports avec des branches ascendantes, comme dans *Dielasma*, ou rudimentaires comme dans *Rensselœria*, *Leptocœlia*, *Centronella*; ce dernier état correspond à l'une des premières phases du développement de la *Magellania* observé par M. Friele. La *Terebratula* (*Cœnothyris*) *vulgaris* du Muschelkalk présente l'intermédiaire entre *Terebratula* à petits supports et *Magellania* à grands supports.

M. Œhlert a appelé mon attention sur une curieuse observation de Davidson relative aux *Magellania* (*Zeilleria*) *cornuta* (fig. 234) et *quadrifida* (fig. 235). En Angleterre ces deux formes passent insensiblement de l'une à l'autre; il n'y a pas plus de distance entre la *Magellania cornuta* (fig. 234, B.) et la

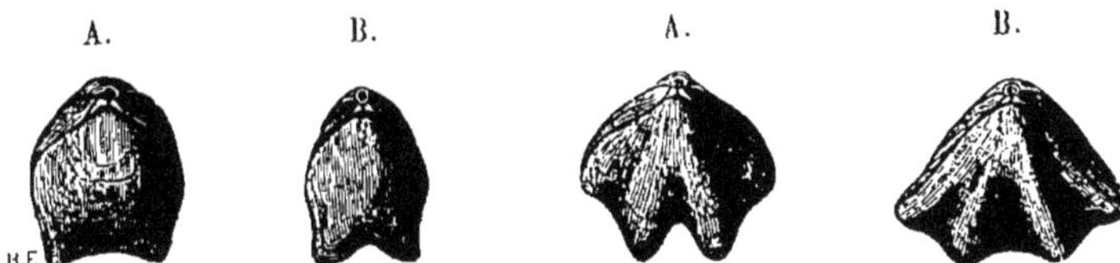

Fig. 234. — *Magellania cornuta*, à 1/2 grandeur (d'après Davidson). — Lias d'Ilminster.

Fig. 235. — *Magellania quadrifida*. 1/2 grandeur (d'après Davidson). — Lias d'Ilminster.

Magellania quadrifida (fig. 235, A.) qu'entre les échantillons A. et B. de *M. quadrifida* (fig. 235); et même Davidson a vu qu'un échantillon peut être *cornuta* sur un côté, *quadrifida* sur l'autre côté. Mais, à en juger par l'état de nos connaissances, sur le continent, notamment dans le lias de Normandie, les deux formes restent distinctes. Cela montre qu'il ne faut pas s'imaginer qu'on découvrira partout le passage entre les espèces, car ce passage a pu se faire sur un point et non sur un autre. Sans doute, lorsque *Magellania cornuta* et *quadrifida* sont arrivées d'Angleterre en France, leur divergence s'était déjà produite, et, comme en descendant le cours des âges géologiques nous sommes habitués à constater que la somme des divergences a été plus grande que celle des convergences, nous ne devons pas nous étonner que les formes *quadrifida* et *cornula* ne se soient pas rapprochées de nouveau comme leurs parents d'Angleterre. Ainsi nous pouvons dire que *Magellania cornuta* et *quadrifida* représentent en France des espèces, en Angleterre de simples variétés.

Pour terminer ces remarques sur l'évolution des brachiopodes secondaires, je crois devoir reproduire les lignes suivantes que M. Œhlert m'a remises : « Dans les terrains secondaires dont les zones fossilifères ont été déterminées d'une façon si précise, les modifications qu'une même forme peut présenter dans le temps semblent avoir été en rapport avec le mode de dépôt des couches qui la renferment : si la sédimentation a eu lieu d'une manière ininterrompue, on trouve dans une même couche des formes extrêmes que relie une série de formes intermédiaires, tandis que, s'il s'est produit un brusque changement dans la sédimentation, il y a discontinuité dans les types; des formes dissemblables se succèdent, bien que se trouvant dans des couches immédiatement superposées. Le saut (*saltus*) de l'évolution n'est qu'apparent dans ce cas et non réel. » Ces paroles ne peuvent manquer d'avoir une grande importance pour toutes les personnes qui savent avec quelle conscience et quel talent M. Œhlert a étudié les brachiopodes de notre pays.

Crustacés. — L'étude des articulés nous apprend que la durée des ordres d'une même classe a été inégale dans les temps géologiques. Quelques-uns se sont continués pendant tout le cours des âges; d'autres étaient déjà finis, lorsque la période secondaire a commencé; d'autres au contraire n'ont pris de l'extension qu'à partir des temps secondaires.

Les ostracodes semblent être ceux dont la longévité a été la plus grande; nous avons vu qu'on en a trouvé dans les plus anciennes couches fossilifères; ils se rencontrent dans tous les terrains et existent encore. MM. Rœmer, Reuss, Cornuel, Bosquet et surtout Rupert Jones ont bien étudié ceux de ces petits êtres qui ont vécu dans les temps secondaires.

Les branchiopodes aussi ont eu une longue durée; le genre

Estheria, qui a été l'objet d'un mémoire spécial de M. Rupert Jones, a paru pendant l'ère primaire[1]; il est devenu d'une abondance extrême dans certaines couches secondaires et est représenté aujourd'hui par plusieurs espèces qui ont bien peu changé.

Tout autre a été la destinée des trilobites. Si profondes que soient les couches fossilifères, nous trouvons ces crustacés; mais nous n'en voyons plus de vestiges dans les terrains secondaires. Comme les trilobites, les curieux mérostomes ont eu leur règne lors des temps primaires. Seulement, au lieu de disparaître complètement avant le commencement de la période secondaire, ils sont restés représentés par un genre unique, *Limulus*, qui s'est continué jusqu'à nos jours et est vulgairement désigné sous le nom de crabe-casserole. Quelques limules ont été découvertes dans le trias, le jurassique, le crétacé. Je donne ici la figure de l'espèce la plus connue, le *Limulus Walchii* de Solenhofen (fig. 236). M. Alphonse Milne-Edwards, qui a beaucoup étudié les crustacés fossiles, notamment ceux du genre limule, a écrit[2]:

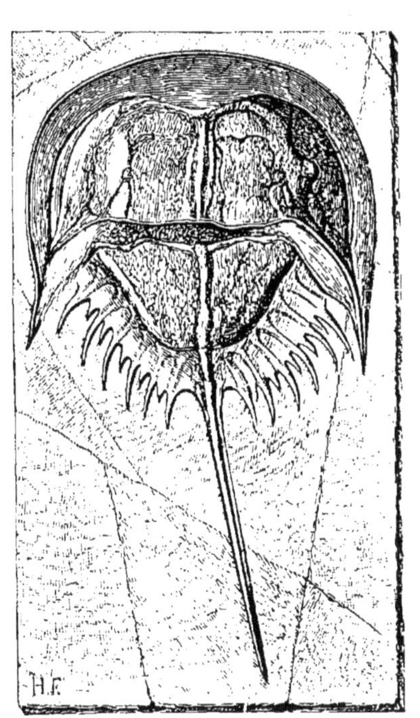

Fig. 236. — *Limulus Walchii*, aux 2/3 de grandeur, vu sur la face dorsale. — Pierre lithographique de Solenhofen. Collection du Muséum.

1. J'ai donné sa figure dans les *Enchaînements, Fossiles primaires*, p. 185.
2. *Recherches sur l'anatomie des limules* (Extr. des *Ann. des Sc. nat.*, 5e série, p. 4. 1872.

Il me semble probable que toutes les limules de l'époque actuelle descendent des limules de la période jurassique.

Le développement des crustacés supérieurs s'est produit dans un sens inverse de celui des trilobites et des mérostomes. Rares pendant les temps primaires, ils se sont multipliés durant les temps secondaires. Les décapodes ont laissé de nombreux dé-

Fig. 237. — *Æger insignis*[1], aux 2/3 de grandeur. — Calcaire lithographique d'Eichstädt, Collection du Museum.

bris dans le trias et le jurassique, particulièrement dans la pierre lithographique de Solenhofen (fig. 237). La craie de Maestricht n'en a pas fourni à M. Paul Pelseneer moins de quatorze genres.

Quelques-unes des formes secondaires ont été voisines de

1. Comme Oppel l'a très bien observé, cette espèce diffère de la forme la plus vulgaire, *Æger tipularius*, par le moindre allongement de son rostre et de ses dernières pattes. Les filets des antennes internes sont plus longs qu'on ne le voit dans ma figure; cette figure était déjà faite, quand je les ai mis à jour en usant la pierre.

celles d'aujourd'hui. Leur ressemblance s'est manifestée non seulement dans leurs caractères à l'état adulte, mais aussi dans leur mode de développement. Tous les zoologistes connaissent l'histoire des larves de langoustes dont on a fait le genre *Phyllosoma* et qu'on a placées dans un autre ordre que les langoustes adultes, donnant ainsi raison à ceux d'entre nous qui prétendent que les noms d'espèces, de genres, de familles et même d'ordres représentent parfois simplement les stades d'évolution d'un même type; il a fallu l'esprit ingénieux de M. Gerbe pour dissiper l'erreur commise sur l'un des animaux les plus vulgaires. Or on trouve des *Phyllosoma* dans les terrains secondaires (fig. 238), et il semble que ces larves aient été destinées à tromper les naturalistes, à l'état fossile comme à l'état vivant, car, au lieu de s'apercevoir qu'elles étaient la forme jeune d'un *Eryon* ou de quelque autre animal allié aux langoustes, d'excellents paléontologistes les ont prises pour des arachnides[1]. L'erreur a été reconnue par M. Gerstäcker et par de Seebach; elle avait été le résultat de fausses apparences produites par le mode de fossilisation; les pattes de derrière, en se rejoignant, ainsi qu'on le voit dans la figure ci-contre, ont donné des empreintes qui ont simulé le contour d'un abdomen; alors on n'a compté que quatre paires de membres comme dans les arachnides. Aucun de ceux d'entre nous, qui savent par expérience combien les apparences de fossilisation peuvent tromper, n'oserait reprocher aux paléontologistes une si bizarre méprise.

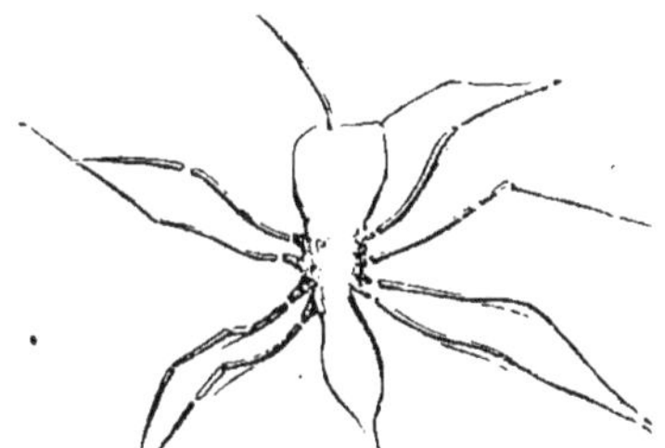

Fig. 238. — Larve d'un crustacé décapode décrite sous le nom de *Phyllosoma priscum* (d'après Seebach). — Pierre lithographique de Solenhofen.

Un zoologiste de Copenhague, M. Boas, qui a fait un impor-

1. Elles ont été appelées *Phalangites*, *Palpipes*, *Pycnogonites*. On ne connaît pas encore d'arachnides secondaires.

tant travail sur les décapodes, les a partagés en deux sous-ordres : les *natantia* et les *reptantia*. Les premiers, tels que les salicoques, sont essentiellement nageurs ; leur locomotion s'effectue par les mouvements de leur tronc plus que par les membres. Les seconds rampent plus souvent qu'ils ne nagent : tantôt, comme les langoustes, les homards, ils sont macroures, c'est-à-dire ont un long abdomen ; tantôt, comme les crabes, ils sont brachyures, c'est-à-dire ont un court abdomen qui se replie sous le thorax. Les brachyures sont par excellence les

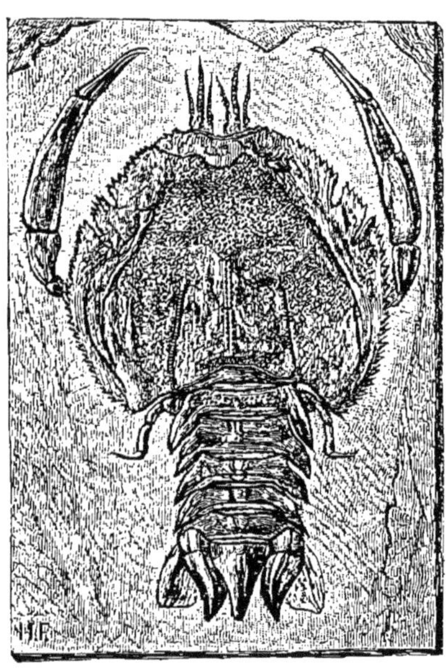

Fig. 239. — *Eryon propinquus*, aux 2/5 de grandeur. — Calcaire lithographique d'Eichstädt. Collection du Muséum.

reptantia ; ils ont une épaisse carapace ; leurs fonctions de locomotion sont localisées dans les membres qui servent en outre à la préhension ; on les considère comme les plus parfaits.

Ces crustacés les plus parfaits sont venus les derniers. Les genres qui dominaient dans le jurassique étaient ceux des salicoques, tels que l'*Æger* (fig. 237), qui étaient des *natantia* ; les brachyures ne se sont multipliés qu'à l'époque crétacée. On trouve assez fréquemment dans le jurassique des macroures à thorax élargi et avec un abdomen raccourci qui forment le passage aux brachyures : ils ont reçu le nom d'*Eryon*[1] ; j'en donne ici le dessin (fig. 239).

Si l'on met des crabes dans une cuvette avec de l'eau de mer, à l'époque où leurs œufs s'ouvrent, on voit que leurs larves, auxquelles on a donné le nom de zoé, sont des animaux nageurs avec un long abdomen ; les crabes sont donc des *natantia* avant d'être les plus parfaits des *reptantia*. Je donne ici un dessin de zoé que j'ai fait à Concarneau sous la direction de M. Gerbe (fig. 240). Zoé nous montre que les crabes actuels, en passant de l'état larvaire à l'état adulte, reflètent l'histoire de l'ordre des crustacés décapodes dans les temps géologiques.

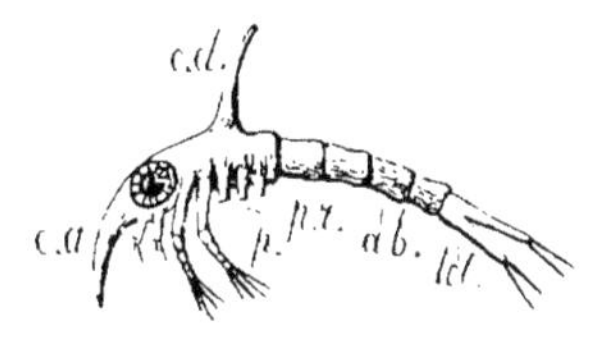

Fig. 240. — Zoé du *Carcinus mænas*[2], grandi 40 fois : *c.a.* corne antérieure ; *c.d.* corne dorsale : *p.* grandes pattes munies de cirrhes ; *p.r.* pattes rudimentaires ; *ab.* abdomen : *tel.* telson. — Vivant dans la mer à Concarneau.

Insectes. — Si ténus que soient les insectes et si difficile que puisse sembler leur conservation à l'état fossile, ces créatures, dont l'existence est souvent éphémère, ont laissé des traces qui se sont maintenues depuis des centaines de mille ans. Le révérend Brodie est le premier qui ait essayé de faire l'histoire des insectes des temps secondaires[3] ; il a su distinguer de nombreuses espèces dans le lias du comté de Gloucester et dans le purbeckien du Purbeck. Oswald Heer a découvert 143 espèces dans le lias de Schambelen en Suisse. La pierre lithographique du Kimmeridgien de Solenhofen a fourni des

1. Agassiz, dans son *Nomenclator zoologicus*, dit que c'est un *nom propre*?

2. Cet individu est sans doute un peu plus avancé dans son développement que celui dont M. Moquin-Tandon a donné la figure (*Le Monde de la mer*, 2e édit., page 445).

3. *A History of the fossil insects in the secondary rocks of England*, in-8°. Londres, 1845.

insectes d'une merveilleuse conservation que Germar, de Münster, Hagen, Giebel, M. Weyenbergh et d'autres ont fait connaître.

M. Scudder, qui a embrassé dans son ensemble l'étude des insectes fossiles, a donné un résumé de cette étude dans le *Traité de Paléontologie* de M. Zittel; je ne saurais rien ajouter à cette œuvre admirable; je ne peux qu'y renvoyer mes lecteurs. Lorsque j'ai publié mon livre sur les *Enchaînements du monde animal dans les temps primaires*, le résumé de M. Scudder n'avait point encore paru. A ce moment M. Charles Brongniart annonçait les découvertes d'insectes faites par M. Fayol dans le houiller de Commentry; ces découvertes, jointes à celles des savants américains, paraissaient apporter une objection contre les idées d'évolution et de développement progressif; je l'ai dit, parce que c'est un devoir pour tout auteur d'avouer ce qui est défavorable à ses théories, aussi bien que ce qui est favorable. Les études de M. Scudder viennent de nous révéler que l'histoire des insectes fossiles, comme celle de la plupart des autres animaux, indique une marche évolutive[1].

Sans doute les travaux sur les insectes dévoniens et houillers, notamment les belles recherches de M. Charles Brongniart, ont montré qu'il y avait déjà dans les temps primaires des insectes nombreux et gigantesques. Mais il paraît qu'ils ne se rapportent à aucun des ordres actuels et qu'ils constituent un grand ordre synthétique spécial aux époques anciennes, que Goldenberg a appelé l'ordre des palæodictyoptères. Cet ordre comprend des orthoptéroïdes qui marquent une tendance vers les orthoptères, des névroptéroïdes qui marquent une tendance vers les névroptères, des hémiptéroïdes qui marquent une tendance vers les hémiptères, des coléoptéroïdes qui marquent une tendance vers les coléoptères.

1. En 1888, dans un discours prononcé à l'Université de la Havane, M. Vidal a cherché à établir des rapports entre l'évolution des insectes fossiles et celle des plantes.

Dans les temps secondaires, les vrais orthoptères ont remplacé les orthoptéroïdes, les vrais névroptères ont remplacé les névroptéroïdes, les vrais hémiptères ont remplacé les hémiptéroïdes, les vrais coléoptères ont remplacé les coléoptéroïdes. Les insectes de ces quatre ordres constituent la sous-classe des *Heterometabola* de M. Packard, c'est-à-dire des insectes à métamorphoses incomplètes.

La sous-classe des *Metabola* de M. Packard, c'est-à-dire des insectes à métamorphoses complètes, tels que les diptères, les lépidoptères, les hyménoptères, a paru plus tard; du moins jusqu'à présent, suivant M. Scudder, on n'a encore trouvé dans le trias et le rhétien que des *Heterometabola*. On commence à rencontrer des diptères, des hyménoptères et probablement aussi des papillons dans l'oolite, mais c'est dans le tertiaire et surtout de nos jours que ces trois derniers ordres ont eu leur apogée.

Les terrains secondaires renferment beaucoup d'insectes dont les formes ressemblent aux formes actuelles; on y cite des blattes, des sauterelles, des punaises, des nèpes, des mouches, de nombreux coléoptères tels que *Meloe*, *Curculionites*, *Cistelites*, *Chrysomelites*, *Prionus*, *Saperdites*, *Leptura*, *Aphrodites*, *Telephorus*, *Buprestites*, *Coccinella*, *Dytiscus*, etc. La pierre lithographique de Solenhofen a conservé des éphémères et de nombreuses libellules peu différentes des demoiselles que nous voyons aujourd'hui voltiger au bord des ruisseaux. Toutes ces jolies créatures nous apprennent une fois de plus que les beautés de la nature ont commencé bien longtemps avant l'époque où le plaisir de les contempler a été donné à l'homme.

CHAPITRE VII

LES POISSONS SECONDAIRES

Aujourd'hui la classe des poissons est divisée nettement en deux sous-classes : celle des poissons cartilagineux ou chondroptérygiens[1], celle des poissons osseux ou ostéoptérygiens[2]. Dans les temps secondaires, cette séparation existait déjà.

Poissons cartilagineux. — Quelques squelettes entiers de poissons cartilagineux ont été conservés dans le lias, dans le Kimmeridgien de Solenhofen et de Cirin, ainsi que dans le crétacé supérieur du Liban. Ils présentent de légères différences, au moyen desquelles les paléontologistes ont pu établir de nouveaux noms de genre, mais leurs traits généraux sont déjà les mêmes que dans les poissons de l'époque actuelle. Pour s'en convaincre, il suffira de considérer la figure 241, qui représente un échantillon de Cirin dans un remarquable état de conservation; on voit en *ro.* le rostre; en *c.n.* les capsules nasales; en *b.* la bouche, dont les mâchoires sont garnies de petites dents qui, regardées à la loupe, se montrent semblables à celles des raies; en *br.* les arcs branchiaux; en *c.th.* la ceinture thoracique avec les nageoires pectorales *p.* soutenues par le proptérygium *p.pt.*, le mésoptérygium *m.pt.*, le métaptérygium *mt.pt.* et les rayons *r.* dont la division est portée

1. Χόνδρος, cartilage; πτερύγια, ων, nageoires de poisson.
2. Ὀστέον, os, et πτερύγια.

moins loin que dans les raies. En arrière se trouvent les nageoires ventrales *v.*, suspendues au bassin *bas*. Il est impos-

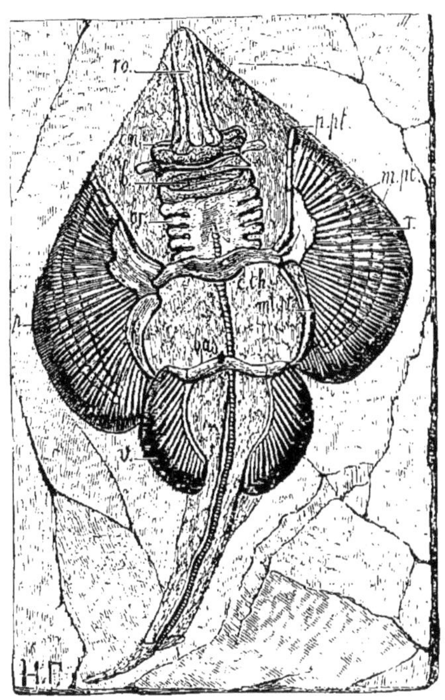

Fig. 241. — *Spathobatis*[1] *bugesiacus?* variété dont le disque est plus raccourci que dans les échantillons qui ont été figurés par Thiollière[2]. Il est vu sur le ventre; dessiné à 1/8 de grandeur : *ro.* rostre: *c.n.* capsules nasales; *b.* bouche; *br.* lames branchiales; *c.th.* ceinture thoracique; *p.pt.* proptérygium; *m.pt.* mésoptérygium; *mt.pt.* métaptérygium; *p.* nageoire pectorale; *r.* ses rayons; *bas.* bassin; *v.* nageoire ventrale. — Calcaire lithographique de Cirin, Ain. — Ce bel échantillon provient de la collection de Ferry, qui appartient maintenant au Muséum.

sible de ne pas être frappé de la ressemblance de ce fossile du milieu du secondaire avec les rhinobates et surtout avec cer-

1. Σπάθη, spatule; βατὶς, raie.

2. Voir les planches I et II de la 1re livraison du grand ouvrage de Thiollière intitulé : *Description des poissons fossiles provenant des gisements coralliens du Jura dans le Bugey*, 1854. Thiollière a comparé les individus qu'il a vus au *Rhinobate*; celui que je figure ici se rapproche davantage des raies pour la forme du disque. Je ne peux rien dire des dorsales, qui manquent dans notre échantillon. M. Smith Woodward réunit le *Spathobatis* au *Rhinobatis*.

taines espèces du genre raie qui vivent aujourd'hui; il est intermédiaire entre ces deux genres.

Comme la plus grande partie du squelette des poissons cartilagineux n'est pas ossifiée, ces animaux n'ont pu se conserver intégralement que dans des circonstances exceptionnelles. Ils n'ont le plus souvent laissé à l'état fossile que des morceaux isolés : corps de vertèbres, épines de nageoires et dents.

La figure 242 offre un spécimen de corps de vertèbre fossile que sa grandeur, son aplatissement, sa forme biconcave pour-

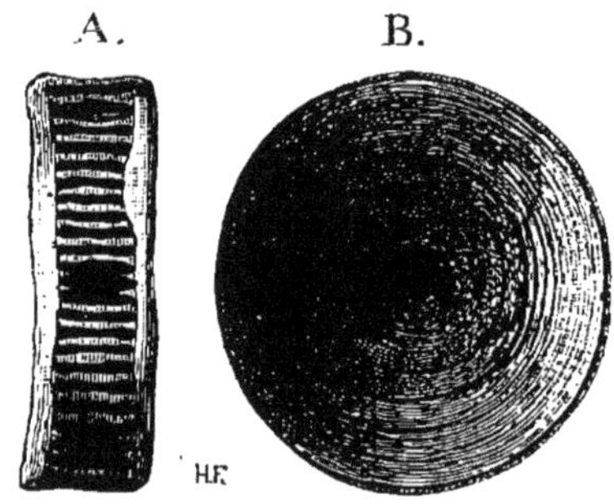

Fig. 242. — Corps d'une vertèbre de *Lamna*, aux 2/5 de grandeur. A, vu de profil; B. vu en avant. — Cénomanien du Havre (?). Collection du Muséum.

raient faire attribuer à un *Ichthyosaurus*, si l'on ne regardait pas son bord; mais en réalité il ressemble aux vertèbres des poissons actuels du groupe des requins auxquels on donne le nom de *Lamna*[1]. De nos jours, ces animaux atteignent une grande taille; l'échantillon de la figure 242, représenté aux $\frac{2}{5}$, montre qu'il en était de même dans les temps secondaires.

Plusieurs poissons cartilagineux des océans modernes, *Spinax*, *Cestracion*, *Myliobatis*, *Chimæra*, ont de longs piquants. Ceux des mers secondaires en ont eu également. Je donne ici (fig. 243) un échantillon du genre *Asteracanthus*[2], remarquable par ses dimensions et que son élégance a fait appeler *ornatis-*

1. Λάμνη, requin.
2. Ἀστήρ, έρος, étoile; ἄκανθα, épine.

simus. M. Smith Woodward a raconté qu'il avait vu une multitude de piquants de cette espèce dans la collection de M. Leed, que leurs variations étaient extrêmes, mais qu'il n'avait pu découvrir entre eux une ligne de démarcation spécifique : « *Plus on étudie*, a-t-il dit[1], *les piquants de squales, plus il semble impossible d'employer les variations de leurs ornements pour les diagnoses spécifiques.* » La plupart des piquants trouvés dans les terrains secondaires proviennent de cestraciontes; M. Zittel m'en a montré un, dans le musée de Munich, qui adhère à un animal du groupe des chimères.

Fig. 243. — Épine d'*Asteracanthus ornatissimus*, au 1/4 de grandeur. — Kimmeridgien du Havre. Collect. du Museum.

Les dents des poissons cartilagineux offrent un curieux exemple d'adaptation des organes aux fonctions qu'ils ont à remplir. Jusqu'au milieu du secondaire, la sous-classe des poissons osseux, c'est-à-dire la grande majorité des poissons, a été caractérisée par des écailles osseuses très dures; les premiers crocodiliens ont eu une forte cuirasse; la plupart des genres de céphalopodes ont été protégés par une coquille externe; c'est pourquoi sans doute les poissons cartilagineux, qui ont dominé dans les mers secondaires, ont eu de grosses dents en pavé, faites pour broyer les corps durs. Au contraire les océans actuels ont des poissons à écailles molles; ils ne nourrissent plus de crocodiliens fortement cuirassés; presque tous les genres de céphalopodes ont perdu leur coquille externe et leur corps est nu. Les fonctions des poissons cartilagineux devant s'accommoder à ces change-

1. *Annals and Magazine of Natural history*, octobre 1888.

ments, les organes se sont modifiés; les squales à dents perçantes et coupantes ont remplacé les genres à dents broyantes.

Parmi les poissons à dents en pavé de la période secondaire, il y en a qui semblent avoir été cantonnés dans cette période et dont nous ne retrouvons plus la trace dans les époques plus récentes. Tel est par exemple le *Ptychodus*[1]. J'en représente ici les deux types principaux : l'un (fig. 244) où le milieu des

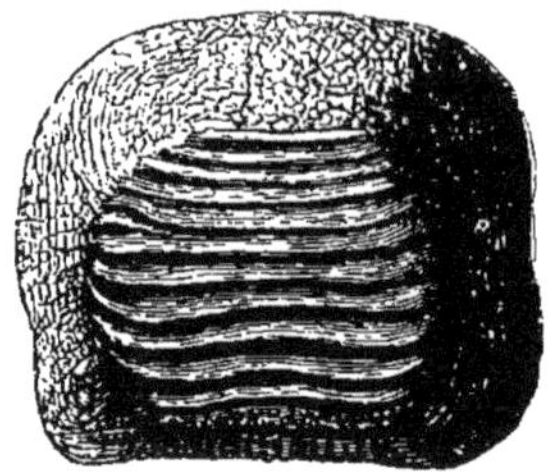

Fig. 244. — Dent de *Ptychodus mamillaris*, grandeur naturelle, vue en dessus. — Tourtia de Belgique. Collection du Muséum.

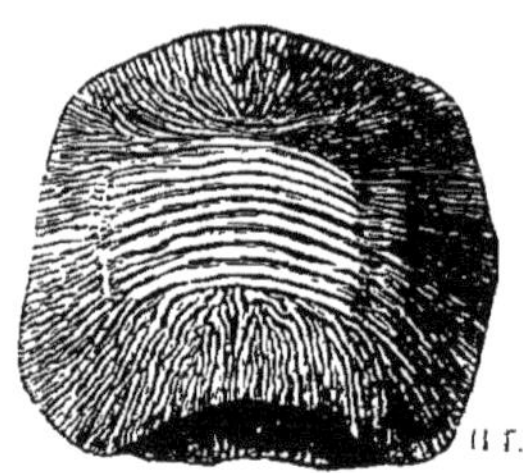

Fig. 245. Dent de *Ptychodus decurrens*, vue en dessus, grandeur naturelle. — Craie du comté de Kent. Collection du Muséum.

dents a des rides transverses qui se séparent nettement de leur pourtour à surface grumeleuse, l'autre (fig. 245) où le milieu des dents a des rides qui se bifurquent et se prolongent dans le pourtour. On ne sait à quel groupe il convient de rapporter le *Ptychodus*; on l'a rangé d'abord parmi les cestraciontes,

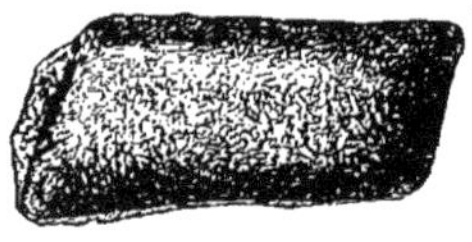

Fig. 246. — Trois dents d'*Asteracanthus ornatissimus*[2], grandeur naturelle. — Callovien d'Étrochay, Côte-d'Or. Collection du Muséum.

mais M. Smith Woodward, en se basant sur des mâchoires trouvées par M. Willet, dans lesquelles on voit un grand

1. Πτύξ, πτυχὸς, pli; ὀδοὺς, dent.

2. Ces dents étaient autrefois désignées sous le nom de *Strophodus*. M. Smith Woodward les a trouvées sur des individus qui portaient les piquants de l'*Asteracanthus*.

nombre de dents en place, pense que le *Ptychodus* se rapprochait surtout des *Myliobatis*.

D'autres animaux ont eu au contraire des dents qui ressemblent singulièrement à celles du *Cestracion*, le seul genre de squale à dents en pavé qui existe encore aujourd'hui : on en a un exemple dans l'*Asteracanthus* dont je viens de figurer un piquant; je représente ici ses dents (fig. 246).

Les poissons des terrains secondaires à dents coupantes se

Fig. 247. — Dent d'*Oxyrhina Mantellii*, grandeur naturelle. — Cénomanien du Havre. Collection du Muséum.

Fig. 248. — Dent de *Lamna* (*Otodus*) *appendiculata*, grand. naturelle. — Gault de Wissant. Collection du Muséum.

rapprochent beaucoup des squales actuels : ainsi on trouve dans ces terrains des dents (fig. 247) du genre *Oxyrhina*[1] qui vit aujourd'hui. On avait fait un genre particulier sous le nom

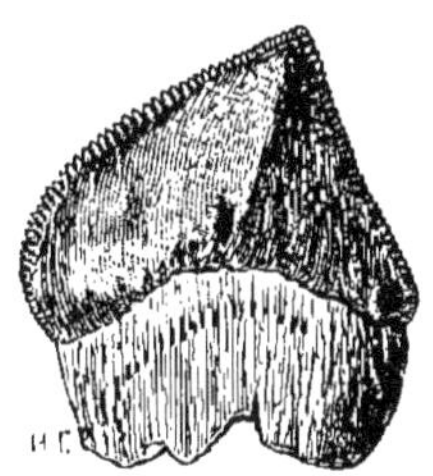

Fig. 249. — Dent de *Corax pristodontus*, grandeur naturelle. — Craie de Maestricht. Collection du Muséum.

d'*Otodus*[2] pour des dents un peu plus épaisses et avec des denticules latéraux plus forts que chez les *Lamna* actuelles (fig. 248); dans ces derniers temps, on les a rapportées au même genre. La figure 249 représente une dent de *Corax*[3], si voisine

1. Ὀξὺς, pointu; ῥὶς, ῥινὸς, nez.
2. Οὖς, Ὠτὸς, oreille; ὀδοὺς, dent.
3. Κόραξ, bec crochu.

de celles des *Galeus* actuels qu'elle a été quelquefois inscrite sous le même nom générique.

Il serait intéressant de voir comment les dents de poissons cartilagineux sont devenues minces, coupantes, pointues à mesure que les animaux mangés par eux ont perdu leurs enveloppes osseuses dures pour prendre une peau molle. Il est probable que la transition a été faite par les genres secondaires de la famille des *hybodontes* : l'*Acrodus*[1] qui se rapproche des *Asteracanthus* à dents en pavé, le *Palæospinax*, l'*Hybodus*[2] et le *Synechodus*[3], qui se rapprochent des squales à dents coupantes. La figure 250 montre combien dans une même espèce

Fig. 250. — Diverses dents d'*Hybodus plicatilis*, grandeur naturelle. — Muschelkalk de Bayreuth. Collection du Museum.

les pointes des dents sont variables. M. le Dr Sauvage[4], qui a fait une étude approfondie des poissons fossiles, s'est exprimé ainsi : « *En passant par les hybodontes qui ne sont que des squales dont les dents commencent à s'élargir, on a toutes les transitions entre les squalidiens à dents étroites et élancées et les cestraciontes pourvus de larges plaques palatales composées de dents soudées en pavés.* »

Poissons osseux dipnoés. — La sous-classe des poissons osseux comprend un groupe très intéressant pour les naturalistes qui étudient les enchaînements du monde animal; c'est le groupe des dipnoés. Tandis que plusieurs batraciens ont, à leur début, des branchies pour respirer dans l'eau, et ensuite, à

1. Ἄκρα, pointe; ὀδούς, dent.
2. Ὑβός, bosse, et ὀδούς.
3. On pourra consulter, au sujet du *Synechodus* et des autres hybodontes les récentes publications de M. Smith Woodward.
4. Dictionnaire universel d'histoire naturelle de Ch. d'Orbigny, 2me éd. Article *Poissons fossiles*, p. 274.

l'état adulte, des poumons pour respirer sur la terre ferme, les dipnoés ont tout à la fois des branchies et des poumons; de là est venu leur nom[1]. C'est en 1837 qu'on trouva dans l'Amazone le premier dipnoé vivant, le *Lepidosiren*; deux ans après, dans les rivières d'Afrique, on découvrit le *Protopterus*, et on comprit la cause du double mode de respiration des dipnoés : le *Protopterus* habite des cours d'eau qui se dessèchent en été; alors, il s'enfonce dans la vase, il y laisse un trou par lequel il reçoit de l'air et il respire avec ses poumons, jusqu'à ce que l'eau étant revenue, il recommence à respirer avec ses branchies. Il y a un troisième genre vivant de dipnoé, c'est le *Ceratodus*. On l'a d'abord découvert en Europe à l'état fossile. Ses dents se rencontrent depuis le carbonifère jusque dans la grande oolite de Stonesfield, mais c'est surtout dans le trias (fig. 251) qu'elles sont abondantes; leurs denticules en forme de cornes ont fait imaginer leur nom. Or on mange communément en Australie un poisson, appelé le *Barramunda*, qui, dit-on, a le goût du saumon, est long d'un ou deux mètres et se pêche dans les rivières de Queensland; on s'est aperçu que c'était un dipnoé et que ses dents ont la plus grande ressemblance avec celles des *Ceratodus* fossiles d'Europe; elles ne diffèrent que par un denticule de plus à la mâchoire supérieure et à la mâchoire inférieure. Ce ne sont pas seulement les dents

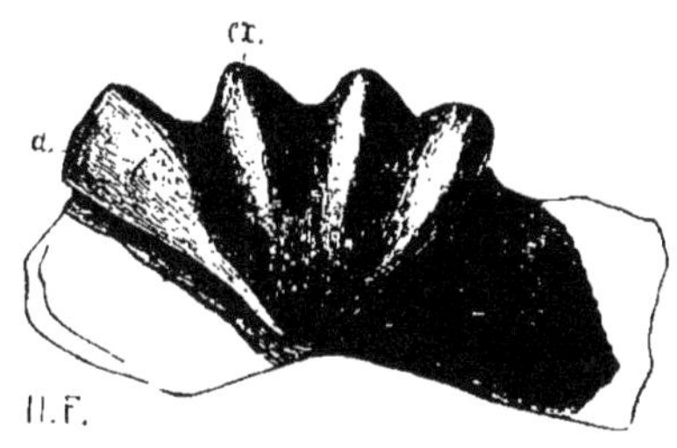

Fig. 251. — Dent inférieure du *Ceratodus*[2] *Kaupi*, vue sur la face triturante, aux 2/3 de grandeur; *a.* corne antérieure; *cx.* bord externe. Le dessin de l'os de la mandibule a été complété au trait avec une pièce qui a été recueillie par M. Schlumberger. — Muschelkalk de Mont-sous-Meurthe, Meurthe-et-Moselle. Donné au Muséum par M. Roville.

1. Δὶς, deux fois; πνοή, respiration.

2. Κέρας, ατος, corne; ὀδούς, dent. Cette dent est semblable à l'une de celles que Plieninger a décrites sous le nom de *Ceratodus Guilielmi*. M. Zittel, dans un récent travail, assure que le *C. Guilielmi* doit être identifié avec le *Ceratodus Kaupi* d'Agassiz.

qui établissent un rapprochement entre les *Ceratodus* vivants et secondaires; M. Zittel a étudié une queue de poisson qui a été trouvée dans le Lettenkohle du Faulenberg près de Wurtz bourg; il l'attribue à un *Ceratodus* et constate la similitude de l'espèce fossile avec les espèces vivantes. Il est curieux de voir cette continuité et aussi de découvrir à la fin du primaire et au commencement du secondaire une forme mixte, transitionnelle comme celle des dipnoés.

Poissons osseux monopnoés. — Les monopnoés[1], c'est-à-dire les poissons ordinaires qui ne respirent que par des branchies, ont laissé dans les terrains secondaires de nombreux squelettes entiers, de sorte qu'ils fournissent d'excellents sujets d'étude pour l'histoire de l'évolution. On les a séparés en téléostéens et en ganoïdes. Les téléostéens, ainsi nommés[2] pour marquer que leurs os sont bien formés, ont été précédés par les ganoïdes dont le squelette était imparfaitement ossifié; comme le professeur Kner l'a indiqué depuis longtemps, et comme je l'ai rappelé dans mon volume sur les fossiles primaires[3], il ne faut sans doute pas admettre que les ganoïdes et les téléostéens ont constitué deux ordres distincts, mais on doit plutôt penser que ces poissons ont été la continuation les uns des autres; les mots *ganoïde* et *téléostéen* représentent seulement des phases de développement; les poissons ont été d'abord à l'état ganoïde, puis à l'état téléostéen. Je vais indiquer les principaux changements qui ont été accomplis :

Changements des écailles. — J'ai dit que les poissons primaires avaient des écailles épaisses, osseuses, revêtues d'émail brillant qui ont fait imaginer le nom de *ganoïdes*[4] et permettent de les distinguer des poissons actuels à écailles minces, non ossifiées. Cet état des poissons primaires n'a pas brusquement cessé au moment où les temps secondaires ont commencé.

1. Μόνος, seul; πνοή, respiration.
2. Τέλειος, achevé; ὀστέον, os.
3. *Enchaînements du monde animal, Fossiles primaires*, pag. 235 et suiv.
4. Γάνος, éclat; εἶδος, apparence.

A l'époque du trias, tous les poissons osseux, sauf les dipnoés, ont gardé leurs écailles ganoïdes. A l'époque du lias, la plu-

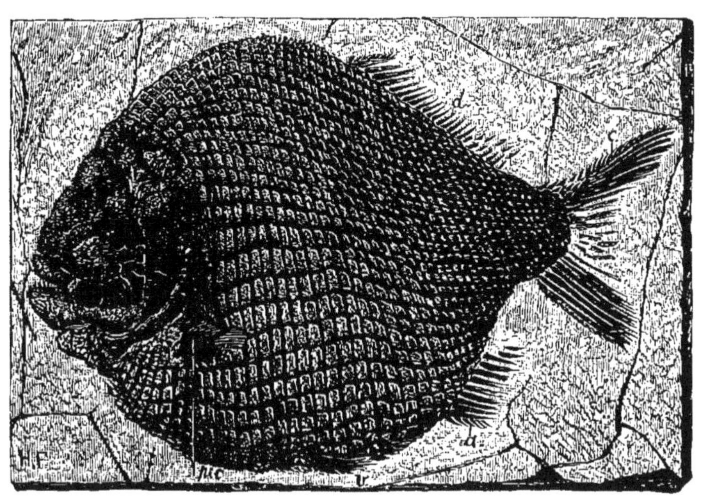

Fig. 252. — *Dapedium*[1] *politum* au 1/4 de gr. : on voit en avant des petites dents cylindriques; *v.* ventrale; *d.* dorsale; *a.* anale; *c.* caudale; la pectorale *pec.* a une forme moins allongée, moins grêle que dans la figure qui a été donnée par de La Bèche. — Lias de Lyme Regis Coll. du Museum.

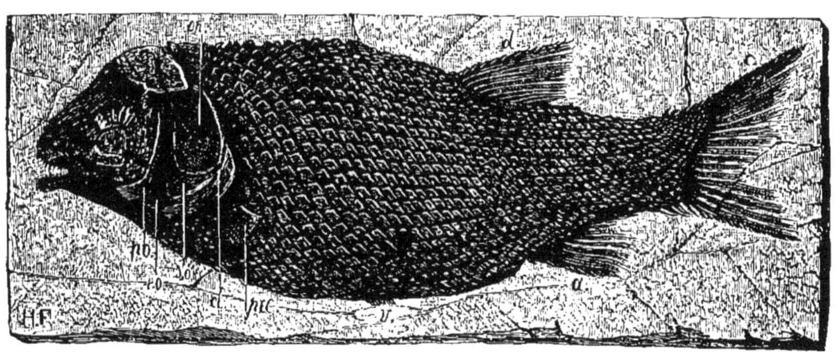

Fig. 253. — *Lepidotus*[2] *helvensis*, à 1/6 de grandeur : *po.* préopercule; *op.* opercule; *s. o.* sous-opercule; *i. o.* inter-opercule; *cl.* clavicule; *pec.* nageoire pectorale; *d.* dorsale; *v.* ventrale; *a.* anale; *c.* caudale. — Lias supérieur d'Holzmaden. Collection du Museum.

part des poissons les ont encore (fig. 252 et 253). A l'époque

1. Δάπεδον, sol où l'on marche et, par extension, espace pavé. Leach a imaginé ce nom pour indiquer la disposition des écailles.

2. Λεπιδωτὸς, couvert d'écailles.

de l'oolite, quelques-uns ont conservé de très fortes écailles osseuses avec un épais enduit d'émail; cependant beaucoup commencent à avoir des écailles minces; on a même imaginé le nom expressif de *Leptolepis*[1] (fig. 254) pour un genre de

FIG. 254. — *Leptolepis sprattiformis*, de grandeur naturelle; *b.* rayons branchiostèges; *p.* pectorale; *v.* ventrale; *d.* dorsale; *a.* anale; *c.* caudale; on voit à la fois des écailles et un squelette interne. — Calcaire lithographique de Solenhofen. Collection du Muséum.

ganoïde où les écailles sont si atténuées que souvent elles ont disparu dans la fossilisation. Les *Leptolepis* ont été rangés par Agassiz parmi les ganoïdes; M. Zittel les classe parmi les téléostéens : cela montre qu'ils présentent un état intermédiaire.

A la fin de l'époque crétacée, le changement des poissons ganoïdes en poissons à écailles minces est accompli. C'est un curieux contraste que l'aspect des poissons du lias couverts de leurs écailles dures, brillantes, qui cachent leur squelette interne (fig. 253) et l'aspect des poissons de la fin du crétacé, où les écailles devenues molles ont été détruites lors de la fossilisation et laissent apparaître tout le squelette interne. J'en ai été bien frappé lors d'un voyage que j'ai fait dans le Liban, lorsque je vis des roches du terrain crétacé couvertes de poissons qui ressemblent à nos sardines actuelles

1. Λεπτὸς, mince; λεπὶς, écaille.

(fig. 255); on peut croire que même les mœurs de ces poissons étaient les mêmes qu'aujourd'hui, car leur abondance montre

FIG. 255. — *Clupea brevissima*, grandeur naturelle. — Crétacé du Mont Liban. Collection du Museum.

qu'ils formaient des bandes comme nos sardines en forment maintenant.

OSSIFICATION DU SQUELETTE. — Le squelette interne de la plupart des anciens ganoïdes est inconnu; cela sans doute ne provient pas seulement de ce qu'il est caché par une épaisse cuirasse d'écailles osseuses comme la charpente du toit d'une maison est recouverte par les rangées d'ardoises; il est vraisemblable que les os restaient en partie à l'état cartilagineux, car les cassures les font rarement apparaître. Je figure dans la page suivante (fig. 256) un *Pholidophorus*[1], qui a été un des poissons les plus communs du lias; Agassiz a dit de lui

1. Φολὶς, ἴδος, écaille; φορέω, je porte.

qu'il formait la plèbe de la société des poissons; on aperçoit le long de sa ligne médiane un léger bombement qui indique la place des vertèbres, mais il n'est pas facile de découvrir la colonne vertébrale; cela doit tenir, je pense, à ce qu'elle était encore imparfaitement ossifiée. Les corps des vertèbres sont les parties qui ont été achevées les dernières; ainsi le *Pycnodus* que je représente ici (*Pycnodus Egertoni*[1], fig. 257) possède non seulement les mêmes os que les poissons ordinaires, mais encore des sortes de côtes dermiques qui couvrent une partie du corps; cependant la notocorde n'était pas complètement ossifiée.

Vers le milieu du jurassique, à côté des poissons où la noto-

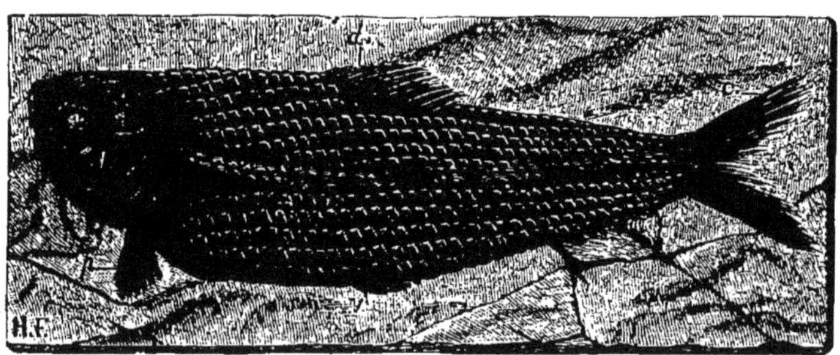

Fig. 256. — *Pholidophorus Bechei*, à 1/2 grandeur : *p.* pectorale ; *v.* ventrale ; *d.* dorsale ; *c.* caudale. On voit sur la ligne médiane un léger bombement qui indique la place de la colonne vertébrale. — Lias de Lyme Regis. Collection du Muséum.

corde n'est pas ossifiée, on en rencontre dont le squelette est achevé et qui, par conséquent, méritent le nom de téléostéens aussi bien que les genres tertiaires et actuels. Mais, outre les ganoïdes à notocorde cartilagineuse (fig. 257) et les téléostéens à notocorde ossifiée (fig. 255), on trouve des poissons où les corps des vertèbres sont à demi ossifiés. C'est le professeur

1. Πυκνὸς, serré ; ὀδοὺς, dent. L'espèce de Cirin qui a été nommée P. Egertoni par Thiollière n'est peut-être qu'une variété du *Pycnodus* (*Microdon*) *elegans* de Solenhofen, où le museau est comme tronqué en avant.

autrichien Heckel[1] qui le premier a appelé l'attention sur cet

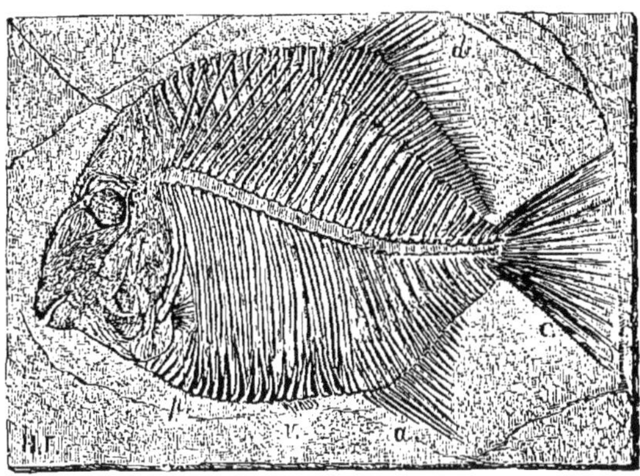

Fig. 257. — *Pycnodus* (*Microdon*) *Egertoni*, grandeur naturelle : *p.* pectorale *v.* ventrale ; *d.* dorsale ; *a.* anale ; *c.* caudale. — Kimmeridgien de Cirin. Collection du Museum.

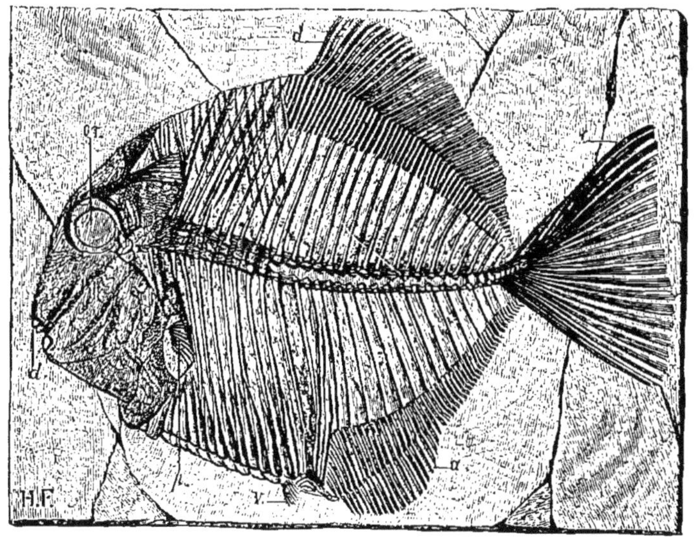

Fig. 258. — *Pycnodus* (*Palæobalistum*) *Ponsorti*, aux 3/4 de grandeur : *d.* dents ; *or.* orbite ; *d.* dorsale ; *p.* pectorale ; *v.* ventrale ; *a.* anale ; *c.* caudale. — Étage pisolitique du Mont Aimé. Collection du Museum.

état intermédiaire ; il l'a signalé sur les *Pycnodus*. La figure 258

1. *Sitzungs. Bericht. Wiener Akad.*, Juillet 1850, p. 143, et Novembre, p. 358

représente une espèce du terrain pisolitique du Mont Aimé (*Pycnodus Ponsorti*) qui offre un exemple de poisson où l'ossification des corps de vertèbres est sur le point de s'achever; dans la partie antérieure de la colonne vertébrale, les corps de vertèbres sont formés; mais, dans la moitié postérieure, une portion de la notocorde n'a encore été envahie qu'imparfaitement par l'ossification; elle est indiquée en clair dans notre gravure. *Pycnodus Ponsorti* de l'étage pisolitique a été un retardataire, car, à la fin de la période crétacée, presque tous les poissons osseux avaient leur colonne vertébrale complètement ossifiée.

Changements de la queue. — Dans le volume de mes *Enchaînements* qui traite des fossiles primaires (pages 240 et suiv.), j'ai parlé des changements que la queue des poissons a subis pendant les temps géologiques. Chez les poissons primaires, elle s'est terminée en pointe comme dans les autres vertébrés; dans les poissons tertiaires et actuels, elle s'est raccourcie et forme une sorte de palette qui sert beaucoup à la natation. Les poissons secondaires offrent le passage de l'état primaire à l'état tertiaire; on voit l'extrémité de leur colonne vertébrale se concentrer et les arcs hémaux se rapprocher pour former la palette des poissons récents. Cette concentration est facile à concevoir, attendu qu'elle s'est faite le plus souvent avant l'époque où la solidification de la colonne vertébrale a été opérée; c'est ce qu'on observe dans les figures 257, 258; la notocorde n'est pas encore ossifiée et cependant les arcs neuraux des vertèbres se sont déjà serrés les uns contre les autres. Mais quelquefois les arcs des vertèbres se sont rapprochés, bien que leurs centrum fussent déjà solidifiés. Le musée de Munich renferme de nombreuses pièces de Solenhofen très instructives pour l'étude des changements par lesquels a passé la queue des poissons secondaires. Le musée de Lyon a aussi de beaux spécimens du gisement de Cirin. Je donne ici la gravure d'un bout de la queue d'un poisson néocomien que j'avais remarqué dans le Musée d'histoire naturelle de Naples (fig. 259);

le regretté professeur Guiscardi a bien voulu m'en envoyer le moulage pour le Musée de Paris. C'est un morceau d'un poisson que Costa, dans sa *Paleontologia del regno di Napoli*, a appelé *Œonoscopus*[1]; les vertèbres vont en diminuant et se relevant

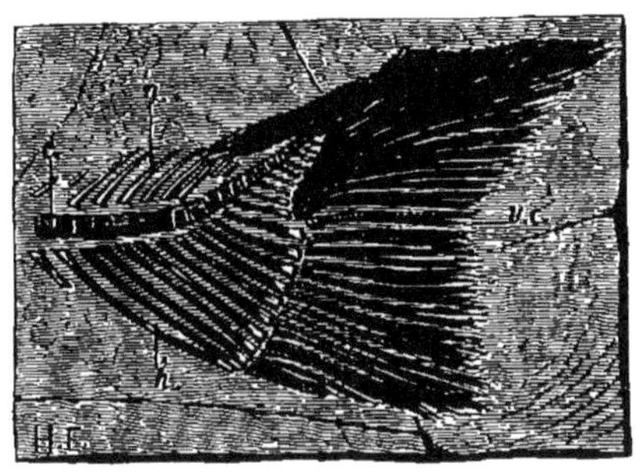

Fig. 259. — Queue de l'*Œonoscopus Petraroiæ*, au 1/4 de grandeur : *c.* corps des vertèbres; *n.* arcs neuraux; *h.* arcs hémaux ; *r. c.* rayons de la nageoire caudale. — D'après un moulage du néocomien de Pietraroja, Italie méridionale, donné au Muséum par feu le professeur Guiscardi.

en arrière; les arcs neuraux disparaissent, les arcs hémaux persistent et se rapprochent, préparant l'état qui deviendra le plus habituel chez les poissons tertiaires et actuels.

Les changements de la queue ne se sont pas opérés brusquement. A l'époque du trias, comme le montre un tout récent mémoire de M. Newberry, et surtout à l'époque du lias, la queue s'est raccourcie et ses lames hémales se sont rapprochées pour former le passage de l'état hétérocerque à l'état homocerque (fig. 253); c'est ce qu'on a appelé le stade stégoure. A l'époque oolitique, la forme hétérocerque est devenue plus rare. La forme homocerque a été dominante à la fin des temps crétacés (fig. 235); le changement a été accompli avant le commencement du tertiaire. Mais encore aujourd'hui beaucoup de poissons, surtout dans leur jeunesse, ainsi que l'ont établi

1. Costa, qui a créé ce nom de genre, l'a tiré de οἰωνοσκόπος, augure. Suivant lui, l'*Œonoscopus* est voisin du *Lepidotus* ; mais ses vertèbres sont bien ossifiées et ses écailles sont amincies, de telle sorte qu'il est plus téléostéen que ganoïde.

les curieuses recherches de M. Alexandre Agassiz, conservent des marques de l'état stégoure qui était le plus habituel dans la première moitié du secondaire.

Déplacement des membres postérieurs. — Aux particularités qui distinguent les poissons actuels des poissons anciens, il faut ajouter le fréquent déplacement des membres postérieurs. Ce déplacement est un des faits les plus singuliers qui aient été constatés dans l'ostéologie des vertébrés; les nageoires ventrales, qui ne sont autre chose que les membres postérieurs, se rapprochent des membres de devant, c'est-à-dire des nageoires pectorales; elles se placent au-dessous d'elles, ou même quelquefois en avant. Chez les genres primaires et la plupart

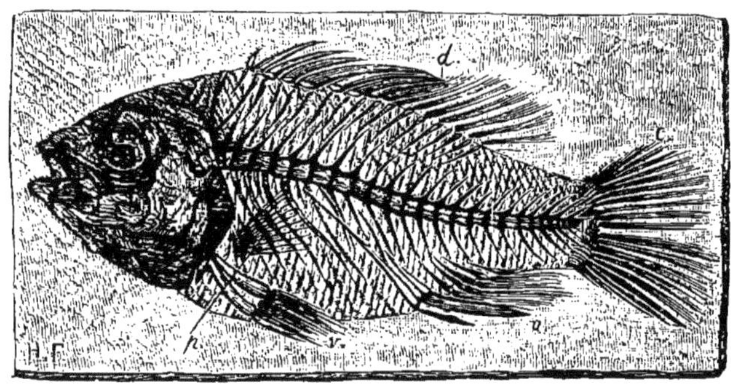

Fig. 260. — *Lates Heberti*, aux 4/5 de grandeur. *p.* pectorales; *v.* ventrales; *d.* dorsale; *a.* anale; *c.* caudale. — Pisolitique du Mont Aimé. Collection du Muséum.

des genres secondaires, il n'en a pas été de même; les membres postérieurs ont eu leur position normale loin derrière les membres antérieurs. C'est vers la fin de la période crétacée que les ventrales se sont déplacées pour se rapprocher des pectorales. Le *Lates*[1] du pisolitique du Mont Aimé, dont on voit ici la figure (fig. 260), en offre un exemple.

L'époque tardive à laquelle s'est fait le déplacement des membres de derrière chez les poissons des temps géologiques mérite d'attirer notre attention à plusieurs égards : d'abord

1. Λάτος, nom d'un poisson chez les Grecs.

elle est favorable à la doctrine de l'évolution, car il est conforme à cette doctrine qu'une aussi forte divergence se soit produite à une époque relativement récente. En second lieu, elle peut jeter quelque lumière sur la question de l'origine des membres chez les animaux supérieurs; dans mon livre sur les *Enchaînements des fossiles primaires*, j'ai dit que certains poissons anciens avaient eu des traits de ressemblance avec les animaux articulés; si l'on devait un jour reconnaître qu'ils ont eu des ancêtres communs, il faudrait penser que les membres des vertébrés n'ont pas dépendu de segments placés à côté les uns des autres comme cela se voit chez les crustacés, mais de segments du corps éloignés les uns des autres, puisque dans les anciens poissons les membres de devant et de derrière ont été séparés par un large intervalle. Enfin il faut remarquer que l'époque où les membres de derrière sont portés en avant du corps coïncide avec celle où la nageoire caudale avait pris une très grande force, par suite de la concentration des hémépines en une large plaque; les nageoires ventrales, n'ayant plus la même utilité en arrière, se sont portées en avant[1].

Poissons a dents broyantes. — Ainsi que la sous-classe des poissons cartilagineux, la sous-classe des poissons osseux a été caractérisée dans les temps secondaires par la prédominance des espèces à dents broyantes. J'ai déjà dit que cette prédominance était un phénomène d'adaptation : comme beaucoup d'animaux ont été autrefois protégés par des cuirasses plus dures que leurs successeurs des époques récentes, ceux qui les dévoraient devaient avoir des dents plus fortes. Voilà longtemps que les curieux de la nature connaissent les dents broyantes, sphériques que nous appelons *Sphærodus*[2] ou *Lepidotus*. Ils les désignaient sous le titre d'yeux de crapauds ou

1. Il s'est passé quelque chose d'analogue pour certains reptiles et certains mammifères dont la queue a été un puissant instrument de locomotion; chez les *Ichthyosaurus*, les membres postérieurs ont été très réduits; chez les cétacés et les siréniens, ils ont disparu.

2. Σφαῖρα, sphère; ὀδοὺς, dent. On a réuni le *Sphærodus* au *Lepidotus*; je doute que cette réunion soit toujours justifiée.

Bufonites[1]; mais, lorsqu'on a vu ces dents réunies dans une mâchoire, il n'a plus été possible de méconnaître leur nature.

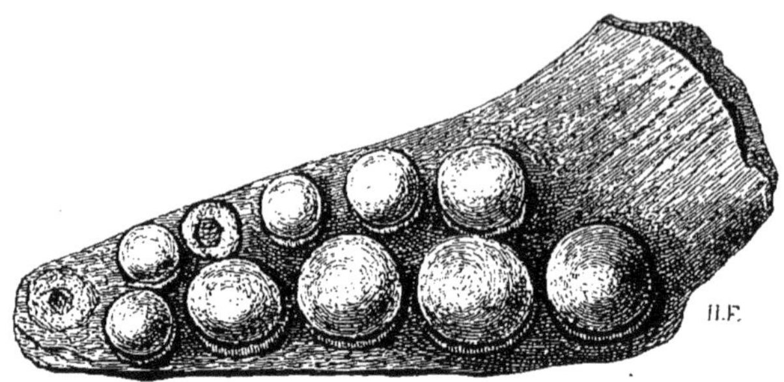

Fig. 261. — Mandibule droite du *Lepidotus neocomiensis* aux 2/3 de grandeur, vue sur la face supérieure. — Néocomien de Ville-sur-Saulx, Meuse. Donné au Museum par Cornuel.

Je représente ici (fig. 261) une mâchoire de *Lepidotus* avec ses dents en place; ce genre a une forme allongée comme les Lepi-

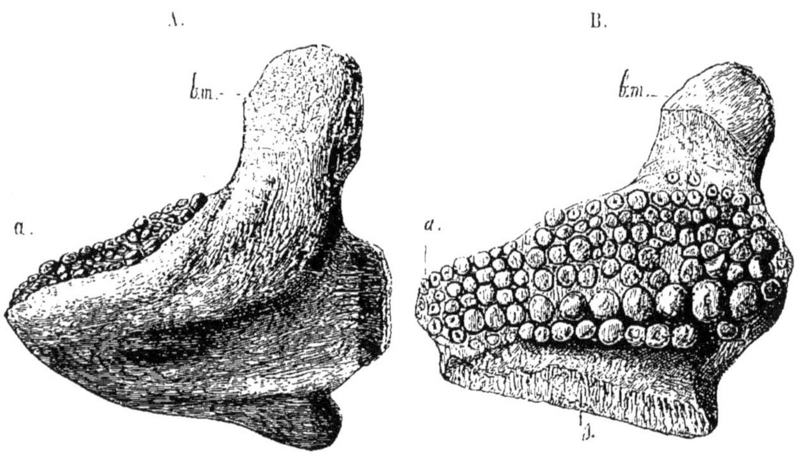

Fig. 262. — Mâchoire inférieure du *Mesodon profusidens*, aux 3/4 de grandeur. A. mandibule gauche vue en dehors; B. mandibule droite vue sur la face interne : *a*. partie antérieure ; *s*. symphyse ; *b.m.* branche montante. — Néocomien de Vassy, Haute-Marne. Donné au Museum par Cornuel.

dostés actuels. On trouve des dents de même nature, rondes ou ovales, chez les *Pycnodus*, *Microdon*, *Mesodon* (fig. 262), qui

1. *Bufo*, crapaud.

ont une forme très différente. La ressemblance des dents n'indique pas forcément une parenté; des animaux de genres distincts ont pu prendre des dents à peu près semblables, quand ces dents ont eu à remplir les mêmes fonctions; nous devons prendre garde de confondre les ressemblances d'adaptation avec les ressemblances de descendance. Peut-être les dents broyantes de plusieurs poissons osseux aussi bien que celles des cartilagineux se sont allongées, amincies, effilées, au fur et à mesure que les bêtes dont ils se nourrissaient ont eu une peau moins cuirassée.

Comme le montrent les remarques des pages précédentes, il est naturel de croire qu'un grand nombre de poissons secondaires ont été les ancêtres de ceux qui existent à présent. Ce qui appuie cette supposition, c'est que les caractères propres aux poissons secondaires se sont conservés jusqu'à nos jours dans plusieurs espèces. Ainsi tous les poissons n'ont point perdu leurs écailles ganoïdes : *Lepidosteus* des rivières d'Amérique, *Polypterus* du Nil ont encore des écailles aussi osseuses et émaillées que les fossiles du lias. Il reste des traces de l'état ganoïde même chez des animaux qui, au premier abord, sont très éloignés des formes anciennes. Le microscope fait découvrir des ostéoplastes dans les écailles de quelques-uns d'entre eux, ainsi que dans les écailles osseuses des vrais ganoïdes; des ostéoplastes ont été cités dans les écailles du *Vastrès* par Muller, dans celles du *Megalops* et de l'*Hydrocyon* par M. Vogt, dans celles du thon, de la carpe, de la tanche, du barbeau par M. Leydig, dans celles de l'Élops par Pictet[1]. La colonne vertébrale ne s'est pas ossifiée chez tous les poissons osseux qui vivent aujourd'hui : son centre est resté à l'état de notocorde dans les esturgeons. Nous avons beaucoup de poissons tels que les anguilles, où la colonne vertébrale continue à se terminer en pointe et où les arcs hémaux ne se soudent pas ensemble

1. Ces diverses indications sont données par Pictet dans la description des fossiles du terrain néocomien des Voirons (*Matériaux pour la Paléontologie suisse*, 1858).

pour former une grande lame caudale. En étudiant le bel ouvrage que M. Vaillant[1] vient de publier sur les poissons recueillis à bord du *Travailleur* et du *Talisman*, je suis frappé du nombre des poissons des grandes profondeurs qui ont une queue leptocerque. Plusieurs de nos poissons les plus communs, tels que les carpes, les brochets, les saumons, les harengs, etc., ont été rangés sous le nom de malacoptérygiens abdominaux, pour montrer que leurs nageoires ventrales n'ont pas été déplacées, mais sont restées dans la région de l'abdomen comme dans les genres anciens. Enfin il y a encore de nos jours des poissons comme les daurades, dont les dents rappellent celles des *Pycnodus* secondaires.

Je remarque que c'est en général dans les eaux douces que les types anciens se sont le mieux maintenus ; les rivières, qui ont dû changer et se déplacer plus que les vastes océans, semblent pourtant avoir été des milieux plus conservateurs. Ainsi les dipnoés des mers du trias ont des survivants dans les fleuves du Brésil, de l'Afrique et de l'Australie. Les poissons à écailles ganoïdes se sont conservés dans le Nil sous la forme *Polypterus*, dans les rivières des États-Unis sous la forme *Lepidosteus*. Les esturgeons des fleuves de Russie ont gardé leur notocorde comme les poissons primitifs. Les siluroïdes, qui rappellent quelques-uns des plus vieux types de poissons, habitent surtout les eaux douces. L'*Amia* des rivières d'Amérique a la queue des poissons stégoures du secondaire. C'est surtout dans les eaux douces qu'abondent les malacoptérygiens abdominaux dont les nageoires ventrales sont restées bien en arrière des pectorales comme dans les poissons jurassiques; la plupart des poissons de mer ont leurs ventrales auprès des pectorales. Ce qui me paraît particulièrement curieux, c'est que les mêmes types qui se voient aujourd'hui dans les eaux douces existaient autrefois dans la mer, de sorte qu'on peut dire qu'ils se sont conservés en passant des eaux salées dans

1. *Expéditions scientifiques du Travailleur et du Talisman, pendant les années* 1880, 1881, 1882, 1883, in-4. Paris, 1888.

les eaux douces. Faut-il conclure de ces passages qu'à certains moments les océans ont eu des eaux moins salées que de nos jours, ou bien que les lacs et les rivières des continents ont eu des eaux plus salées? Je soumets ces remarques aux biologistes et aux physiciens. En tout cas elles favorisent la théorie terripète de Bronn, tandis que d'autres remarques que je citerai plus loin lui sont très opposées.

Tout en admettant que beaucoup de poissons ont pu se transformer de manière à devenir les poissons qui vivent aujourd'hui, nous ne devons rien exagérer; dans la classe des poissons comme dans les autres classes du monde animal, il y a eu sans doute des types qui ont été cantonnés dans les temps secondaires et ont péri avec eux; leurs différences avec les formes actuelles paraîtront plus grandes, lorsque nous les étu-

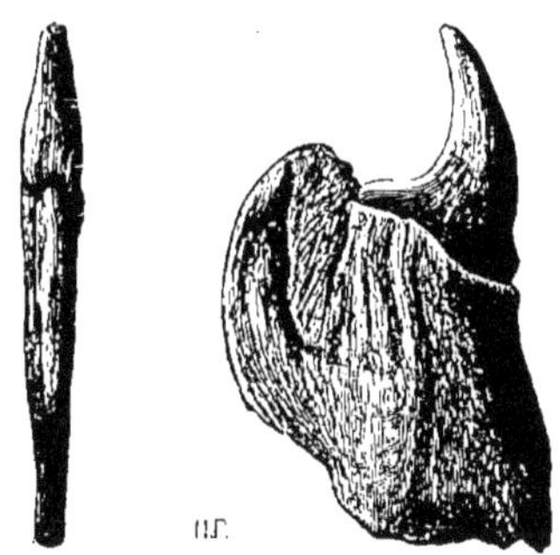

Fig. 263. — Dent pharyngienne d'*Ancistrodon splendens*, grandeur naturelle, vue de côté et de face pour montrer combien elle est comprimée. — Craie d'Arvert (Charente-Inférieure). Donné au Muséum par le docteur D. Chevallier.

dierons mieux. Mais, d'autre part, des enchaînements devront apparaître là où tout d'abord nous avons cru voir des lacunes. J'en peux citer comme exemple les dents d'*Ancistrodon*[1] (fig. 263). MM. Debey, Roemer, Winkler se sont demandé si ce ne seraient pas des dents de squales; de Koninck, si ce ne seraient pas des dents d'*Hybodus*; Gervais, si ce ne seraient

1. Ἄγκιστρον, croc; ὀδών, dent.

pas des incisives de *Sargus*. En réalité, personne ne savait ce qu'elles pouvaient être, quand M. Dames, sur les conseils de M. Hilgendorf, ayant regardé au fond de la bouche des *Balistes*[1], découvrit que les dents d'*Ancistrodon* étaient des dents pharyngiennes conformées à peu près comme dans les types actuels.

1. Cuvier avait rangé les *Balistes* dans ses plectognathes; suivant M. Dareste, ce sont des acanthoptérygiens du groupe des *Teuthyes*.

CHAPITRE VIII

LES REPTILES SECONDAIRES

La classe des reptiles suffirait à elle seule pour montrer combien la paléontologie agrandit le domaine de l'histoire naturelle. En vain un zoologiste se livrerait à l'étude la plus approfondie des animaux actuels, il n'aurait qu'une idée incomplète du monde des reptiles : les espèces d'aujourd'hui ont peu d'importance comparativement aux créatures si diversifiées, souvent gigantesques ou étranges, qui ont animé les mers aussi bien que les continents d'autrefois.

Je ne peux traiter ici de tous ces reptiles; je m'occuperai seulement de quelques-uns des types les plus caractéristiques. Je parlerai d'abord de ceux qui établissent des enchaînements avec les formes primaires, puis de ceux qui paraissent avoir été spéciaux aux temps secondaires et enfin de ceux qui ont eu des liens évidents avec les êtres actuels.

Labyrinthodontes. — Ces curieuses bêtes dont nous avons vu le développement dans les temps primaires, ont eu leur règne dans le commencement du secondaire. C'est surtout en Allemagne que leurs restes sont nombreux; pour les bien étudier, il faut visiter le Musée de Stuttgart. Le grès bigarré a fourni le *Trematosaurus*[1]; le Lettenkohle a donné le *Masto-*

1. Τρῆμα, ατος, trou; σαῦρος, lézard.

donsaurus[1], le *Metopias*[2], le *Capitosaurus*[3]. Hermann de Meyer et tout récemment M. Eberhard Fraas les ont surtout fait connaître.

Je représente ici (fig. 264) la tête du *Mastodonsaurus*; elle est énorme, plate, triangulaire; les mâchoires sont armées de

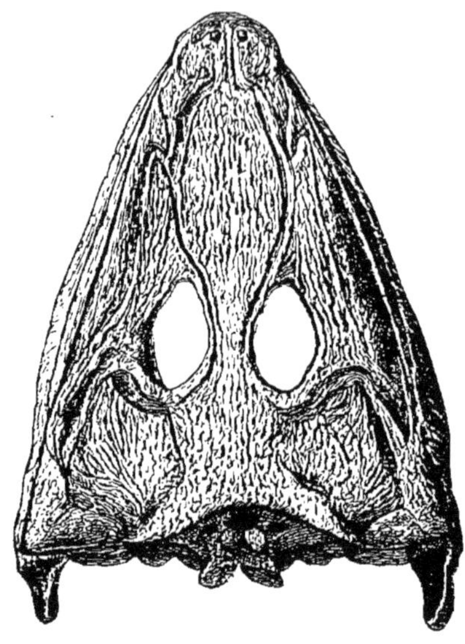

Fig. 264. — Crâne du *Mastodonsaurus Jægeri*, vu en dessus, au 1/12 de grandeur, d'après le moulage envoyé par le Musée de Stuttgart. — Lettenkohle du Wurtemberg.

dents nombreuses, pointues, similaires; il y a en avant deux orifices pour les narines; les orbites sont petites; la surface des os est vermiculée; il y a deux condyles occipitaux. Dans les labyrinthodontes du trias comme dans ceux du primaire, la poitrine est protégée par un grand entosternum et deux épisternum; on se rendra compte de cette disposition en regardant la figure 265, qui représente un échantillon où ces pièces sont restées dans leur position normale; c'est le morceau le plus complet de labyrinthodonte triasique que je

1. Μαστόδων, mastodonte, et σαῦρος.
2. Μετὰ, après; ὤψ, ὠπὸς, œil.
3 *Capito*, qui a une grosse tête, et *saurus*.

connaisse. L'ayant admiré dans le Musée de Stuttgart, je priai le savant directeur de ce Musée, M. Oscar Fraas, de vouloir bien m'en faire exécuter un dessin; son fils, M. Eberhard, a eu la bonté de le faire lui-même[1]. On y voit une grande partie des côtes et des vertèbres.

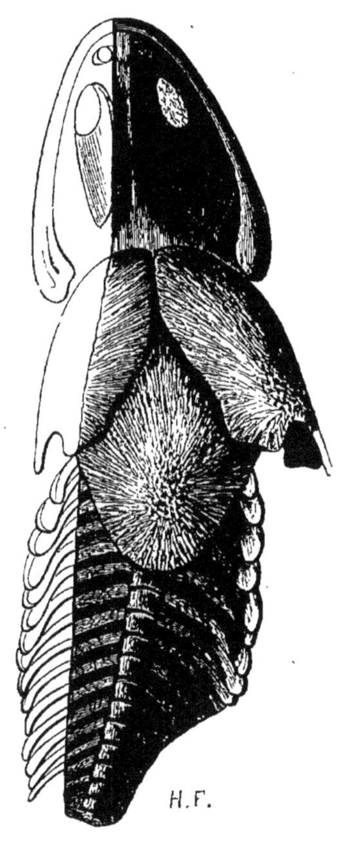

Fig. 265. — *Metopias diagnosticus*, H. von Meyer, à 1/10 de grandeur, vu sur la face ventrale (d'après un dessin de M. Eberhard Fraas). — Grès du Keuper d'Hanweiler. Musée de Stuttgart.

Les membres des labyrinthodontes du trias et surtout leurs pattes sont encore imparfaitement connus. L'attention des savants a été appelée, il y a déjà longtemps, sur des empreintes de pattes à cinq doigts auxquelles on a trouvé quelque similitude avec des mains humaines et que l'on a décrites sous le nom de *Cheirotherium*[2]; elles ont été observées d'abord en Allemagne, puis en Angleterre et en France. Je représente dans la figure 266 un bloc de grès sur lequel quelques-unes de ces empreintes sont fossilisées si délicatement qu'il est possible de distinguer les papilles de la peau. Comme on voit à la fois des traces de grandes et de petites pattes, il faut admettre que l'animal qui a laissé ces traces avait des membres de devant moindres que ceux de derrière. Au milieu du

1. Depuis que la gravure de ce dessin a été faite, M. Eberhard Fraas, dans son beau mémoire sur les *Labyrinthodonten der Schwäbischen Trias*, vient de donner deux figures du même fossile à moitié de la grandeur naturelle.

2. Χεὶρ, χειρὸς, main; θηρίον, quadrupède.

bloc, on remarque une rainure qui a dû être faite par la queue. Étant au Lido, à côté de Venise, au milieu de dunes où il y avait une multitude de lézards, j'ai vu ces animaux produire sur le

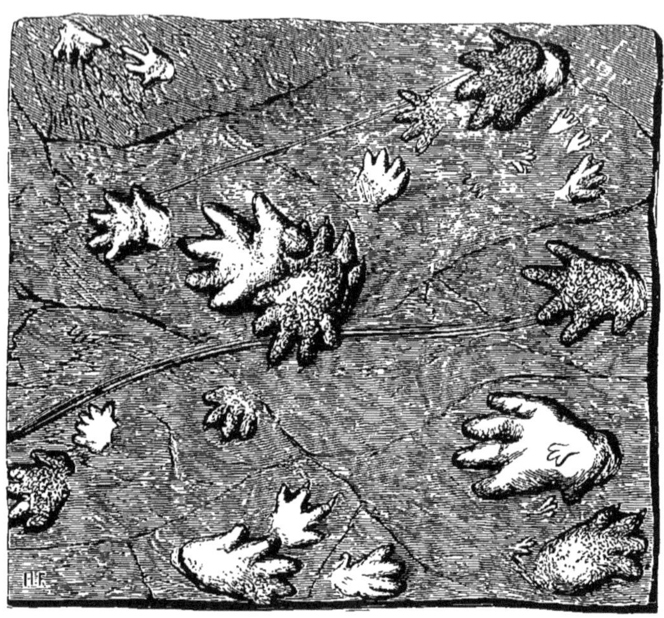

Fig. 266. — Portion d'un bloc de grès avec empreintes connues sous le nom de *Cheirotherium*, à 1/10 de grandeur : on voit des traces de pattes de derrière, de pattes de devant et de queue ; il y a aussi d'autres empreintes tridactyles qui rappellent le *Rhynchosaurus articeps* du Staffordshire. — Grès bigarré de Fozières, Hérault. Donné au Muséum par MM. Bioche et Hugonnencq.

sable des impressions analogues à celles que les pattes et la queue du *Cheirotherium* ont laissées dans les sables triasiques changés aujourd'hui en grès.

On a généralement considéré le *Cheirotherium* comme un labyrinthodonte. Mais cela me paraît très douteux. Je serais plutôt porté à voir en lui un dinosaurien ; voici mes raisons : 1° l'inégalité de grandeur dans les membres de devant et de derrière s'accorde avec ce qu'on voit chez les dinosauriens et nullement avec ce qui s'observe dans les squelettes entiers de labyrinthodontes découverts depuis quelques années dans le permien d'Autun; 2° la netteté et la profondeur des empreintes annoncent des animaux qui s'appuyaient fortement sur le sol comme les dinosauriens plutôt que des bêtes rampantes comme les labyrinthodontes; 3° les traces des papilles dures du dessous des pattes rappellent la disposition des pattes dures des lézards plus que celles des pattes à peau molle des batraciens. Les labyrinthodontes ont été sans doute plus rapprochés des batraciens et les dinosauriens plus rapprochés des lézards; il me paraît donc naturel d'attribuer les empreintes de *Cheirotherium* à des dinosauriens plutôt qu'à des labyrinthodontes.

Les labyrinthodontes du trias ont une grande ressemblance avec ceux du primaire, notamment avec l'*Actinodon* du permien d'*Autun*. Comme celui-ci, ils sont stégocéphales[1], c'est-à-dire que le crâne a la forme d'un toit plat, continu, sans aucune fosse derrière les orbites. Comme lui aussi, ils ont une tête triangulaire, des dents non seulement sur les mâchoires, mais sur le vomer et le palatin, un double condyle occipital, deux orifices nasaux placés en avant, des orbites assez petites rapprochées du milieu de la tête, un grand entosternum et de larges épisternum (clavicules) vermiculés ainsi que les os du crâne.

A côté de ces traits de ressemblance, je dois signaler quelques différences : les dents des labyrinthodontes du trias, tout en ayant le même aspect extérieur que celles des labyrinthodontes primaires, n'ont pas la même structure interne; vues à la loupe, elles montrent des plis labyrinthiformes qui ont fait imaginer le nom de labyrinthodonte, au lieu que l'*Actinodon*, comme son étymologie l'indique, n'a que des rayons droits. Mais la complication labyrinthiforme ne s'est pas produite brusquement; elle a commencé à se manifester dans les dents du *Loxomma* du houiller de Glascow que M. Atthey a étudiées; elle a augmenté dans les dents du *Macromerion bicolor* et

1. J'ai dit dans mes *Enchaînements des fossiles primaires* que ce nom venait de στέγη, toit, et κεφαλή, tête.

surtout du *Macromerion Bayeri* du permien de Bohême figurées par M. Fritsch. D'ailleurs nous savons qu'il y a beaucoup plus de complication dans les plis internes des dents chez l'*Hipparion* que chez le cheval, chez l'*Elasmotherium* que chez le rhinocéros, et cela ne nous empêche pas de croire que le cheval est descendu de l'*Hipparion* et que l'*Elasmotherium* est un proche parent du rhinocéros.

Une autre différence des labyrinthodontes du primaire et de ceux du trias consiste dans la dimension gigantesque de ces derniers. Nos reptiles du permien de France sont chétifs à côté du *Mastodonsaurus*. Mais M. de Möller à Saint-Pétersbourg et M. Trautschold à Moscou m'ont montré de gros os de reptiles permiens qui prouvent qu'en Russie certains labyrinthodontes avaient acquis une grande taille avant l'époque du trias. La différence de dimension peut être le résultat d'un état d'évolution moins avancé.

Il en est de même des différences d'ossification des condyles occipitaux et des corps de vertèbres; les condyles sont concaves chez l'*Actinodon* du permien et sans doute ils restaient encore en partie cartilagineux, tandis que chez les labyrinthodontes du trias (page 170, fig. 264) ils sont convexes, leur ossification étant achevée. Les corps des vertèbres de l'*Actinodon* sont en trois morceaux non soudés encore, au lieu que, dans les labyrinthodontes du trias, leur ossification est terminée ou tout au moins très avancée. On pourra voir dans l'ouvrage de M. Eberhard Fraas sur les labyrinthodontes du trias des figures de vertèbres dont l'ossification, qui n'est pas tout à fait achevée, fait penser aux labyrinthodontes primaires. J'ai déjà dit combien la constatation de ces organes inachevés favorise l'idée d'évolution.

Enfin, dans les labyrinthodontes du primaire il y avait un plastron ventral d'écailles ganoïdes qui semble manquer chez les labyrinthodontes du trias. C'est là encore une différence d'évolution qui a coïncidé avec la solidification de la colonne vertébrale. Les labyrinthodontes ont perdu le plastron d'écaille qui défendait leur ventre, quand leur squelette interne étant achevé, ils ont eu toute leur force. Chez les reptiles, comme chez les poissons, l'exosquelette s'est atténué au fur et à mesure que le développement de l'endosquelette a rendu le premier inutile.

Si je crois que les labyrinthodontes secondaires ont eu pour ascendants les labyrinthodontes primaires, je ne saurais dire quels ont été leurs descendants. A part l'animal encore un peu problématique appelé *Rhinosaurus*, qui a été trouvé dans le jurassique de la Russie, on ne voit plus, après l'époque du trias, de labyrinthodontes ou de types qui en soient voisins; à en juger par l'état actuel de la science, il semble que leur étrange famille se soit développée à la fin du primaire pour avoir tout son épanouissement à l'époque du trias, et qu'après avoir donné à la faune continentale de cette époque une physionomie très particulière, elle se soit éteinte sans postérité.

Quoi qu'il en soit, il est nécessaire de chercher quelle place il faut assigner aux labyrinthodontes dans la classe des reptiles. De nos jours, les reptiles anallantoïdiens, représentés par les batraciens, sont bien distincts des reptiles allantoïdiens (tortues, sauriens, crocodiles, serpents), et même beaucoup de zoologistes en font une classe spéciale. Je ne veux pas nier que l'allantoïde ait une importance de premier ordre, car c'est elle qui est appelée à former le placenta par lequel le fœtus s'unit intimement à sa mère et reçoit ses liquides nourriciers. Cependant il faut remarquer que l'absence d'allantoïde résulte d'un arrêt de développement : il y a un temps où l'allantoïdien ressemble à l'anallantoïdien par le manque d'allantoïde. On doit aussi noter que le placenta n'est pas indispensable pour que le fœtus arrive au monde dans un état déjà avancé, car chez les reptiles proprement dits et chez les oiseaux, l'allantoïde ne forme pas de placenta; la grande quantité de substance nutritive renfermée dans la vésicule ombilicale compense si bien la formation du placenta que les petits, en sortant de l'œuf, sont très perfectionnés. Mais, quand même il n'y a pas d'allantoïde et que la vésicule ombilicale, relativement petite, renferme peu de vitellus, le fœtus se développe parfaitement, comme le montrent la salamandre terrestre et certains poissons osseux vivipares tels que la blennie, le *Pimelodus*, la pœcilie de Surinam. Je me rappelle qu'il y a déjà longtemps, dans son laboratoire d'embryogénie du Collège de France, M. Gerbe me faisait voir parmi les reptiles proprement dits, parmi les batraciens, parmi les sélaciens et même parmi les poissons osseux, des animaux très voisins à l'état adulte, dont les uns sont vivipares, dont les autres sont ovipares; mon cher maître me disait alors : « *Quoique pour moi l'embryogénie soit la plus belle des sciences, je pense qu'il faut prendre garde de s'exagérer l'importance des modes de développement.* »

Ainsi je ne crois pas que l'abîme apparent qui sépare les allantoïdiens des anallantoïdiens ait été infranchissable. Les labyrinthodontes semblent l'avoir diminué, car, d'une part, la forme générale de leur corps, la grandeur et l'aplatissement de leur tête, la disposition de leurs membres et leurs allures probablement très rampantes les rapprochent des batraciens; d'autre part, leurs orbites petites et leurs os unis en arrière des orbites pour former un toit continu, donnaient à leur tête un autre aspect que chez les batraciens ordinaires; ils en différaient aussi par leurs grandes dents, par leurs os du crâne sculptés comme chez les crocodiles, par leurs côtes très développées avec de larges expansions, par leur sternum qui rappelait la forme de celui des lacertiens. Ce n'est pas dans les batraciens, mais dans un lacertien, l'*Hatteria*, qu'il faut chercher des analogies avec le plastron ventral des anciens labyrinthodontes. On a pensé que le double condyle occipital des labyrinthodontes éloigne ces fossiles des reptiles proprement dits pour les rapprocher des batraciens; mais le fait qu'un animal a un condyle, au lieu d'en avoir deux, peut être un fait d'adaptation provenant de ce que la tête, devenue légère, a eu besoin d'avoir dans ses attaches moins de force et plus de mobilité. De même que, dans la nature actuelle, les individus jeunes ont souvent une plus grosse tête que les adultes, il est possible que, pendant les temps géologiques où la classe des reptiles était encore jeune, les têtes aient été plus larges. Quand on compare les têtes des tortues, on voit un passage de l'état où les pleurocentrum, qui représentent les deux condyles occipitaux, sont bien distincts, à l'état où les pleurocentrum sont confondus dans un condyle unique. Ainsi, sur la figure 267, où j'ai fait dessiner des condyles occipitaux, on remarquera que les pleurocentrum *pl.* sont séparés par l'hypocentrum *h.* dans la *Chelone* A., qu'ils

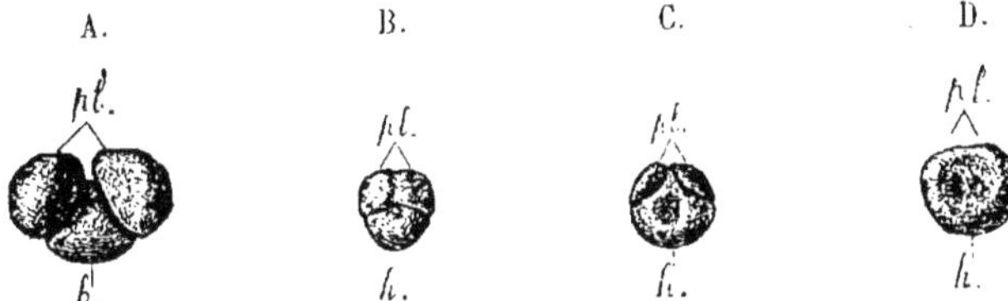

Fig. 267. — Condyles occipitaux de tortues à 3/4 de grandeur : A. *Chelone*; B. *Chelys matamata*; C. *Gymnopoda*; D. *Testudo Vosmaeri*; *h.* hypocentrum; *pl.* pleurocentrum. — Époque actuelle.

sont rapprochés dans la *Chelys matamata* B., qu'ils sont en partie confondus dans le *Gymnopoda* C., et qu'enfin, dans la *Testudo* D., il n'y a plus qu'un condyle sans distinctions de parties[1]. Supposons que dans la *Chelone* A., les pleurocentrum *pl.* aient été écartés et que l'hypocentrum *h.* ait été aplati comme le reste du basilaire, on aurait un animal à deux condyles occipitaux.

On voit par ces remarques que les labyrinthodontes, tout en ayant certains rapports avec les batraciens, ont marqué aussi quelque tendance vers les reptiles proprement dits. Il n'est pas impossible que les uns et les autres soient descendus d'ancêtres communs se rapprochant des larves des *Protriton*. Mais, s'il en a été ainsi, la séparation a dû se faire dans un passé très lointain, à l'époque où ces animaux étaient encore

1. On voit seulement au milieu du condyle un enfoncement où s'attache un ligament.

petits, avant que leurs dents, leurs sus-temporaux, leurs post-orbitaires, leurs sus-occipitaux, leur sternum, leur épisternum, leurs côtes, leur armure ventrale se soient bien développés.

Thériodontes. — Quand les géologues sortent de notre vieille Europe pour explorer des pays inconnus, ils y trouvent de nombreuses curiosités paléontologiques. Cela est arrivé notamment lorsqu'on a visité le trias de l'Afrique australe. C'est à M. Bain qu'on a dû les premières découvertes des reptiles de cette région; M. Richard Owen a eu le privilège de les faire connaître au monde savant; M. Seeley a ajouté beaucoup à leur histoire. Ces deux éminents paléontologistes ont décrit plusieurs groupes qui présentent des caractères singuliers, par exemple les dicynodontes[1] qu'on a quelquefois appelés les tortues bidentées du Cap, les oudénodontes[2], qui étaient des dicynodontes sans dents, et les thériodontes[3].

On a cru voir dans les thériodontes quelque tendance vers la classe des mammifères; c'est ce qui a fait imaginer le nom de

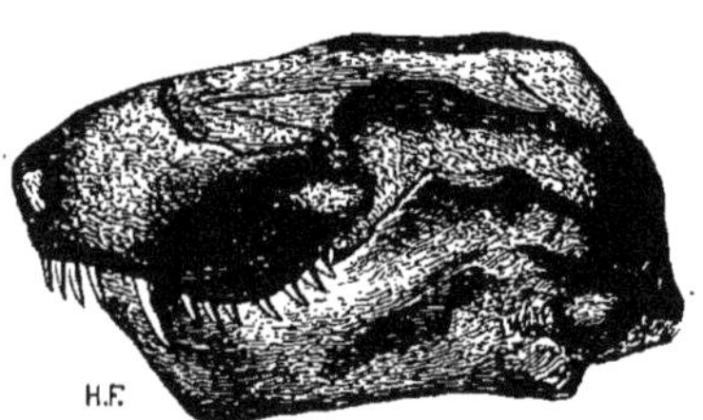

Fig. 268. — ***Lycosaurus curvimola***, au 1/4 de grandeur, d'après un moulage envoyé au Museum de Paris et d'après le dessin de M. Owen. — Trias de l'Afrique australe.

ces reptiles. Si, en effet, on regarde la figure 268, qui représente la tête de l'un d'eux, le *Lycosaurus*[4], on remarque qu'une des dents est plus grande que les autres, comme cela

1. Δύο, deux; κυνόδους, dent canine, à cause de leurs deux grandes dents supérieures.

2. Οὐδείς, aucun, et ὀδὼν, dent.

3. Θηρίον, bête sauvage, mammifère, et ὀδὼν.

4. Λύκος, loup; σαῦρος, lézard.

a lieu pour les canines de beaucoup de mammifères; le museau, avec son ouverture nasale unique portée en avant, simule un peu celui d'un chien. On a été frappé aussi de la disposition des humérus, qui ont une arcade pour le passage de l'artère cubitale comme dans les chats; la figure 269 en donne un exemple. Peut-être un jour ces animaux prouveront le passage des reptiles aux mammifères, mais je les connais trop imparfaitement pour oser discuter une si grave question.

Fig. 269. — Humérus de *Cynodracon*[1] *major*, au 1/6 de grandeur (d'après Owen). — Trias de l'Afrique australe.

Ils paraissent se rapprocher de certains reptiles de la fin du primaire. J'ai fait connaître un genre *Stereorachis* du permien d'Autun qui leur ressemble par la disposition de ses dents et par l'arcade de l'humérus. J'ai rappelé que l'humérus du *Brithopus* trouvé dans le permien de la Russie avait une arcade. M. Cope a découvert aussi dans le permien du Texas et de l'Illinois des animaux voisins des thériodontes.

Ichthyosauriens. — Les océans primaires ne semblent pas, jusqu'à présent, avoir eu des reptiles; les océans actuels n'en renferment pas d'autres que les tortues; mais ceux de l'époque secondaire ont été animés par des reptiles nombreux.

L'*Ichthyosaurus* est un de ceux qui ont le plus attiré l'attention des paléontologistes. On en avait déjà vu des débris en 1708; seulement on les avait pris pour des restes humains : « *Scheuzer*, dit Cuvier, *se promenant un jour dans les environs d'Altorf, ville et université du territoire de Nuremberg, avec son ami Langhans, alla faire des recherches au pied du gibet. Langhans trouva un morceau de marbre qui contenait huit vertèbres... Saisi d'une terreur panique, Langhans jeta*

1. Κύων, κυνὸς, chien; δράκων, dragon.

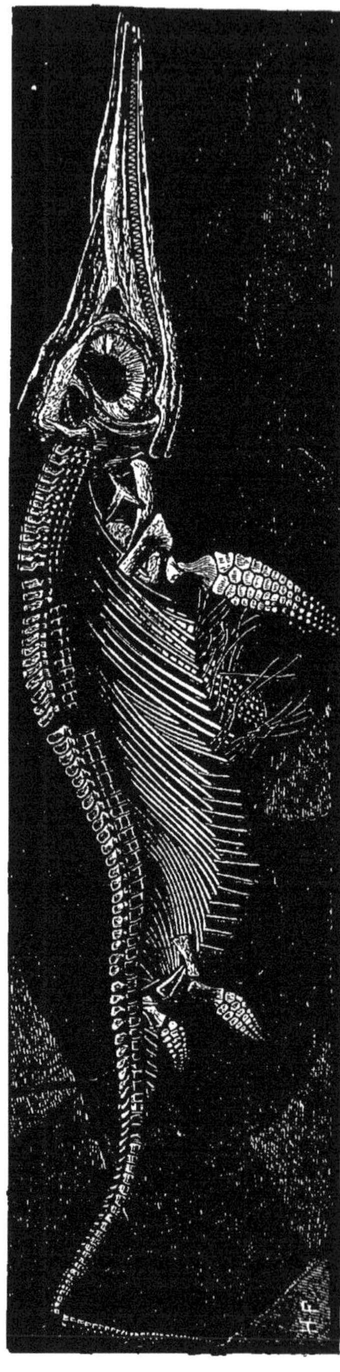

Fig. 270. — Squelette d'*Ichthyosaurus tenuirostris*, au 1/5 de grandeur. — Lias supérieur d'Holzmaden, Wurtemberg. Collection du Museum.

cette pierre, et Scheuzer, l'ayant ramassée, en garda deux vertèbres qu'il considéra comme humaines et qu'il fit graver dans ses « Piscium querelæ ».

Plus d'un siècle après [1], le naturaliste anglais sir Evrard Home apprit ce qu'était l'*Ichthyosaurus*; il en trouva une tête et quelques os à Lyme Regis, dans le sud de l'Angleterre. Kœnig, conservateur du British Museum, imagina son nom [2], croyant que c'était un poisson qui se rapprochait des sauriens; bientôt après, Home reconnut que ce n'était pas un poisson voisin des sauriens, mais un saurien ayant certaines apparences des poissons.

Aujourd'hui il n'y a pas de type fossile mieux connu que l'*Ichthyosaurus*. Il est cité dans le trias par MM. Quenstedt, Sauvage, Bassani; M. Baur a cru pouvoir inscrire l'espèce décrite par M. Bassani sous le nom spécial de ***Mixo-***

1. En 1814.
2. Ἰχθυς, ύος, poisson ; σαῦρος, lézard.

saurus[1]. Les *Ichthyosaurus* proprement dits ont été très répandus en Europe pendant toute l'époque jurassique; leurs squelettes entiers sont une des plus curieuses décorations des Musées paléontologiques d'Angleterre et du Wurtemberg. Ils sont moins communs en France; néanmoins le lias de Curcy, le Kimmeridgien du Havre en ont fourni de bonnes pièces; M. Lucien Millot vient de donner au Museum un *Ichthyosaurus* dont la tête mesure 1m,60 et qui a 6 mètres de long, bien qu'il ne soit pas absolument complet; il l'a découvert dans le lias supérieur de Sainte-Colombe, Yonne. Les im-

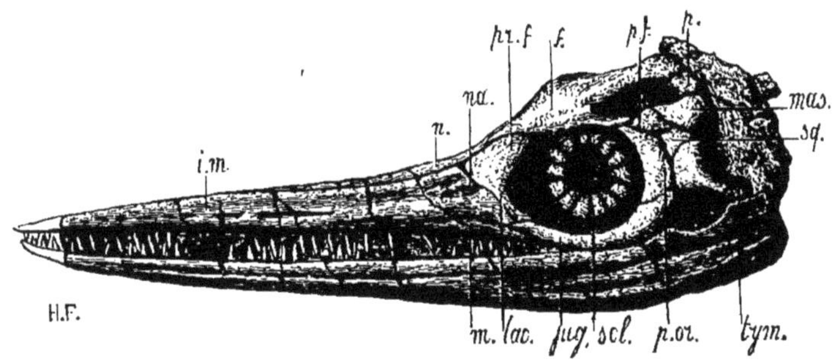

Fig. 271. — Tête de l'*Ichthyosaurus communis*, vue de profil à 1/10 de grandeur : *i.m.* inter-maxillaire; *m.* maxillaire; *jug.* jugal; *n.* os nasaux; *na.* ouverture externe des narines; *lac.* lacrymal; *pr.f.* préfrontal; *f.* frontal; *p.f.* post-frontal; *p.or.* post-orbitaire; *p.* pariétal; *scl.* pièces osseuses de la sclérotique; *sq.* squameux; *mas.* mastoïde; *tym.* tympanique. — Lias de Lyme Regis. — Collection du Museum.

portants travaux du regretté Kiprijanoff ont montré que les *Ichthyosaurus* ont encore joué un rôle considérable dans les mers crétacées de la Russie. M. l'abbé Pouech en a recueilli des débris dans une couche de l'Ariège que M. Hébert attribue au danien; ainsi ces animaux n'auraient disparu qu'à la fin du secondaire. Dans le jurassique supérieur de l'Amérique du Nord, M. Marsh a trouvé une forme légèrement modifiée d'*Ichthyosaurus*, qu'il a appelée *Baptanodon*[2] et qui est bien

1. Μίξις, mélange, σαῦρος, lézard.
2. Βάπτω, j'enfonce; ὀδών, dent.

voisine d'espèces de l'oxfordien et du grès vert d'Angleterre pour lesquelles M. Seeley a créé antérieurement le genre *Ophthalmosaurus*[1].

FIG. 272. — Mâchoire d'*Ichthyosaurus longirostris*, au 1/5 de grandeur; on voit les dents couchées dans les deux rigoles qui occupent toute la longueur des mâchoires. — Lias supérieur d'Holzmaden. Collection du Museum.

H.F.

L'*Ichthyosaurus* (fig. 271) a un long bec; la figure 272 offre l'exemple d'une espèce où cette longueur du bec prend des proportions tout à fait singulières; elle est dessinée d'après un échantillon d'Holzmaden[2] que M. Meyrat a donné au Museum. Cela résulte du développement des inter-maxillaires; les maxillaires sont relativement très petits, et, comme on a l'habitude d'appeler incisives les dents placées sur l'inter-maxillaire, tandis qu'on nomme canines et molaires les dents placées sur le maxillaire, on peut dire que les incisives sont de beaucoup les plus nombreuses. Les dents ont une disposition curieuse qui se voit bien dans la figure ci-contre; elles étaient logées au fond d'une rigole qui occupe toute la longueur des os des mâchoires; le tissu des gencives ayant disparu lors de la fossilisation, elles se trouvent couchées le long des rigoles. Toutes ces dents sont simples, pointues, semblables les unes aux autres. D'un seul côté, j'en ai compté 94 sur un *Ichthyosaurus tenuirostris* d'Holzmaden provenant de la collection de Ponsort; cela fait un total de 188 dents; c'est là un frappant exemple de ce qu'on est convenu de nommer la loi de répétition des parties.

Cette répétition est considérée quelquefois

1. Ὀφθαλμὸς, œil, et σαῦρος.

2. Cet *Ichthyosaurus* est l'*I. longirostris* de Jäger. Il a des dents jusqu'auprès de son extrémité antérieure. Son bec est encore plus long que dans l'*Ichthyosaurus latifrons*, Kœnig. Cette forme si extraordinaire mériterait mieux la création d'un nom de genre que tant de légères mutations d'après lesquelles on a établi des noms nouveaux.

comme une marque d'infériorité, mais elle peut être aussi une adaptation au genre de nourriture qu'avait l'*Ichthyosaurus*. Les yeux de cet animal (fig. 271) indiquent une organisation supérieure; leur sclérotique était renforcée par des plaques osseuses qui se sont bien conservées dans la fossilisation : « *c'étaient*, a dit Buckland[1], *des instruments d'optique d'un pouvoir varié et prodigieux, qui permettaient à l'Ichthyosaurus d'apercevoir sa proie à une grande ou à une petite distance, dans l'obscurité de la nuit et dans les profondeurs de la mer.* »

Les vertèbres ont des corps plats, biconcaves, qui, n'étant pas soudés avec leurs arcs, se rencontrent isolés (fig. 281) et dans cet état étonnent les personnes étrangères à la science par leur ressemblance avec des dames à jouer. On compte de 110 à 140 vertèbres qui se ressemblent beaucoup de la tête à la queue; nous voyons donc ici un nouvel exemple de répétition de parties similaires.

C'est dans les membres surtout que la répétition des parties est frappante (fig. 283); les os du membre postérieur ressemblent à ceux du membre antérieur, sauf qu'ils sont plus petits; on retrouve à peu près la même forme dans l'humérus que dans le fémur, dans le radius que dans le tibia, dans le cubitus que dans le péroné, dans les os du carpe que dans ceux du tarse et dans les os des mains que dans les os des pieds. En outre la plupart des os d'un même membre diffèrent si peu que lorsqu'ils sont trouvés isolés, il est difficile de marquer leur rang; tout est modifié pour former une palette natatoire. M. Baur, qui a fait d'ingénieuses recherches sur plusieurs points de l'organisation des reptiles, a remarqué que le plus ancien *Ichthyosaurus*, appelé par lui *Myxosaurus*, est celui dont les membres sont le moins modifiés. Les os de ses jambes sont facilement reconnaissables, et ceux de la première rangée du tarse ont une position normale. C'est au contraire dans les

1. *Geology and Mineralogy considered with reference to natural theology*, vol. I, p. 173, 1858.

derniers représentants du type *Ichthyosaurus* nommés par M. Seeley *Ophthalmosaurus* et par M. Marsh *Baptanodon*, que les membres sont le plus modifiés; les os de la jambe ne se distinguent plus de ceux du tarse. Il semble d'après cela que, si la palette natatoire a été l'héritage d'un ancêtre, c'était un faible héritage qui a été bien augmenté pendant la vie du type *Ichthyosaurus*.

Non seulement on possède toutes les parties du squelette de l'*Ichthyosaurus*, mais encore on peut se faire une idée de quelques-unes de ses parties molles; ainsi MM. Richard Owen,

Fig. 273. — Coprolite qui provient sans doute d'un *Ichthyosaurus*, à 1/2 grandeur. — Lias de Lyme Regis. Collection du Muséum.

Fig. 274. — Fragment d'un coprolite attribué à un *Ichthyosaurus*, qui renferme deux vertèbres et d'autres fragments d'un tout petit *Ichthyosaurus*. Grandeur nat. — Lias de Lyme Regis. Coll. du Muséum.

Eberhard Fraas et Lydekker ont très bien décrit des pattes dont la peau est restée intacte.

Dans les *Ichthyosaurus* adultes (fig. 270) et même dans le fœtus dont je donne le dessin (fig. 275), la colonne vertébrale est brisée à peu de distance du bout de la queue; il en est de même dans tous les squelettes d'*Ichthyosaurus* de notre galerie de paléontologie et dans un grand nombre de squelettes des Musées étrangers. M. Richard Owen a pensé qu'une brisure aussi constante ne pouvait être l'effet du hasard; il a supposé l'existence d'une nageoire caudale qui, rendant plus pesante l'extrémité de la queue, avait amené sa rupture lors de l'enfouissement. Burmeister[1] a dit à ce sujet : « *Qui pourrait ne pas s'étonner et ne pas payer un juste tribut d'admiration à la sagacité de ce grand naturaliste, lorsqu'on voit comment, en s'aidant des circonstances les plus insignifiantes, il a su prouver l'existence d'une extrémité caudale toujours détruite, organe dont l'importance est si grande pour la restauration d'ensemble d'un animal éteint.* »

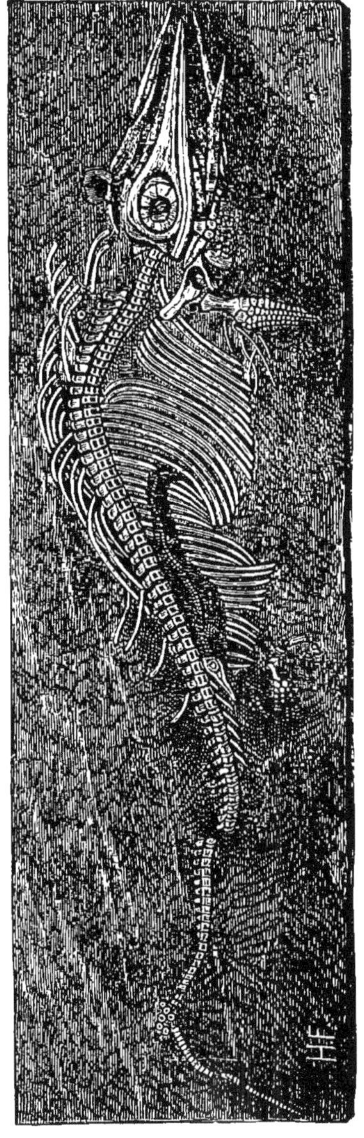

Fig. 275. — Squelette d'un *Ichthyosaurus tenuirostris*, avec un petit dans son ventre, au 1/14 de grandeur. — Lias supérieur d'Holzmaden. Collection du Muséum.

Buckland, il y a déjà longtemps, et plus récemment Eug. Deslongchamps ont trouvé à la place de l'estomac des restes d'aliments : ce sont des morceaux de crustacés et de petites ammonites qui avaient été avalés soit par des *Ichthyosaurus*, soit plutôt par des poissons dont ceux-ci avaient fait leur proie. En outre, Buckland a formé des collections de coprolites d'*Ichthyosaurus* qui

1. *Histoire de la Création*. Traduction française par E. Maupas, p. 557. Paris, 1870.

ont montré leurs habitudes carnivores; on voit dans la figure 274 un fragment de coprolite qui renferme deux vertèbres et d'autres morceaux d'un tout petit *Ichthyosaurus*.

La vue du coprolite de la figure 273 apprend que l'intestin de l'*Ichthyosaurus* était garni de valvules spirales comme celui des squales actuels.

Enfin on a trouvé plusieurs squelettes avec un petit dans le ventre, ce qui ne peut laisser de doute sur la viviparité de l'*Ichthyosaurus*; la figure 275, prise sur un échantillon de notre galerie de paléontologie, montre une femelle dans le ventre de laquelle il y a le squelette d'un fœtus dont le développement est très avancé, qui a la tête tournée, suivant la position naturelle, vers l'anus.

On voit par les détails qui précèdent que l'*Ichthyosaurus* a dû être un puissant nageur; ses vertèbres si nombreuses, à cavités remplies par du cartilage, indiquent un corps d'une extrême flexibilité; ses quatre nageoires lui permettaient de se mouvoir encore plus rapidement que les cétacés; avec son appareil visuel si bien organisé et son long bec si bien armé, il ne devait laisser échapper aucune proie. Heureusement pour ses contemporains, sa viviparité a diminué la propagation de ses espèces.

Bien que l'*Ichthyosaurus* ait réalisé le type le plus parfait de l'animal nageur, il n'y a pas lieu de chercher ses parents parmi les poissons. Les différences avec les poissons osseux sont absolues. Les poissons cartilagineux montrent quelques traits de ressemblance : beaucoup d'entre eux sont également vivipares; l'intestin des squales a des valvules spirales; les corps de leurs vertèbres sont de même biconcaves et unis par un abondant cartilage. M. Gegenbaur a cru trouver des homologies entre les os des nageoires pectorales des poissons cartilagineux et des ichthyosaures; mais ces homologies me paraissent encore vagues. D'ailleurs les coracoïdes, les omoplates, les clavicules, le sternum, l'appareil respiratoire, les côtes et la tête surtout établissent entre l'*Ichthyosaurus* et les poissons cartilagineux un tel abîme qu'il semble difficile de le combler.

Quand on se représente (fig. 270) la grande tête des *Ichthyosaurus* armée de dents pointues et similaires, leur cou raccourci, leur corps massif, leurs pattes de devant en forme de rames, leur peau nue, on s'imagine des bêtes qui ne devaient pas être très différentes d'aspect des dauphins, et cependant on ne peut croire qu'ils aient été leurs progéniteurs. Pour admettre cette descendance, il faudrait faire les suppositions suivantes : les vertèbres se sont compliquées en même temps que leur nombre diminuait; les membres postérieurs ont fini par disparaître; le coracoïde s'est en partie atrophié et s'est confondu avec l'omoplate pour former l'apophyse coracoïde; l'humérus est devenu plus court que les os de l'avant-bras et a fait saillir sa tête; le tissu osseux des mâchoires a envahi l'espace qui séparait les dents, de sorte que celles-ci, au lieu d'être rangées dans une rigole, sont isolées chacune dans un alvéole; les six os composant chaque mâchoire inférieure se sont soudés. Ces changements ne sont pas impossibles à concevoir, mais il en faut encore imaginer de plus grands : on ne peut rien voir de plus opposé que la disposition des narines, des orbites, des inter-maxillaires, des pariétaux, des occipitaux dans les *Ichthyosaurus* et les cétacés. Le tissu des os est aussi très différent, car, autant il est spongieux chez les cétacés, autant il est dense chez les *Ichthyosaurus*. La conséquence de cela, c'est que des êtres d'origine distincte ont pu prendre certaines ressemblances, lorsque leurs organes ont dû s'adapter au même milieu et à un genre de vie à peu près semblable.

J'ai cherché si je ne pourrais pas découvrir des liens de parenté entre les *Ichthyosaurus* et quelques labyrinthodontes primaires de formes allongées comme l'*Archegosaurus*. Les dents de ce dernier ont de la ressemblance; la forme générale du corps en a aussi; il y a de même des post-orbitaires, des sus-squameux; on remarque également un trou inter-pariétal.

Mais, à côté de ces points de ressemblance, il y a de nombreuses différences. Pour croire que les *Ichthyosaurus* sont descendus des *Archegosaurus*, il faudrait supposer que ceux-ci ont quitté les lacs pour se rendre dans la mer, que leurs os se sont écartés pour former de petites fosses temporales, que leurs deux condyles occipitaux se sont réunis en un condyle unique, que les orifices externes de leurs narines se sont portés plus en arrière, que leur vomer a cessé d'être armé de dents, que leurs yeux se sont beaucoup agrandis, que les parties où sont attachées les dents se sont creusées de manière à former des rigoles, que les ptérygoïdes ont changé de forme, que les prémaxillaires, petits d'abord, se sont allongés au point de surpasser en longueur les maxillaires, que les vertèbres se sont aplaties d'avant en arrière, que leurs zygapophyses se sont atténuées, que les côtes antérieures, au lieu de s'attacher aux vertèbres sur un seul point, ont développé une tête distincte du tubercule, que les clavicules se sont rétrécies en même temps que le sternum, que tous les os des membres de devant et de derrière ont été singulièrement raccourcis et aplatis, que les phalanges se sont multipliées, que le plastron d'écaille a disparu.

Outre l'*Archegosaurus* et les genres trouvés en France, on connaît un grand nombre de reptiles permiens; ils ont été habilement décrits en Bohême par M. Fritsch, en Saxe par MM. Geinitz, Deichmüller, Credner, en Russie par M. Trautschold, dans l'Inde par M. Lydekker, en Amérique par M. Cope; aucun de ces animaux ne m'a semblé assez rapproché de l'*Ichthyosaurus* pour que j'aie le droit de dire qu'ils en ont été les ancêtres directs.

En résumé, bien que l'*Ichthyosaurus* soit un des êtres fossiles les mieux connus, on ne peut pas indiquer de quelles créatures moins élevées que lui il est descendu. Il reste à se demander si, au lieu de marquer un progrès, il n'aurait pas marqué un amoindrissement et ne descendrait pas d'animaux plus élevés que lui; j'étudierai plus loin cette question.

Plésiosauriens. — Nous rencontrons dans les temps géologiques des exemples d'animaux qui ont été les uns pour les autres de fidèles compagnons : ainsi nous trouvons le plus souvent le *Mammouth* avec le *Rhinoceros tichorhinus*, l'*Elephas antiquus* avec le *Rhinoceros Merckii*, l'*Elephas meridionalis*

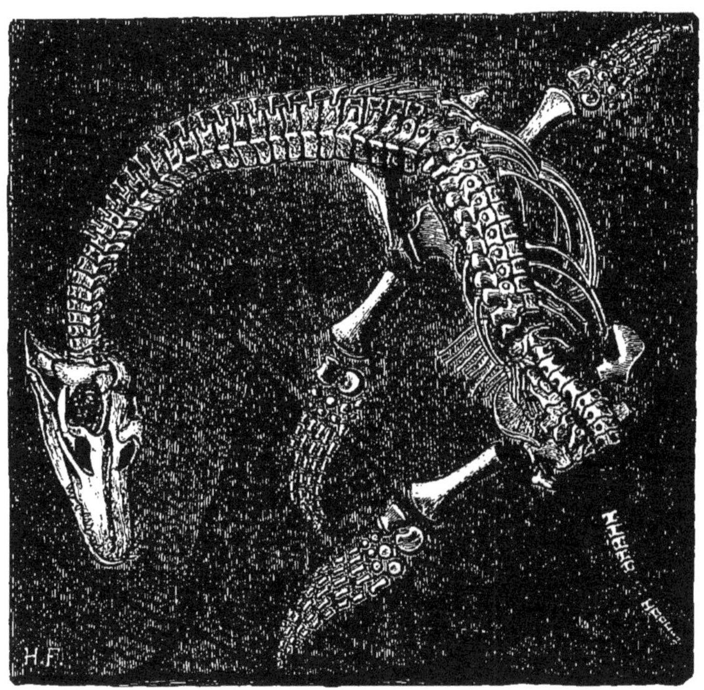

Fig. 276. — *Plesiosaurus macrocephalus*, au 1/9 de grandeur. Ce dessin, donné par Buckland, a été légèrement modifié d'après l'examen d'un moulage que l'illustre paléontologiste anglais a envoyé au Muséum. Le cou a subi une torsion, de sorte que les apophyses épineuses des vertèbres cervicales sont vues en dessous et les côtes sont vues en dessus au lieu de l'être en dessous. — Trouvé dans le lias de Lyme Regis par Miss Anning.

avec l'*Hippopotamus major*, l'*Anchitherium aurelianense* avec le *Mastodon angustidens*, l'*Anoplotherium* avec le *Palæotherium*, le *Plesiosaurus* avec l'*Ichthyosaurus*.

Comme l'*Ichthyosaurus*, le *Plesiosaurus* (fig. 276) a beaucoup attiré l'attention des naturalistes. Lorsque Cuvier, dans son grand ouvrage sur les *Ossements fossiles*, a commencé l'étude de ces reptiles, il s'est exprimé ainsi[1] : « *Nous voici arrivés à ceux de tous les reptiles, et peut-être de tous les animaux fossiles qui ressemblent le moins à ce que l'on connaît et qui sont le plus faits pour surprendre le naturaliste par des combinaisons de structures qui, sans aucun doute, paraîtraient incroyables à quiconque ne serait pas à portée de les observer par lui-même. Dans le premier genre, un museau de dauphin, des dents de crocodile, une tête et un sternum de lézard, des pattes de cétacés, mais au nombre de quatre, enfin des vertèbres de poissons; dans le second, avec ces mêmes pattes de cétacé, une tête de lézard et un long cou semblable au corps d'un serpent.* » Et ailleurs Cuvier dit[2] : « *Le Plesiosaurus est peut-être le plus hétéroclite des habitants de l'ancien monde, c'est celui de tous qui paraît le plus mériter le nom de monstre.* » Ce mot de « monstre » ne doit pas être entendu en ce sens que le *Plesiosaurus* offre des caractères extraordinaires, différents de ceux des êtres actuels, mais il signifie que le *Plesiosaurus* réunit des apparences propres aujourd'hui à des animaux de classes différentes.

Le *Plesiosaurus* a été rangé avec l'*Ichthyosaurus* sous le titre d'énaliosauriens[3], parce que tous deux ont été organisés pour vivre en pleine mer; ils avaient l'un et l'autre deux paires de pattes disposées en nageoires, des narines placées près des yeux; leurs os ont la même structure, et une curieuse note de M. Seeley vient d'apprendre qu'ils étaient également vivipares. Mais le *Plesiosaurus* (fig. 276) différait à plusieurs égards. Ainsi que son nom l'indique[4], il était moins éloigné des lézards que l'*Ichthyosaurus*. Il était beaucoup moins massif que ce dernier, et, au lieu d'avoir un cou raccourci et une longue queue, il avait une queue courte et un cou d'une longueur singulière; ses vertèbres cervicales atteignaient le nombre

1. *Recherches sur les ossements fossiles*, 4me édition, vol. X, p. 387.
2. Ouvrage cité, p. 247.
3. Ἐνάλιος, marin.
4. Πλησίον, près; σαῦρος, lézard.

de 33, au lieu que le cou du cygne a seulement 23 vertèbres : on le représente tantôt plongeant, tantôt relevant la tête pour saisir les ptérosauriens qui volaient près de la surface des eaux. Ses mâchoires (fig. 279) étaient beaucoup plus courtes que dans l'*Ichthyosaurus*; ses yeux étaient plus petits et n'avaient pas leur sclérotique renforcée par des plaques osseuses; les dents n'étaient pas engagées dans une rigole des mâchoires, mais chaque dent avait son alvéole. Les vertèbres (fig. 282) avaient des corps un peu moins plats, biplans au lieu d'être biconcaves. La figure 277 montre que les côtes s'inséraient, soit

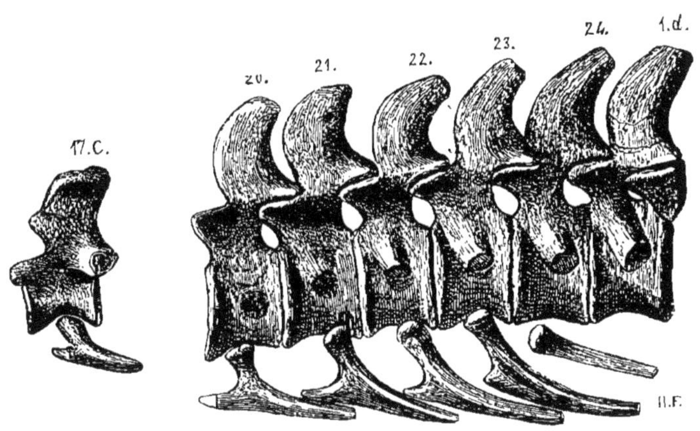

FIG. 277. — Vertèbres du *Plesiosaurus rostratus*, vues de côté, au 1/4 de grandeur : 17 c. dix-septième vertèbre cervicale ; 20. 21. 22. 23. 24. représentent les 5 dernières cervicales ; 1. *d*. première vertèbre dorsale. Cette gravure a été faite d'après la planche XII du Mémoire de M. R. Owen sur les reptiles de la formation liasique. — Lias inférieur de Charmouth.

sur le centrum des vertèbres, soit sur les diapophyses de l'arc neural, et elle fait voir avec quelle facilité s'est opéré ce déplacement ; dans la 20e vertèbre du cou, l'insertion de la côte se fait en plein sur le centrum ; dans la vertèbre 21, elle monte près de la diapophyse ; dans la 22e, elle est à moitié sur la diapophyse ; dans la 23e, elle y est presque entièrement ; dans la 24e, elle y est entièrement.

Il y avait chez le *Plesiosaurus*, pour chaque paire de côtes, un petit sternum que l'on ne voit pas chez l'*Ichthyosaurus*.

Les os des membres, humérus, radius, cubitus, fémur, tibia, péroné et phalanges, étaient plus allongés que dans l'*Ichthyosaurus*; les pattes (fig. 285) ne formaient pas des palettes natatoires aussi modifiées; enfin les pattes de derrière étaient

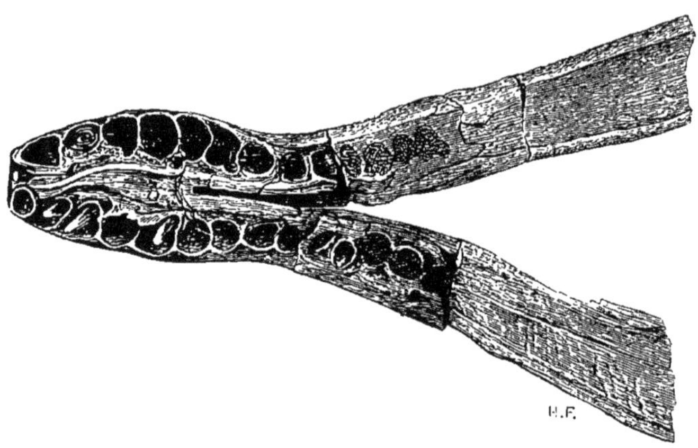

Fig. 278. — Mâchoire inférieure de *Pliosaurus grandis*[1], au 1/10 de grandeur, montrant une grande symphyse et des alvéoles distincts pour chaque dent. — Kimmeridgien du Havre. Collection du Museum.

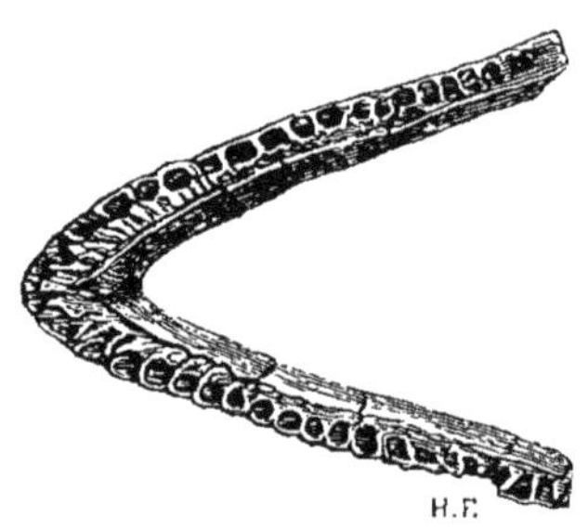

Fig. 279. — Mâchoire inférieure du *Plesiosaurus dolichodeirus*, au 1/3 de grandeur, montrant une très courte symphyse et des alvéoles distincts pour chaque dent. — Lias de Lyme Regis. Donné au Museum par Constant Prévost.

à peu près égales aux pattes de devant, au lieu que chez l'*Ichthyosaurus* elles étaient beaucoup plus petites.

1. Dans le catalogue du British Museum, M. Lydekker substitue le nom de *Pliosaurus macromerus* au nom de *P. grandis*.

Ainsi le *Plesiosaurus* présente de nombreuses différences avec l'*Ichthyosaurus*, mais ces différences ne sont pas toujours aussi accentuées; l'admirable collection des *Plesiosaurus* du British Museum montre que ce genre offre des variations considérables; même quelques paléontologistes ont cru devoir le scinder en plusieurs genres.

Le *Pliosaurus*[1] (fig. 278, 280, 284) diminue un peu la

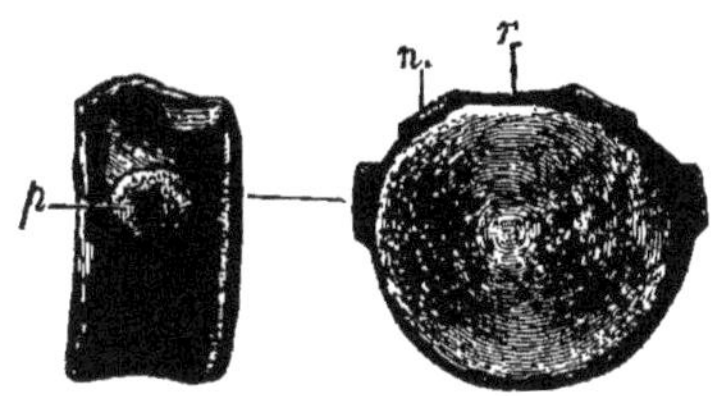

Fig. 280. — Centrum d'une vertèbre de *Pliosaurus*, vu de côté et en avant, au 1/4 de gr. : *r.* canal rachidien; *n.* facettes pour l'arc neural; *p.* facettes des parapophyses. — Kimm. du Havre. Coll. du Mus.

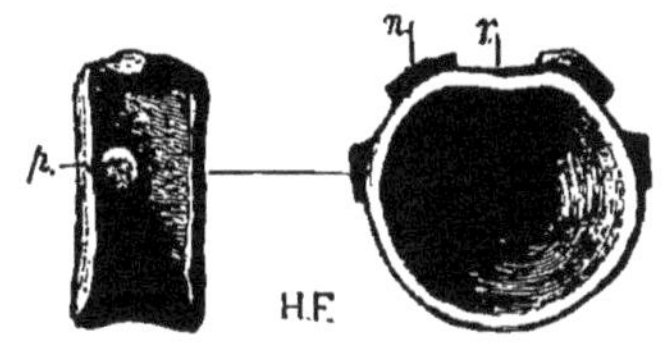

Fig. 281. — Centrum d'une vertèbre d'*Ichthyosaurus*, vu de côté et en avant, au 1/4 de grandeur. Mêmes lettres. — Kimmeridgien du Havre. Collection du Museum.

distance considérable qui existe entre le *Plesiosaurus* et l'*Ichthyosaurus*. Il rappelle l'*Ichthyosaurus* par la longueur de sa

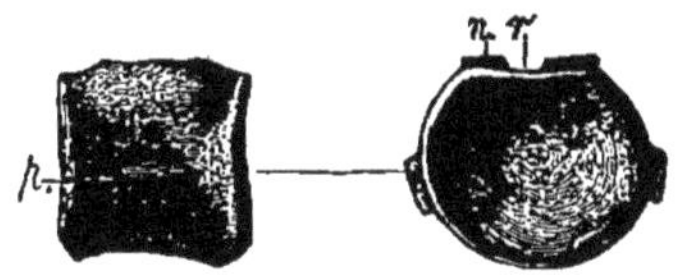

Fig. 282. — Centrum d'une vertèbre cervicale de *Plesiosaurus*, vu de côté et en avant au 1/4 de grandeur. Mêmes lettres. — Lias de Lyme Regis. Collection du Museum.

tête, la grande symphyse de la mâchoire inférieure, la grosseur des dents, il en diffère par l'insertion de chacune des dents au fond d'un alvéole (fig. 278). Il se rapproche par ce dernier caractère du *Plesiosaurus* (fig. 279); il s'éloigne le

1. Πλεῖον, plus; σαῦρος, lézard. Les dents qui ont été décrites sous le nom de *Polyptychodon* appartiennent peut-être au *Pliosaurus*. Le savant Directeur du Musée du Havre, M. Lennier, m'a dit qu'on voyait sur une même mâchoire des dents rondes comme celles des *Polyptychodon* et des dents avec un méplat comme celles des *Pliosaurus*.

plus souvent de ce genre par l'allongement du museau et de la symphyse de la mâchoire inférieure, comme le montre la comparaison des figures de la page 192. Mais il n'a pas con-

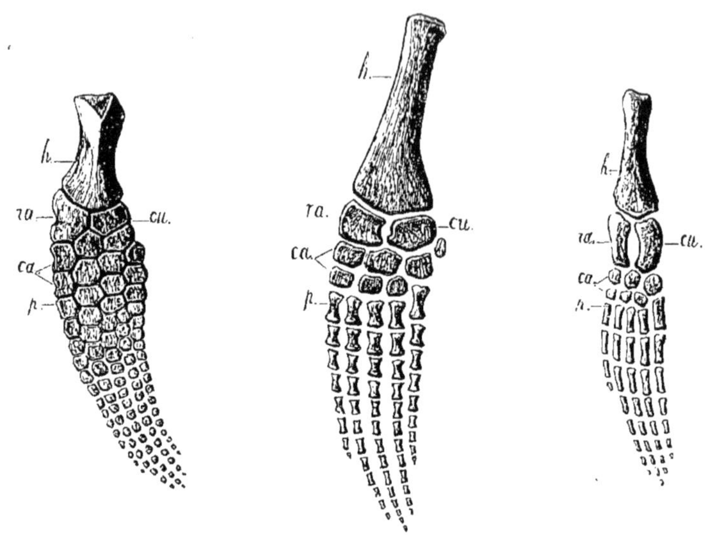

Fig. 283. — Membre de devant de l'*Ichthyosaurus tenuirostris*, environ à 1/2 grand. : *h.* humérus; *ra.* radius; cubitus ; *ca.* carpe; *p.* phalanges. — Lias d'Holzmaden. Collection du Muséum.

Fig. 284. — Restauration d'un membre de devant du *Pliosaurus*, en partie d'après un échantillon du Kimméridgien du Havre, en partie d'après les figures de M. Owen et de Phillips. Au 1/20 de gr. Mêmes lettres.

Fig. 285. — Membre de devant du *Plesiosaurus dolichodeirus*, au 1/5 de grandeur. Mêmes lettres. — Lias de Lyme Regis.

stamment les mêmes proportions : on connaît des *Pliosaurus* qui ont une longue symphyse (ce sont les *Peloneustes*) et d'autres qui ont une courte symphyse (ce sont les *Thaumatosaurus*).

Les vertèbres cervicales (fig. 280) ressemblent à celles de l'*Ichthyosaurus* parce qu'elles sont presque aussi plates; elles s'en éloignent parce qu'au lieu d'avoir des corps biconcaves (fig. 281), elles ont des corps à faces planes comme dans le *Plesiosaurus* (fig. 282).

Les membres du *Pliosaurus* forment aussi l'intermédiaire

entre ceux du *Plesiosaurus* et ceux de l'*Ichthyosaurus*. On s'en rendra compte en comparant les figures des membres de devant d'un *Ichthyosaurus* (fig. 283), d'un *Pliosaurus* (fig. 284), d'un *Plesiosaurus* (fig. 285), dans lesquelles les mêmes os ont été représentés par les mêmes lettres : j'ai désigné les humérus par *h.*, les radius par *ra.*, les cubitus par *cu.*, les pièces du carpe par *ca.*, les phalanges par *p.* On voit que dans le *Pliosaurus*, l'humérus *h.* et les phalanges *p.* sont allongés comme dans le *Plesiosaurus*, au lieu qu'ils sont raccourcis dans l'*Ichthyosaurus* ; au contraire les os de l'avant-bras, *ra.* et *cu.*, contrastent par leur brièveté avec ceux du *Plesiosaurus* et ressemblent à ceux de l'*Ichthyosaurus*. D'ailleurs, parmi les espèces des *Plesiosaurus* comme parmi celles des *Ichthyosaurus*, on a observé des différences dans l'allongement des os de l'avant-bras.

Simosauriens. — Pendant la plus grande partie de la période triasique, notre pays et une notable étendue de l'Europe furent exhaussés au-dessus des océans ; au milieu de cette période, un abaissement momentané donna lieu à la mer du Muschelkalk. Cette mer a nourri plusieurs genres de reptiles qu'on a réunis sous le nom de simosauriens et dont on doit surtout la connaissance à Hermann de Meyer.

La forme de leur tête a éprouvé de grandes variations. Le *Pistosaurus*[1] (fig. 286) est celui dont la forme a été la plus allongée ; son museau s'amincissait en avant des orbites. Le *Nothosaurus*[2] (fig. 287) n'avait pas cet amincissement. Le *Simosaurus*[3] (fig. 288), qui a donné son nom à la famille des Simosauriens, avait une tête plus large proportionnément à sa longueur. La tête du *Cyamodus*[4] (fig. 289) était encore beaucoup plus raccourcie ; elle était aussi large que longue, au

1. Πιστὸς, certain ; σαῦρος, lézard.
2. Νόθος, faux, bâtard, et σαῦρος.
3. Σιμὸς, camus, et σαῦρος, parce que la tête est plus raccourcie en avant.
4. Κύαμος, fève ; ὀδοὺς, dent.

lieu que dans les genres précédemment cités la longueur dépasse la largeur.

Les dents variaient encore beaucoup plus que les propor-

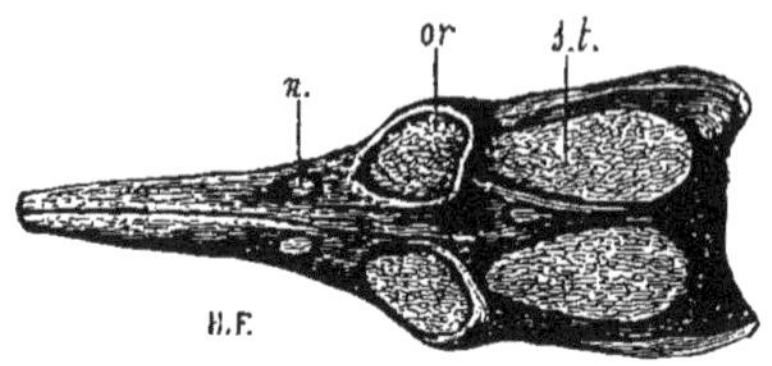

Fig. 286. — Crâne du *Pistosaurus longævus*, vu en dessus, au 1/5 de grandeur : *n.* narines; *or.* orbites ; *s.t.* fosses sus-temporales (d'après le moulage d'un échantillon du Muschelkalk de Bayreuth).

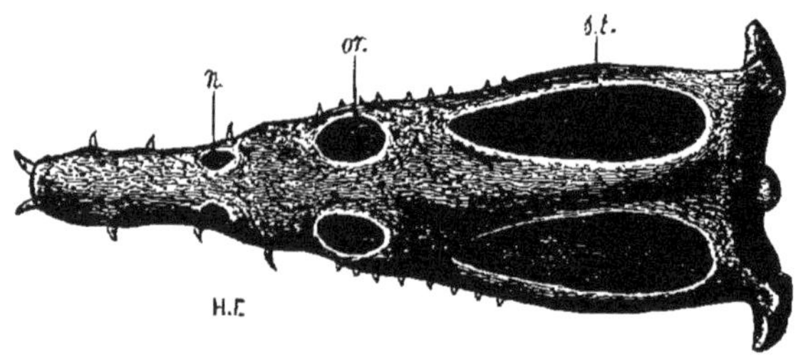

Fig. 287, — Crâne du *Nothosaurus mirabilis*, vu en dessus au 1/5 de grandeur. Mêmes lettres (d'après le moulage d'un échantillon du Muschelkalk de Bayreuth.)

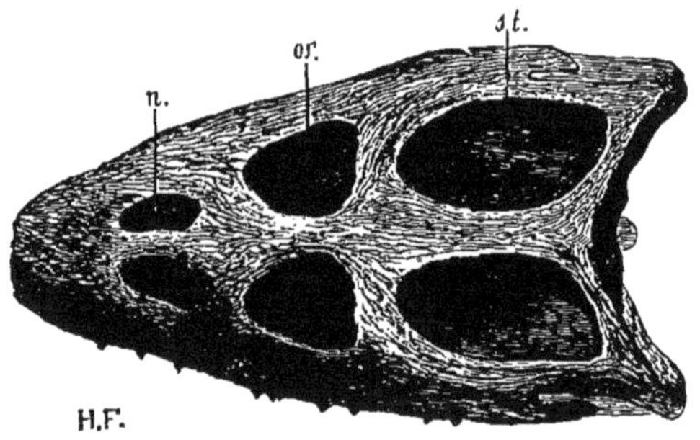

Fig. 288. — Crâne du *Simosaurus Guilielmi*, vu en dessus, à 1/4 de grandeur : *n.* narines; *or.* orbite; *s.t.* fosse sus-temporale. — Muschelkalk de Lunéville. Collection du Museum.

tions de la tête : dans le *Nothosaurus* (fig. 290) elles étaient très longues et rondes; dans le *Simosaurus* (fig. 291) elles se raccourcissaient et se comprimaient de droite à gauche; dans le *Placodus*[1] elles étaient tellement aplaties de haut en bas et si différentes des dents des autres reptiles, qu'on les a

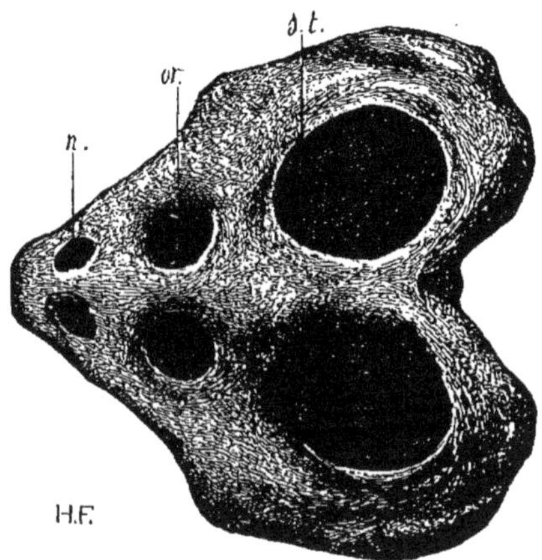

Fig. 289. — Crâne du *Cyamodus rostratus*, vu en dessus, à 1/4 de grandeur. Il doit être incomplet antérieurement. Mêmes lettres. — D'après le moulage d'un échantillon du Muschelkalk de Bayreuth.

d'abord attribuées à des poissons; elles sont quadrilatères dans ce genre (fig. 293) et ovales dans le genre *Cyamodus* qui en est voisin (fig. 292). Elles ont servi sans doute à broyer les coquilles des térébratules et des mollusques, qui dans certains parages des mers triasiques étaient si abondantes qu'elles ont fait imaginer le nom de Muschelkalk (calcaire coquillier). Aussitôt que les circonstances ont changé, les êtres ont changé également avec une facilité que nous avons de la peine à comprendre, habi-

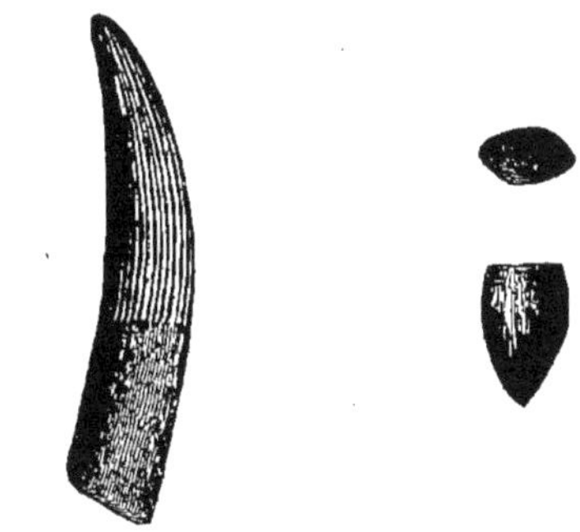

Fig. 290. — Dent de *Nothosaurus mirabilis*, gr. nat. — Muschelk. de Bayreuth.

Fig. 291. — Dent de *Simosaurus Guilielmi*, gr. nat. — Muschelkalk de Bayreuth.

1. Πλὰξ, πλακὸς, plaque, et ὀδοὺς. M. Zittel sépare le *Placodus* et le *Cyamodus* des simosauriens pour les ranger parmi les *Theromorpha* sous le nom de placo-

tués que nous avons été par nos prédécesseurs à entendre parler de la fixité des espèces.

Ces animaux qui présentent de si grandes différences d'adaptation se rapprochent tellement des plésiosauriens à certains égards, que plusieurs naturalistes les ont rangés auprès d'eux. Mais ils en diffèrent par leurs pattes, qui n'étaient pas disposées en palettes natatoires et se rapprochaient des pattes des croco-

Fig. 292. — Dent isolée du *Cyamodus rostratus*, vue sur sa face triturante, à 1/2 grandeur. — Muschelkalk de Bayreuth. Collection du Museum.

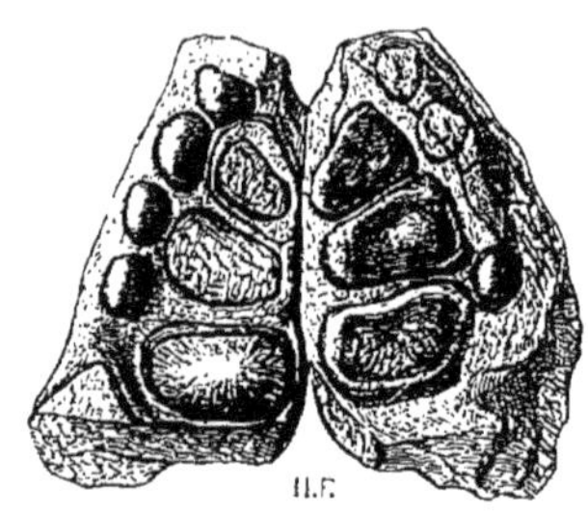

Fig. 293. — Mâchoire sup. du *Placodus gigas*, vue sur la face triturante, montrant les dents en train de se remplacer, à 1/3 de gr. — Muschelk. de Bayreuth. Coll. du Mus.

diliens; cela m'a beaucoup frappé en examinant de nombreuses séries d'ossements que possède le Museum de Paris ; on ne remarque plus ces humérus, ces fémurs, ces os de l'avant-bras, des jambes et des pattes qui ont une forme très particulière chez les pliosauriens et surtout chez les ichthyosauriens. Il est probable que les simosauriens ne s'éloignaient pas autant des rivages que ces derniers; il ne semble pas du reste que la mer du Muschelkalk, du moins dans nos pays, eût une vaste extension.

dontes, à côté des anomodontes. M. Seeley les classe parmi les anomodontes. Si je laisse provisoirement les *Placodus* et *Cyamodus* près des *Simosaurus* comme on le faisait autrefois, c'est seulement, je l'avoue, parce que je ne me rends pas bien compte de ce qu'est un anomodonte ou un théromorphe. Ces noms jusqu'à présent me paraissent vagues; on les applique à des animaux très différents. D'ici à peu de temps sans doute les grandes recherches de MM. Marsh, Cope, Seeley, Hulke, Lydekker, Dollo, Smith Woodward, etc., vont jeter de la lumière sur la difficile histoire des reptiles fossiles; alors on pourra juger des innovations qui doivent être faites dans les anciennes classifications.

On a découvert dans le trias supérieur un simosaurien dont les pattes se rapprochaient davantage des formes natatoires des plésiosauriens; c'est le *Lariosaurus*[1]. Rencontré d'abord en Lombardie près du lac de Côme par Curioni, il a été retrouvé par M. Fraas[2] dans le Lettenkohle d'Hoheneck près de Stuttgart. M. Seeley, en étudiant l'échantillon d'Hoheneck, a été frappé

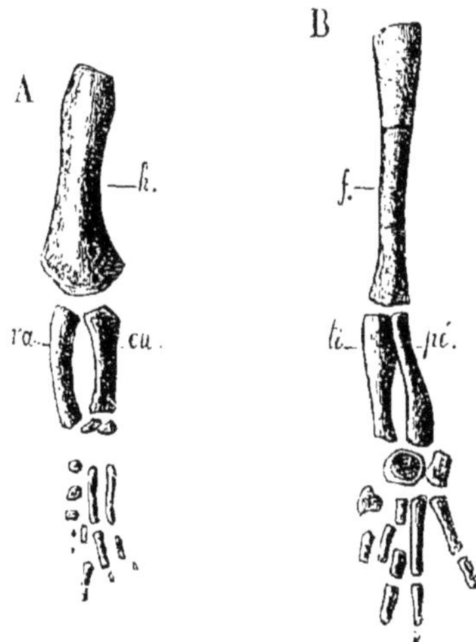

Fig. 294. — *Lariosaurus pusillus*, gr. nat. A. Membre antérieur; *h.* humérus; *ra.* radius; *cu.* cubitus. B. Membre postérieur; *f.* fémur; *ti.* tibia; *pé.* péroné (d'après M. Seeley). — Lettenkohle d'Hoheneck près de Stuttgart.

de voir que, tandis que ses pattes de derrière (fig. 294, B) avaient les caractères des simosauriens du Muschelkalk, son humérus *h.* (même figure, A) s'aplatissait dans la partie distale, prenant l'aspect des humérus de plésiosauriens : « *Nous devons voir en lui,* a-t-il dit[3], *un plésiosaurien terrestre en*

1. Ce nom a été choisi par Curioni parce que le *Lariosaurus* a été trouvé à Perledo, dans les monts Lariani.

2. Le reptile du Wurtemberg a été judicieusement rangé par le professeur Oscar Fraas dans le groupe des simosauriens; il a été nommé par M. Seeley *Neusticosaurus* (νευστίκος, qui sait nager), afin de montrer qu'il était mieux adapté pour la natation que les autres simosauriens. M. Bassani l'identifie avec le *Lariosaurus* de Lombardie.

3. *On Neusticosaurus pusillus, an Amphibious Reptile having affinities with the terrestrial Nothosauria and with the marine Plesiosauria* (*Quart. Journ. of the geol. Soc. of London*, vol. 38, p. 350, 1882).

voie de prendre les modifications de structure qui devaient l'adapter pour la vie aquatique. » M. Seeley en a conclu que les plésiosauriens avaient eu pour ancêtres non des reptiles marins, mais des reptiles continentaux. M. Baur a confirmé son opinion en s'appuyant sur la description du *Lariosaurus* de Lombardie, et M. Eberhard Fraas a aussi donné des preuves que l'*Ichthyosaurus* a pu provenir originairement d'animaux qui vivaient hors de la mer.

Les remarques que j'ai faites me conduisent à trouver vraisemblables les suppositions de ces habiles naturalistes. Sans doute, en voyant l'*Ichthyosaurus* qui est de tous les vertébrés celui où la répétition et la similitude des parties ont été portées le plus loin pour les dents, les pièces de la colonne vertébrale et des membres, la première impression des paléontologistes a dû être que c'était un vertébré très primitif dans lequel la différentiation des organes ne s'était pas encore produite. Sous cette impression, j'ai cherché les rapports que l'*Ichthyosaurus* pouvait avoir eus avec les poissons et avec les reptiles primaires que j'avais eu spécialement l'occasion d'étudier ; j'ai fait de vains efforts ; j'ai dit déjà que je n'ai pas trouvé d'indices de parenté un peu proche. Naturellement alors je me demande si l'on ne doit pas, au lieu de regarder les types qui sont inférieurs à l'*Ichthyosaurus*, regarder les types qui lui sont supérieurs.

Or, nous savons qu'il y avait à l'époque du Muschelkalk des animaux qui, à en juger par la forme de leurs membres, devaient vivre sur le rivage plutôt que dans la haute mer ; ce sont les *Simosaurus*, *Nothosaurus*. Il n'est pas déraisonnable d'imaginer qu'il y a eu d'abord des animaux ayant des membres comme les *Nothosaurus*, puis comme les *Lariosaurus*, puis comme les *Plesiosaurus* proprement dits, puis comme les *Plesiosaurus* appelés *Cimoliosaurus*, et les *Pliosaurus* ; puis comme les *Mixosaurus* ; puis comme les *Ichthyosaurus*, et enfin comme les *Ophthalmosaurus* de l'oxfordien d'Angleterre et les *Baptanodon* du crétacé supérieur d'Amérique, dans lesquels les membres sont le mieux organisés pour la vie pélagique[1].

En 1878[2], dans mes *Enchaînements des mammifères tertiaires*, j'ai dit que les mammifères marins ne s'accordent pas avec la théorie terripète imaginée par Bronn, et j'ai expliqué pour quelles raisons je pensais que les animaux marins étaient descendus d'animaux terrestres : « *Les cétacés*, disais-je alors, *ne sont pas ce qu'on pourrait appeler des types formateurs, c'est-à-dire des types desquels d'autres formes auraient été dérivées ; ce seraient au contraire les derniers épanouissements d'anciennes tiges.* »

Si les suppositions faites dans ces derniers temps sur plusieurs des reptiles marins du secondaire se vérifiaient, nous devrions penser qu'il en a été de même pour eux. Ainsi la vie des vertébrés se serait développée d'abord sur les continents; le vivifiant soleil aurait aidé leurs premières manifestations; plusieurs des vertébrés à sang froid, aussi bien que les animaux à sang chaud, seraient partis de nos continents pour nager près des rivages, puis se lancer dans la pleine mer. Là ils auraient trouvé un même genre de vie et leurs organes diversifiés se seraient uniformisés.

Il faudrait conclure de là que la simplicité n'entraîne pas toujours un état d'évolution peu avancée; il y aurait eu des créatures dont la simplicité aurait été acquise par de longues transformations; la répétition des organes pourrait quelquefois provenir de créations subséquentes, au lieu d'indiquer un type primitif dont les organes ne sont pas encore différenciés. A côté de l'immense majorité des êtres qui se sont compliqués,

1. Ces vues ne peuvent être que théoriques dans l'état actuel de la science, car il y a bien loin de la tête d'un *Nothosaurus* avec ses grandes fosses temporales à la tête d'un *Ichthyosaurus*; la tête du *Lariosaurus* diffère notablement de celle du *Plesiosaurus*. Le *Mixosaurus* a régné avant le *Plesiosaurus*; l'*Ichthyosaurus* a été le contemporain du *Plesiosaurus*; pour donner une démonstration positive, il faudrait établir des passages pour les têtes comme pour les membres, et montrer qu'il y a eu des *Mixosaurus*, puis des *Plesiosaurus*, puis des *Pliosaurus* avant les *Ichthyosaurus*.

2. Pag. 32 et suiv.

il y en aurait qui se sont simplifiés. Nous ne devons pas en tirer un argument contre l'idée d'un développement progressif, car les simplifications aussi bien que les complications des organismes ont produit la variété des êtres qui contribue tant à la beauté des spectacles du monde organique. Une nature où se rencontrent à la fois d'admirables nageurs comme les ichthyosaures, des reptiles terrestres comme les dinosauriens, des reptiles volants comme les ptérodactyles, est plus vivante, plus diversifiée ou, en d'autres termes, plus riche qu'une nature où tous les êtres seraient dans le même état de développement.

Mosasauriens. — Ces animaux tirent leur nom du genre *Mosasaurus*, qui lui-même est ainsi appelé parce qu'il a été trouvé d'abord à Maestricht, près de la Meuse[1]. Nous avons dans le Musée de Paris une tête du Mosasaure bien connue sous le nom de tête du grand animal de Maestricht; elle a été apportée dans le siècle dernier. Lors d'une excursion de la Société géologique de France à Maestricht, les échevins de la ville voulurent bien faire illuminer en son honneur les vastes cryptes de la colline qui surmonte le fort Saint-Pierre; on nous montra la place où le *Mosasaurus* a été découvert; il se trouvait dans une craie jaune avec des oursins et des coquilles marines.

Le crâne du grand animal de Maestricht a été tant de fois décrit que je pense inutile d'en parler ici; mais nos échantillons qui se rapportent à la colonne vertébrale sont moins connus; j'en ai fait dégager plusieurs qui étaient en partie cachés dans la pierre; je vais en dire quelques mots.

La colonne vertébrale, d'une longueur singulière, était formée d'une multitude de vertèbres; il ne faudrait pourtant pas s'en exagérer le nombre; en classant les vertèbres des mosasauridés de Maestricht que possède le Museum, j'ai vu qu'elles se rapportent à cinq individus de grandeur différente.

1. *Mosa*, Meuse, et *saurus*, lézard.

Les vertèbres varient beaucoup suivant la position qu'elles occupent. On s'en rendra compte en regardant les figures 295, 296, 297 et 298 ; dans ces figures, *ép.* représente les apophyses épineuses, *z.* les zygapophyses postérieures, *c.m.* le canal

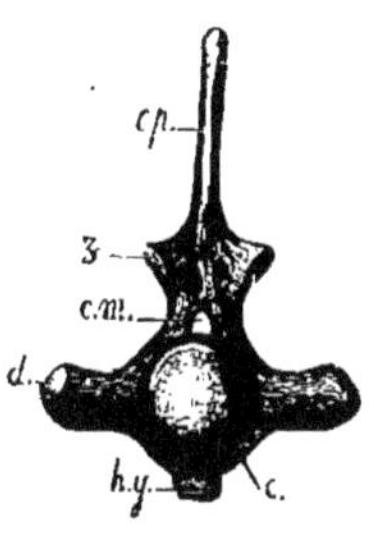

Fig. 295. — Vertèbre cervicale du *Mosasaurus Camperi*, vue en arrière, au 1/7 de grandeur. — Craie de Maestricht. Coll. du Museum.

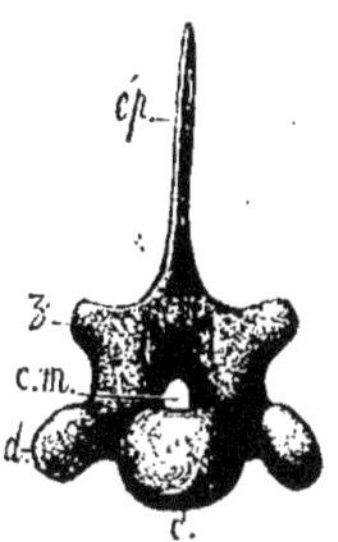

Fig. 296. — Vertèbre dorsale du *Mosasaurus Camperi*, vue en arrière, au 1/7 de grandeur. — Craie de Maestricht. Coll. du Museum.

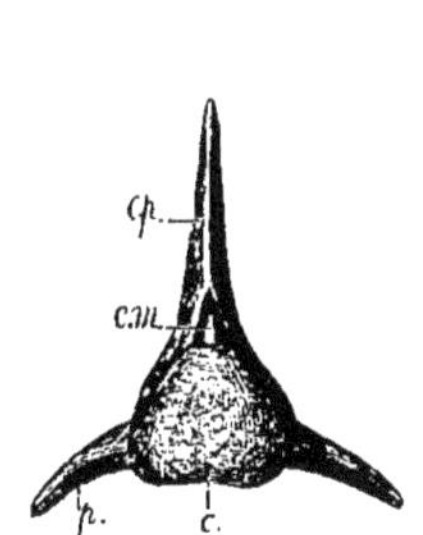

Fig. 297. — Vertèbre lombaire du *Mosasaurus Camperi*, vue en arrière, au 1/7 de grandeur. — Craie de Maestricht. Coll. du Museum.

Fig. 298. — Vertèbre caudale du *Mosasaurus Camperi*, vue en arrière, au 1/7 de grandeur. — Craie de Maestricht. Coll. du Museum.

médullaire, *d.* les diapophyses, *c.* le centrum, *p.* ses parapophyses, *hy.* l'hypapophyse, *c.h.* le canal hémal, *ha.* l'arc hémal.

Les vertèbres cervicales (fig. 295) ont leur arc neural très développé avec de fortes diapophyses ; leur centrum élargi porte une hypapophyse.

Les vertèbres dorsales (fig. 296) ont des apophyses épineuses élevées; leur centrum est rond et n'a pas de facettes pour l'insertion des côtes; celles-ci ne s'articulaient que sur les diapophyses. Dans la figure 299, j'ai fait représenter un bloc de craie où huit vertèbres sont restées en connexion, avec les côtes au-dessous; les centrum sont concaves en avant, convexes en arrière; la dernière vertèbre que l'on voit dans cette figure n'a plus d'apophyses articulaires (zygapophyses); toutes celles qui suivent en arrière en sont également dépour-

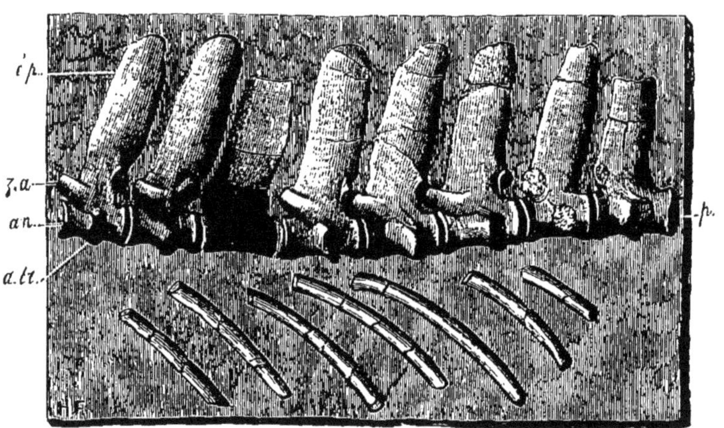

Fig. 299. — Bloc de craie renfermant huit vertèbres dorsales et des côtes du *Mosasaurus Camperi*, au 1/7 de grandeur : *ép.* apophyse épineuse; *z.a.* zygapophyse antérieure; *a.tr.* apophyse transverse; *an.* face antérieure du centrum très concave; *p.* face postérieure très convexe. — Craie de Maestricht. Collection du Muséum.

vues; cela indique une colonne vertébrale qui devait avoir une grande flexibilité comme chez les poissons.

Les vertèbres lombaires (fig. 297) se reconnaissent parce qu'elles ont, au lieu de diapophyses, des parapophyses ou, en termes plus simples, parce que les lames transverses, au lieu de dépendre de leur arc, descendent sur leurs centrum; ceux-ci prennent une forme triangulaire.

Les vertèbres de la queue (fig. 298) se distinguent par leurs hémapophyses qui se soudent chez les individus âgés. Les premières ont des parapophyses comme les lombaires; celles du milieu perdent leurs parapophyses; celles du bout de la queue perdent à leur tour leurs hémapophyses, du moins les sept dernières n'ont plus de facettes qui en indiquent l'existence; leurs centrum se rétrécissent latéralement au fur et à mesure qu'elles sont placées plus en arrière; c'est une chose intéressante de suivre les changements progressifs des vertèbres depuis le bout de la queue jusqu'à la tête; cela nous montre à quel point elles diffèrent des vertèbres si uniformes des *Ichthyosaurus* et avec quelle facilité les mutations ont pu se produire.

Nous avons réuni 93 vertèbres en connexion (26 lombaires et 67 caudales) qui ont une longueur de 3^{m},74: je donne ici le dessin d'une partie de cette pièce (fig. 300). Elle n'appartient pas à un vieil individu, car sur aucune des vertèbres de la queue l'arc hémal n'est soudé comme dans la figure 298; cependant on remarque des traces de maladie de la colonne vertébrale. M. le docteur Fischer a constaté qu'il y avait eu une ostéopériostite suppurée, par suite de laquelle trois vertèbres sur un point et six vertèbres sur un autre ont perdu leur cartilage intervertébral et ont été soudées par des ponts osseux. Son observation a été confirmée par le professeur Ranvier. Cet ancien cas de pathologie paléontologique est digne d'être noté. Partout où il y a eu vie, il y a eu aussi maladie; la souffrance d'une créature secondaire est un trait de ressemblance de plus avec les créatures actuelles.

Fig. 300. — Portion de la queue du *Mosasaurus Camperi*, au 1/9 de grandeur, montrant sur deux points des indices de maladie des os. — Craie de Maestricht. Collection du Muséum.

Quelques dents de *Mosasaurus* ont été trouvées dans la craie de Meudon et de Michery près de Sens. Je donne ici (fig. 301) le dessin d'une dent de Michery; elle a une racine singulièrement épaisse.

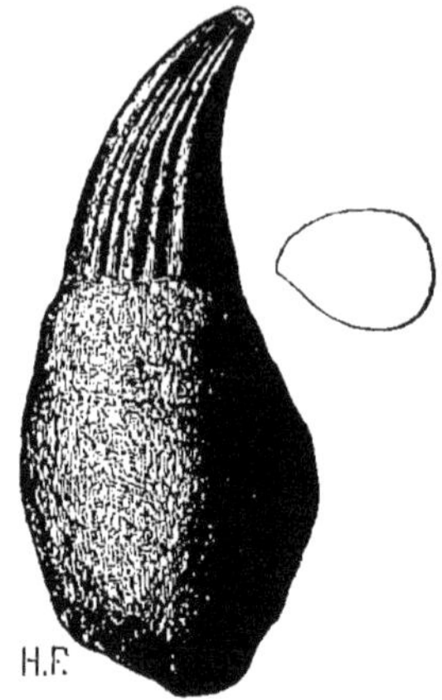

Fig. 301. — Dent de *Mosasaurus Camperi*, à 1/2 gr. On a mis sa coupe pour montrer sa forme inégalement convexe sur les faces interne et externe. — Craie de Michery (Yonne). Coll. du Muséum.

On a découvert dans les mêmes gisements un genre voisin du *Mosasaurus*, le *Leiodon*[1]. Il a été d'abord étudié en Angleterre. L'échantillon de Michery représenté dans la figure 302 est le plus remarquable de ceux qui ont été rencontrés en Europe. Quand on l'apporta au Muséum, le bloc de craie où il était contenu laissait seulement passer trois pointes de dents ; M. Stahl en a tiré la pièce que l'on voit ici. L'inter-maxillaire *i.m.* contraste par sa petitesse et sa forme avec celui de l'*Ichthyosaurus*; les dents sont pointues et comprimées latéralement, sauf en avant, où elles tendent à s'arrondir; c'est le contraire des crocodiles, où les

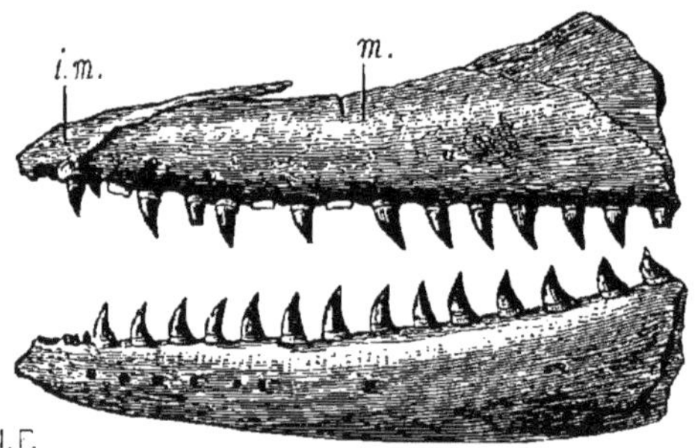

Fig. 302. — Mâchoires du *Leiodon anceps* (?) au 1/6 de gr. *i.m.* inter-maxillaire *m.* maxillaire. — Craie blanche de Michery (Yonne). Collection du Muséum.

dents sont plus arrondies en arrière qu'en avant. Je donne ici (fig. 303) la figure d'une dent avec sa coupe, pour montrer que

1. Λεῖος, lisse ; ὀδών, dent, parce que les dents ont une surface lisse, au lieu que la couronne des dents de *Mosasaurus* a quelquefois des cannelures.

sa forme comprimée et équilatérale la distingue de celle du *Mosasaurus*[1] (fig. 301).

Dernièrement, on a trouvé auprès de Mons, à la partie supérieure de la craie, un animal du groupe des mosasauriens, auquel M. Dollo a donné le nom d'*Hainosaurus*[2].

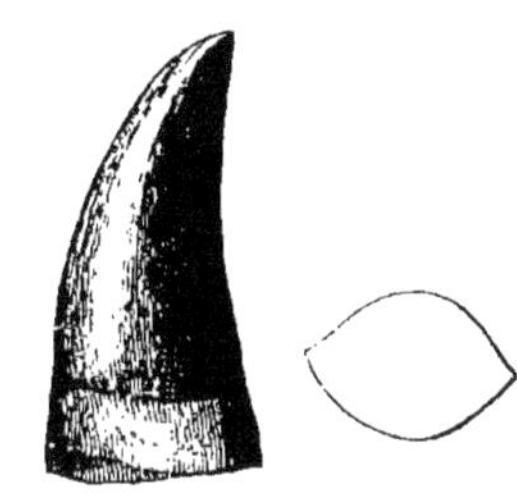

Fig. 303. — Dent de *Leiodon anceps*? vue de côté, avec sa coupe, grandeur naturelle. — Craie de Michery (Yonne). Collection du Muséum.

C'est surtout dans le Nouveau Monde que les mosasauriens ont été abondants ; M. Marsh prétend que Yale College, à New Haven, possède les restes de quatorze cents individus! L'un d'eux, le *Mosasaurus princeps* du grès vert de New Jersey, avait, dit-on, 75 pieds de long. Grâce à M. Cope et à M. Marsh, ces fossiles américains ont beaucoup ajouté à nos connaissances. M. Cope a essayé la restauration d'un squelette entier. Je reproduis figures 304 et 305, d'après M. Marsh, les dessins des membres de devant et de derrière d'un genre que celui-ci a inscrit sous le nom de *Lestosaurus*[3] et que M. Cope attribue à son genre *Platecarpus*[4].

Il est curieux de se demander à quel groupe se rapportent ces créatures dont, jusqu'à présent, les restes n'ont été trouvés que dans le terrain secondaire. Les naturalistes qui ont étudié

1. La Galerie de géologie du Muséum possède une dent de *Leiodon* de Maestricht et des dents plus grosses qui ont été recueillies par Charles d'Orbigny dans la craie de Meudon. Ces dents, que M. Gervais a attribuées au *Leiodon anceps* de la craie du Norfolk, diffèrent un peu de celles de Michery et aussi de celles que M. le capitaine d'artillerie Croizier m'a envoyées du campanien de Mortagne-sur-Gironde (Charente-Inférieure). Elles sont plus grandes, plus épaisses, moins comprimées, moins pointues, sans traces des cannelures qui se voient dans le *Mosasaurus* et dont il reste quelques indices sur nos dents de Michery et de Mortagne. La Galerie de géologie du Muséum contient aussi la dent de Meudon qui a été trouvée par Brongniart et décrite par Cuvier sous le nom de *Crocodilus Brongniarti*; elle pourrait provenir d'un *Leiodon*. Ces diverses pièces indiquent sans doute plus d'une espèce de *Leiodon*; provisoirement je ne crois pas utile de proposer de nouveaux noms.

2. Hainoum, province du Hainaut.

3. Ληστής, qui vit de proie, et σαῦρος.

4. Πλατύς, plat ; καρπός, poignet.

les premiers échantillons de *Mosasaurus*, Faujas de Saint-Fond, Pierre et Adrien Camper, se sont posé cette question; c'est Adrien Camper qui paraît avoir le mieux répondu.

Les mosasauriens ne sont pas proches des crocodiles, ainsi que l'a supposé Faujas de Saint-Fond. Leurs membres de devant rappelaient la disposition des cétacés; mais il est impossible

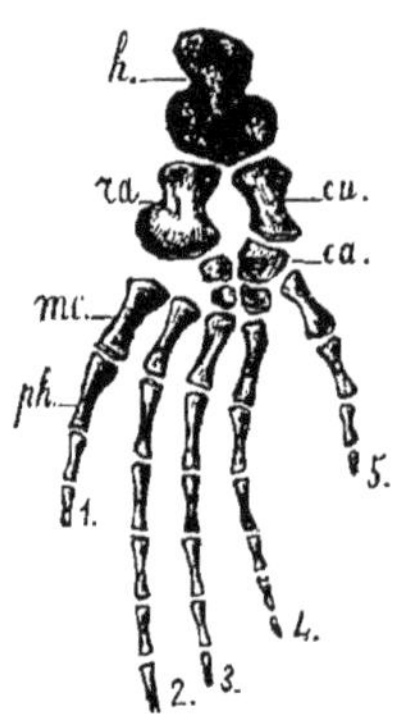

Fig. 304. — Membre de devant gauche du *Lestosaurus simus*, au 1/16 de gr. : *h.* humérus; *ra.* radius; *cu.* cubitus; *ca.* carpe; *mc.* métacarpiens; *ph.* phalanges; 1. 2. 3. 4. 5. les cinq doigts (d'après M. Marsh). — Craie du Niobrara.

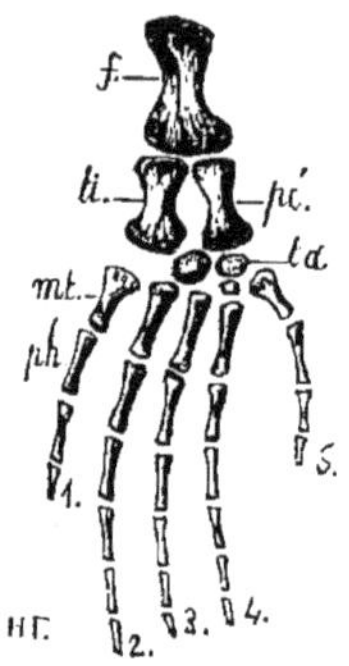

Fig. 305. — Membre de derrière gauche du *Lestosaurus simus*, au 1/12 de grand. *f.* fémur; *ti.* tibia; *p.* péroné; *ta.* tarse; *mt.* métatarsiens; 1. 2. 3. 4. 5. les cinq doigts (d'après M. Marsh). — Craie du Niobrara, Kansas.

d'établir, comme le voulait Pierre Camper, un rapprochement entre ces animaux et les mammifères. Les mosasauriens avaient leurs pattes de derrière, aussi bien que les pattes de devant, dans la forme des *Plesiosaurus*, cependant nul naturaliste ne voudrait les classer avec eux. Leurs vertèbres lombaires très mobiles, sans apophyse articulaire, et les arcs hémaux soudés aux corps de plusieurs vertèbres caudales, sont des caractères propres aux poissons; pourtant ce n'étaient point des poissons. La longueur de leur queue et leur forme effilée font penser que leur apparence à l'état de vie a dû réaliser la fable des serpents de mer, et, pour cette raison, M. Cope les a appelés des *Pythonomorphes*; mais il n'a pas voulu dire qu'il y ait une proche parenté entre eux et les serpents.

Ils présentent de notables différences avec les lézards et les iguaniens; malgré cela, Adrien Camper a eu raison de dire qu'ils en étaient voisins. Seulement ils étaient modifiés de telle sorte qu'au lieu de vivre sur terre comme ces animaux, ils nageaient en pleine mer comme les *Plesiosaurus* secondaires, les tortues marines et les cétacés des océans actuels. Ils se rapprochaient des varans par leur petit inter-maxillaire impair, leurs narines qui avaient une paire de grands orifices externes, leurs dents pointues du type acrodonte, leurs tympaniques mobiles, leurs grands coracoïdes, leur condyle occipital unique, leurs vertèbres à corps concave en avant et convexe en arrière, leur queue d'une longueur extrême. Leurs ptérygoïdes munis de dents rappelaient la disposition des iguanes et des *Amblyrhynchus*[1].

La conséquence de ces faits, c'est que *ressemblance ne prouve pas toujours descendance*. Il y a deux sortes de ressemblance : celle de dérivation et celle d'adaptation. Il peut arriver que des êtres qui sont descendus les uns des autres, mais ont été appelés à vivre dans des milieux différents, aient à quelques égards moins de similitude d'aspect que des êtres d'origines très éloignées qui ont eu le même genre de vie. Cela prouve avec quelle facilité l'Auteur de la nature a modifié les organes pour les adapter aux fonctions qui leur conviennent. Si l'on veut distinguer les ressemblances d'adaptation d'avec celles de dérivation, il faut considérer non un organe, mais l'ensemble des organes; comme je l'ai dit depuis longtemps, on doit renoncer à la flatteuse pensée qu'a eue Georges Cuvier de pouvoir avec une pièce isolée déterminer un type fossile, car la ressemblance de cette pièce avec une autre peut n'être qu'une ressemblance d'adaptation. Cela assurément ne peut porter atteinte à la gloire de Cuvier; elle est inébranlable. Mais

1. L'*Amblyrhynchus* des îles Gallapagos, qui a des dents sur les ptérygoïdes comme le *Mosasaurus*, va à la mer et reste longtemps sous l'eau. Mais ses doigts à peine palmés, munis d'ongles, ne permettent pas de le ranger parmi les habitants de la pleine mer.

cela nous permet de rendre hommage à un autre grand naturaliste français, Bernard de Jussieu. Linnée a transformé l'histoire naturelle en apprenant à classer les êtres innombrables dont se compose la nature et en établissant leur nomenclature; mais son système a eu le défaut d'être trop artificiel; pour faire ses classifications, il cherchait un caractère qui lui parût plus important que les autres, et il groupait ensemble les êtres où il observait ce caractère, sans tenir compte des autres particularités. En 1758, Bernard de Jussieu entreprit de ranger les plantes du jardin de Trianon suivant une méthode qui a été appelée la méthode des familles naturelles; au lieu de se servir d'un caractère à l'exclusion des autres pour distinguer les familles, il employa tous les caractères. Cette méthode a fait une révolution. Pourquoi a-t-elle réalisé un si rapide progrès? La paléontologie nous le dit : c'est parce que quelques ressemblances isolées peuvent être le résultat d'adaptation à un même milieu; il n'y a qu'un ensemble de ressemblances qui nous révèle sûrement les parentés.

Dinosauriens. — Pendant les âges secondaires, alors que les océans avaient des *Ichthyosaurus*, des *Plesiosaurus*, des *Mosasaurus*, les continents nourrissaient des reptiles qui n'étaient guère moins différents des êtres actuels. Hermann de Meyer les a appelés pachypodes[1] pour montrer qu'à l'opposé des reptiles d'aujourd'hui, ils s'appuyaient solidement sur des pieds épais et massifs; M. Richard Owen les a nommés dinosauriens[2], à cause de la taille gigantesque de plusieurs d'entre eux; M. Huxley les a inscrits sous le titre d'ornithoscélidés[3], afin de rappeler leurs traits de ressemblance avec les oiseaux. On n'en a d'abord recueilli que des pièces isolées, et, comme ces animaux ont des associations de caractères différentes de celles des reptiles ordinaires, il a fallu une extrême sagacité pour les

1. Παχὺς, épais; ποῦς, ποδὸς, pied.
2. Δεινὸς, terrible; σαῦρος, lézard.
3. Ὄρνις, ιθος, oiseau; σκελὶς, cuisse.

comprendre; leur détermination par Buckland, Cuvier, Mantell, Phillips, MM. Owen, Huxley, Hulke et Seeley a été un tour de force paléontologique.

Le petit *Compsognathus*[1] de la pierre lithographique de Bavière est le seul dinosaurien trouvé entier jusqu'à ce jour

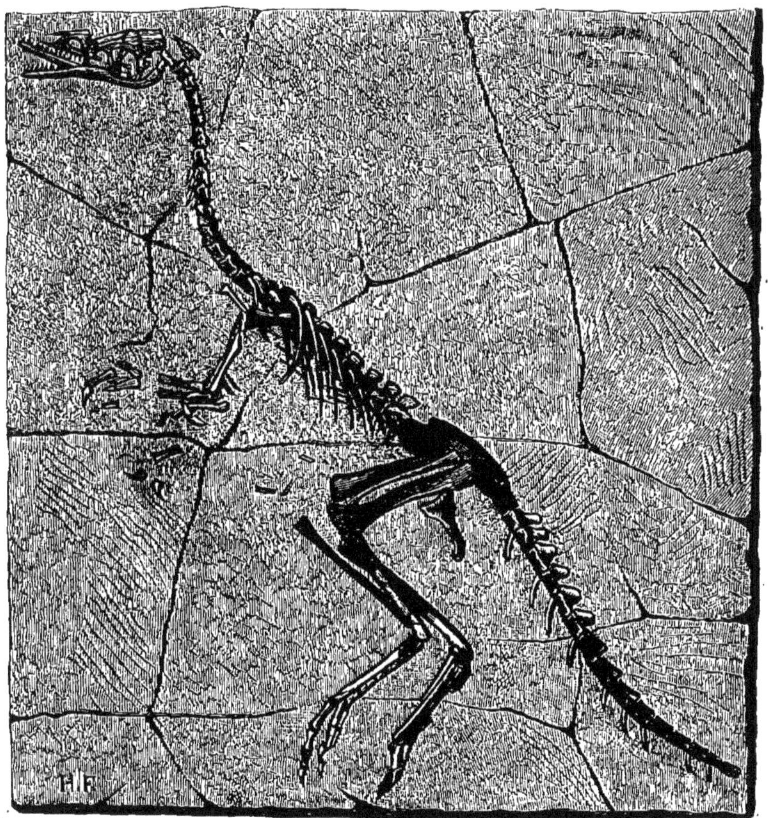

Fig. 306. — *Compsognathus longipes*, au 1/4 de grandeur (d'après le moulage envoyé par le Musée de Munich et d'après le dessin de Wagner; j'ai fait redresser le cou, la tête et la queue, afin de rendre l'animal plus compréhensible. — Kimmeridgien de Kelheim, Bavière.

avec ses os en connexion; il a été étudié par André Wagner. Je donne (fig. 306) son dessin d'après un moulage du Musée

1. Κομψὸς, élégant; γνάθος, mâchoire

de Munich, en supposant remises dans leur position naturelle quelques parties qui ont été déplacées lors de la fossilisation; on peut ainsi se faire une idée exacte de l'aspect du squelette d'un dinosaurien.

La plus importante découverte est celle qui a été faite en 1878 entre Mons et Tournay, dans le charbonnage de Bernissart, où M. de Paw, à force d'habileté et de persévérance, a retiré de

Fig. 507. — *Iguanodon Bernissartensis*, à 1/66 de grandeur, restauration (d'après MM. de Paw et Dollo). — Wealdien de Bernissart.

profondeurs comprises entre 322 et 356 mètres des débris qui se rapportent à 22 squelettes d'*Iguanodons*. M. de Paw a remonté deux de ces squelettes qui font l'étonnement de tous les visiteurs du Musée de Bruxelles. Je reproduis ici (fig. 507) la gravure de l'un d'eux, en y introduisant quelques modifications, d'après les dessins publiés récemment par M. Dollo[1], à

1. Ce savant paléontologiste a donné une série de notes très intéressantes *sur les Dinosauriens de Bernissart* dans le Bulletin du Musée royal d'histoire naturelle de Bruxelles.

la suite d'études attentives de ces curieuses créatures. En Amérique, MM. Leidy, Marsh et Cope ont découvert de nombreux dinosauriens, dont l'étude a beaucoup enrichi la paléontologie. Ils ont signalé des formes très variées; quelques-unes atteignaient des dimensions gigantesques. M. Marsh, qui a déjà publié d'admirables notes sur les dinosauriens, prépare un grand ouvrage sur ces animaux; je donne ici (fig. 308) une de ses restaurations, celle de l'immense *Brontosaurus* (le saurien du tonnerre). On remarquera combien la tête est petite comparativement à la longueur du corps; les membres de devant sont aussi hauts que ceux de derrière; il en résulte un contraste avec l'allure de l'*Iguanodon* représenté figure 307 et du *Compsognathus* reproduit figure 306.

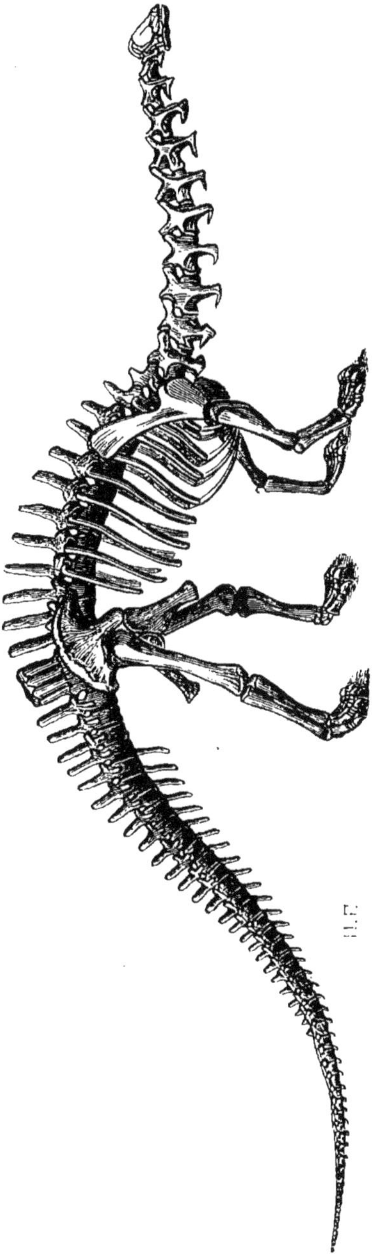

Fig. 308. — Restauration du *Brontosaurus excelsus*, à 1/100 environ de grandeur (d'après M. Marsh). — Couches du Wyoming, jurassique supérieur suivant M. Marsh, crétacé inférieur suivant M. Cope.

En France, on a jusqu'à ce jour trouvé peu de débris de dinosauriens. Les pièces les moins incomplètes sont celles du *Dimodo-*

saurus[1] *Polignien*sis, qui ont été rencontrées par MM. Pidancet et Chopart dans les marnes irisées des environs de Poligny (Jura). J'en donne ici quelques dessins qui sont pris, soit sur les échantillons que j'ai examinés dans le Musée de Poligny, soit sur ceux que le savant conservateur de ce Musée, M. Sauria, a bien voulu m'envoyer en communication.

On voit dans la figure 309 des vertèbres lombaires. Les vertèbres des différentes parties de l'animal ont leur corps

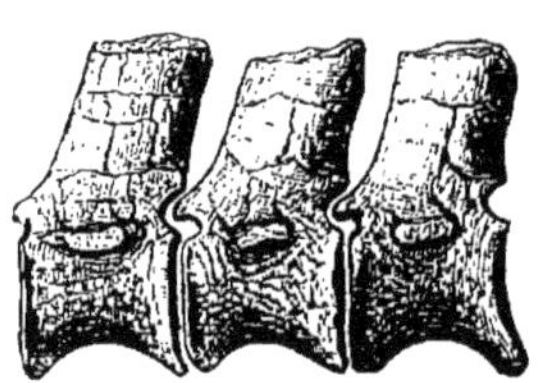

Fig. 309. — Vertèbres lombaires du *Dimodosaurus Polignicnsis*, au 1/10 de grandeur. — Marnes irisées de Poligny. Musée de Poligny.

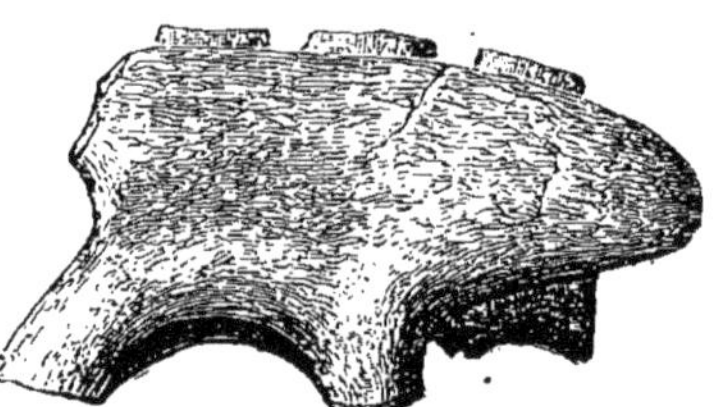

Fig. 310. — Sacrum composé de trois vertèbres; il est en grande partie caché par l'ilion, au 1/10 de grandeur. — Même gisement.

légèrement biconcave et évidé, de telle sorte que les faces antérieure et postérieure sont beaucoup plus larges que le milieu. A leur partie supérieure, au-dessous du canal médullaire, les corps sont excavés et en outre leur tissu osseux est très lâche; il en résulte que dans la fossilisation ils ont été facilement comprimés.

Les vertèbres sacrées (fig. 310) ne sont qu'au nombre de trois, et encore l'une d'elles est faiblement soudée.

Les vertèbres de la queue sont allongées; la face antérieure de leur corps est plus large et plus concave que la face postérieure. Elles portent d'énormes arcs hémaux dont les branches se rejoignent dans la partie où elles s'insèrent sur elles; ces arcs ne sont pas soudés aux vertèbres, comme cela s'observe quelquefois chez les mosasauriens.

1. Δειμώδης, redoutable; σαῦρος, lézard. Ce nom a été créé par MM. Pidancet et Chopart. M. Edmond Sauria a réuni les renseignements qui ont été donnés sur le *Dimodosaurus* dans une *Notice sur le Musée de la ville de Poligny* (Extrait du *Bull. de la Soc. d'agric., sc. et arts de Poligny*, in-12, 1883).

Les côtes (fig. 311) ont une tubérosité bien distincte de leur tête.

L'ilion (fig. 310) a dans le milieu un demi-cintre qui repré-

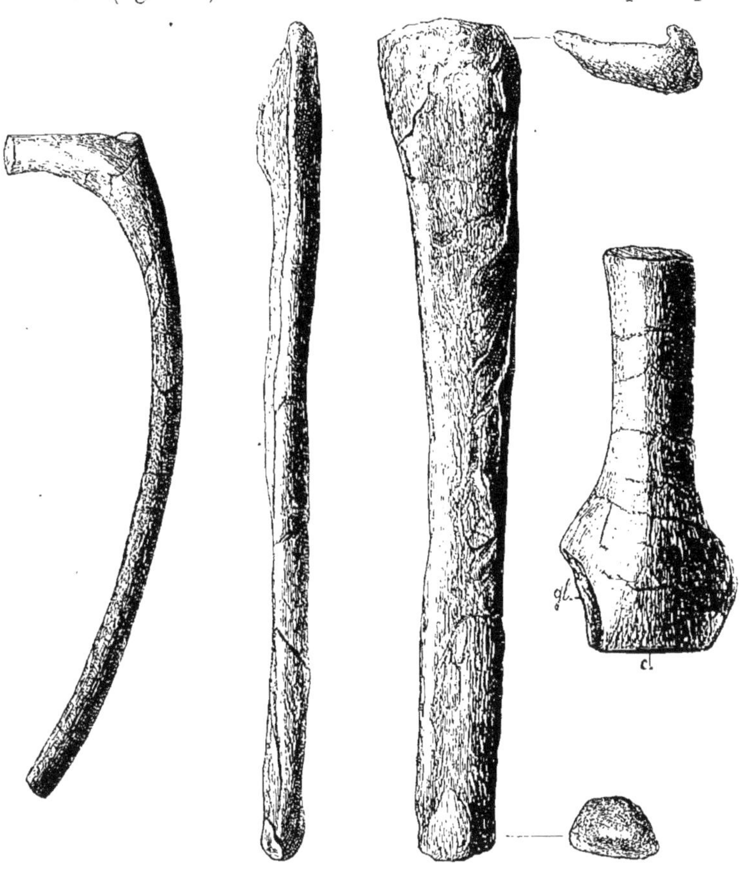

Fig. 311. — Côte du *Dimodosaurus Poligniensis*, à 1/6 de grandeur. — Marnes irisées de Poligny. Musée de Poligny.

Fig. 312. — Péroné du *Dimodosaurus Poligniensis*, vu de face et de côté, au 1/5 de grandeur ; on a figuré à côté sa face proximale et sa face distale. — Marnes irisées de Poligny. Musée de Poligny.

Fig. 313. — Omoplate du *Dimodosaurus Poligniensis*, au 1/5 de grandeur. *c.* facette du coracoïde ; *gl.* cavité glénoïde. — Marnes irisées de Poligny. Musée de Poligny.

sente la cavité cotyloïde ; on voit un prolongement en avant pour porter le pubis et un autre moins grand en arrière pour porter l'ischion.

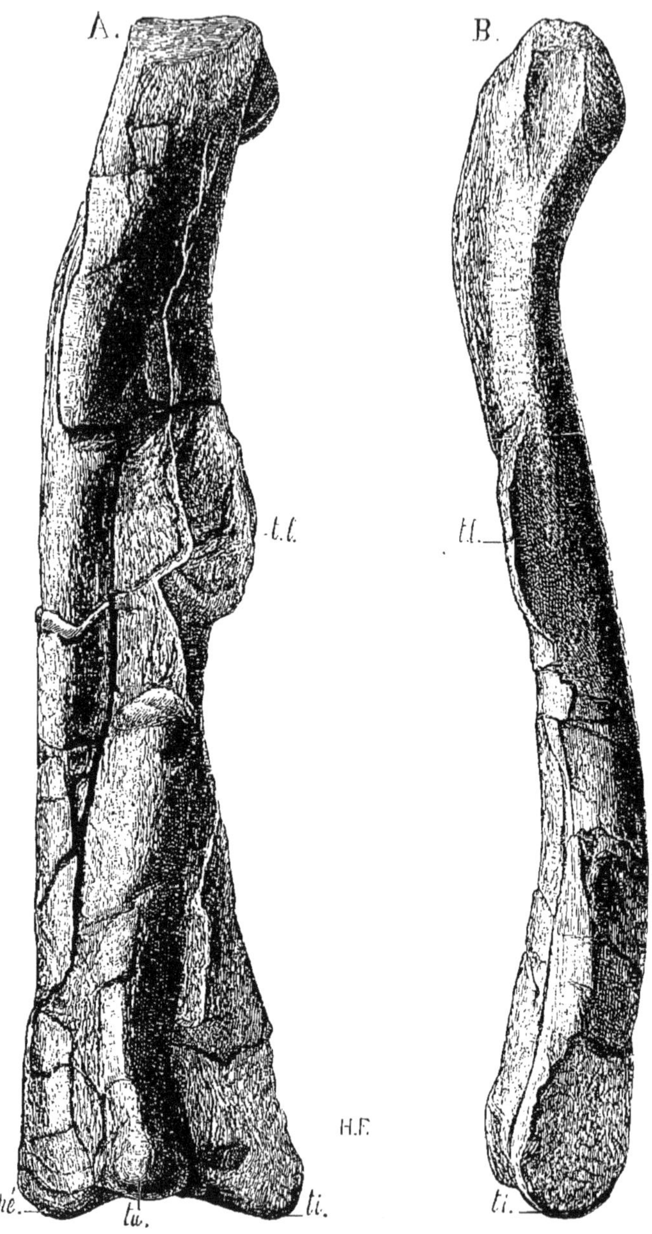

FIG. 314. — Fémur du *Dimodosaurus Polignicnsis*, A. vu sur la face postérieure, B. vu de côté, au 1/5 de grandeur. *t. l.* trochanter latéral interne; *tu.* tubérosité qui sépare les facettes tibiale *ti.* et péronienne *pé.* — Marnes irisées de Poligny. Communiqué par M. Sauria.

Les fémurs (fig. 314) atteignent la même longueur que dans le *Megalosaurus* (0m,80), ils sont de même légèrement tordus, leur grand trochanter est à peine marqué; il y a un trochanter

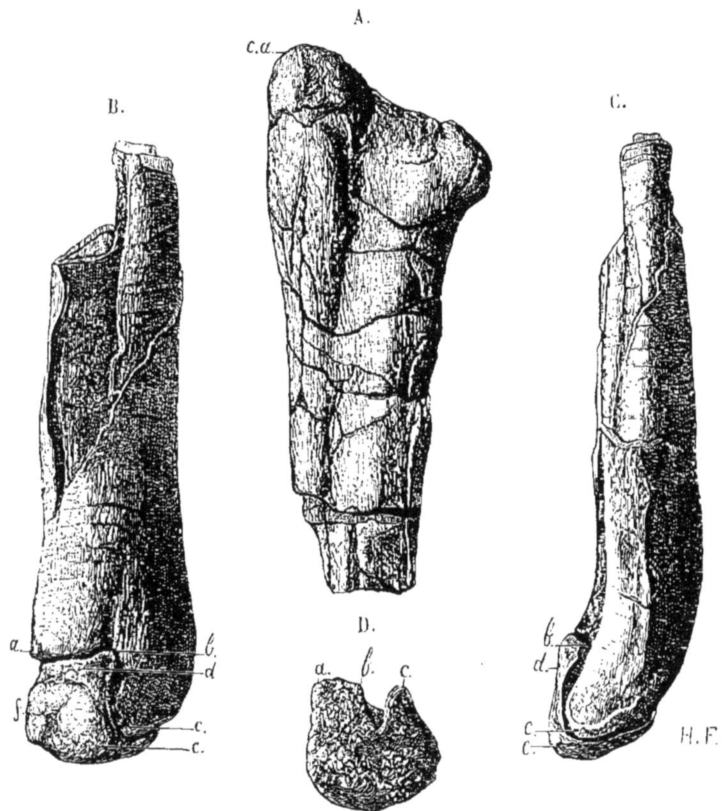

FIG. 315. — Tibia du *Dimodosaurus Poligniensis*, au 1/5 de grandeur : A. sa partie supérieure vue de côté ; B. sa partie inférieure ; C. la même, vue de côté ; D. sa face distale qui est rugueuse ; les lettres *a. b. c.* marquent la limite inférieure de la diaphyse du tibia; *d. e. f.* représentent un os qui a la position d'un astragale, mais peut-être n'est qu'une épiphyse restée distincte. — Marnes irisées de Poligny. Pièces du Musée de Poligny, communiquées par M. Sauria.

latéral interne; en arrière de la région distale, une tubérosité, *tu.*, sépare les faces en rapport avec le tibia et le péroné, *pé.* et *ti.*

Le péroné est représenté dans la figure 312, page 215; il a

0,515 de longueur, sa portion distale n'est pas amincie et atrophiée comme chez les oiseaux; elle descend jusqu'au tarse.

J'ai fait graver la partie supérieure du tibia (fig. 315, A), et sa partie inférieure (même figure, B, C). On remarque au-dessous de cet os une pièce *d. e. f*, placée comme celle qui a été décrite dans le *Megalosaurus* sous le nom d'astragale; sa forme est assez différente; elle a plus d'épaisseur, elle est plus carrée, n'a pas une languette qui remonte, comme dans le *Megalosaurus* et les oiseaux, sur le devant du tibia. Si l'on examine la face distale du tibia (fig. 315, D.), on voit qu'elle est rugueuse, de sorte que l'os placé au-dessous semble lui avoir adhéré, au lieu d'avoir été indépendant et mobile comme un vrai astragale; il se pourrait donc que ce fût non un astragale, mais simplement une épiphyse du tibia. J'ai vu un autre os que je crois être l'épiphyse du péroné.

La pièce la plus complète du *Dimodosaurus* est une patte de derrière que je reproduis figure 316[1]. Il y a cinq métatarsiens; les trois du milieu sont les plus grands; le cinquième ne porte pas de doigt, mais, d'après une petite facette qui termine son extrémité inférieure, je pense qu'il devait avoir quelque rudiment de phalange. Le pouce a deux phalanges; le second doigt en a trois; le troisième en a quatre; le quatrième en a cinq. Les premières phalanges ont à leur face supérieure une concavité aussi profonde que celle des corps de vertèbres de poissons ou d'*Ichthyosaurus*; cela me fait croire qu'il y avait un abondant cartilage entre elles et les métatarsiens. Les secondes phalanges ont aussi leur face supérieure concave; mais le creux est bien moins prononcé qu'aux premières. Les phalanges unguéales sont singulièrement crochues, comprimées latéralement au point d'être tranchantes; elles sont d'autant plus larges qu'elles appartiennent à un doigt plus interne; elles ont des sillons latéraux pour loger les vais-

1. Les os étant trop fragiles pour être montés, j'en ai fait faire les moulages; j'ai replacé ces moulages dans la position que les os ont dû avoir sur le vivant, et j'ai ainsi obtenu la pièce dont on voit ici la gravure

seaux nourriciers de la corne comme chez les oiseaux. Elles ressemblent beaucoup pour la taille et la forme à celles des *Megalosaurus*, mais elles sont moins épaisses de droite à gauche.

Au-dessus des métatarsiens représentés dans la figure 316,

FIG. 316. — Patte de derrière gauche du *Dimodosaurus*, au 1/5 de grandeur : 1.*m.*, 2.*m.*, 3.*m.*, 4.*m.*, 5.*m.* les cinq métatarsiens ; 1.*p*′, 1.*p*″. premier doigt ; 2.*p*′, 2.*p*″, 2.*p*‴. second doigt ; 3.*p*′, 3.*p*″, 3.*p*‴, 3.*p*⁗. troisième doigt ; 4.*p*′, 4.*p*″, 4.*p*‴, 4.*p*⁗, 4.*p*′′′′′. quatrième doigt. — Marnes irisées de Poligny. Communiqué par M. Sauria, conservateur du Musée de Poligny.

il y a trois os que je suppose devoir appartenir à la seconde rangée des os du tarse ; ils ont été dérangés de leur position naturelle ; ne sachant pas quelle place il faut leur donner, je les ai fait graver à part (page suivante, fig. 317).

Les os des membres antérieurs sont plus rares que ceux des

membres postérieurs. J'ai fait dessiner l'omoplate (fig. 313). MM. Pidancet et Chopart avaient, dans un catalogue des pièces du *Dimodosaurus*, signalé un humérus de 0^m,80 de long. Si cet os était vraiment un humérus, il faudrait croire que, contrairement à ce qu'on a observé dans les autres dinosauriens de nos pays, les membres de devant étaient aussi forts

Fig. 317. — Trois os de la seconde rangée du tarse qui ont été trouvés au-dessus des 3e, 4e et 5e métatarsiens du *Dimodosaurus Poligniensis*. Au 1/5 de grandeur. — Marnes irisées de Poligny. Collection du Musée de Poligny. Communiqué par M. Sauria.

que ceux de derrière; mais la pièce, qui avait d'abord pu être confondue avec un humérus, était si endommagée, que ses caractères étaient peu discernables; je l'ai fait réparer, et maintenant on reconnaît que c'est un fémur plus épais que

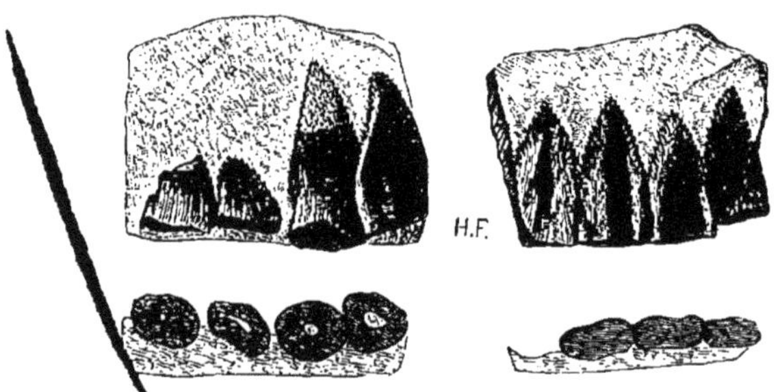

Fig. 318. — Dents de *Dimodosaurus*, grandeur naturelle, vues de face et en dessous. — Trouvées dans les marnes irisées de la tranchée de Villette, près de Poligny. — Collection du Muséum de Paris.

celui que j'ai représenté dans la figure 314 et qui a été plus aplati lors de son enfouissement. J'ai vu des os qui, je pense, proviennent de l'avant-bras; ils ont été trop comprimés dans la fossilisation pour que j'ose rien affirmer à leur égard.

Dans la tranchée de la forêt de la Chassagne, près de Poligny, où ont été recueillies les différentes pièces que je viens de citer, on n'a pas découvert de dents, mais on en a rencontré à peu de distance dans la tranchée de Villette, près d'Arbois; j'en ai vu dans le Musée de Poligny; nous en avons également dans le Museum de Paris. J'en donne ici le dessin (fig. 318). Elles sont d'une bien faible dimension comparativement aux os. Cependant, comme la tête et les dents ont été d'une petitesse extrême dans plusieurs dinosauriens gigantesques, je ne crois pas impossible qu'elles proviennent d'un *Dimodosaurus*; elles sont pointues, droites, plates dans le bout, plus épaissies vers le bas, comme le montrent leurs coupes que j'ai fait placer au-dessous d'elles; leurs bords sont dentelés dans la moitié supérieure[1].

Les animaux que les paléontologistes ont provisoirement rangés sous le titre de dinosauriens offrent une extrême diversité. Leur grandeur a été très variable; le nom de dinosaurien a été imaginé parce que plusieurs d'entre eux ont eu des dimensions vraiment effrayantes; on croit rêver quand on se représente à l'état de vie l'*Atlantosaurus* qui, selon M. Marsh, avait 24 mètres de long, l'*Apatosaurus* dont une vertèbre cervicale mesure 1 mètre de large, le *Ceteosaurus* du Musée d'Oxford, l'*Iguanodon* du Musée de Bruxelles. Mais avec l'*Atlantosaurus*, M. Marsh a trouvé le *Nanosaurus*, grand comme un chat, et en Bavière, on a le *Compsognathus*, long de deux pieds seulement.

1. Ces dents paraissent appartenir à la même espèce que celles des marnes irisées du Chappou dans l'Ain, que M. Gervais a rapportées en 1861 au genre *Thecodontosaurus*, établi par Riley et Stutchbury en 1836. Le *Dimodosaurus* ressemble tellement à ce genre que ce n'est pas sans hésitation que je lui conserve le nom proposé par Pidancet et Chopart. Les dents du *Dimodosaurus* sont plus droites, moins courbées sur les côtés, plus aiguës; leurs crénelures ne descendent pas aussi près du collet. Le fémur a son trochanter latéral interne plus bas; les os figurés par Riley et Stutchbury comme un métatarsien et une phalange n'ont pas les mêmes proportions. Le *Dimodosaurus* ressemble également beaucoup au *Plateosaurus Engelhardti* décrit par Hermann de Meyer en 1837 et plus tard dans les Saurier des Muschelkalks, 1847-1855. Le tibia paraît avoir eu la même disposition dans la portion distale. Mais je connais trop peu le *Plateosaurus* pour pouvoir décider si l'animal de Poligny lui est identique. Le *Zanclodon* dont M. Fraas m'a montré de belles pièces dans le Musée de Stuttgart est aussi bien voisin du *Dimodosaurus*.

De singulières différences de dentition s'observent chez les dinosauriens, quelques-uns ayant été des carnivores qui dévoraient des proies vivantes, et d'autres ayant été de paisibles herbivores. La figure 319 représente une dent de *Megalosaurus*[1], longue, aiguë, légèrement courbée et tranchante en arrière pour entamer les chairs de la proie qui aurait tâché de s'échapper; garnie de fines crénelures sur le bord, elle constitue une arme qui ressemble aux canines du terrible mammifère appelé *Machairodus*; mais, tandis que le *Machairodus* n'avait qu'une paire de dents en forme de lames de poignard, le *Megalosaurus* en avait un grand nombre. Les figures 320 et 321 reproduisent des dents d'*Iguanodon* et de *Mochlodon*[2] qui font un singulier contraste avec celles du *Megalosaurus*; elles étaient disposées pour triturer des substances végétales; en parlant des dents d'*Iguanodon*, Cuvier a dit[3] : « *Ces dents usaient leur pointe et leur fût transversalement comme les quadrupèdes herbivores, et tellement que la première qui me fut présentée s'étant trouvée dans cet état de détrition, je ne doutai nullement qu'elle ne vînt d'un mammifère.* »

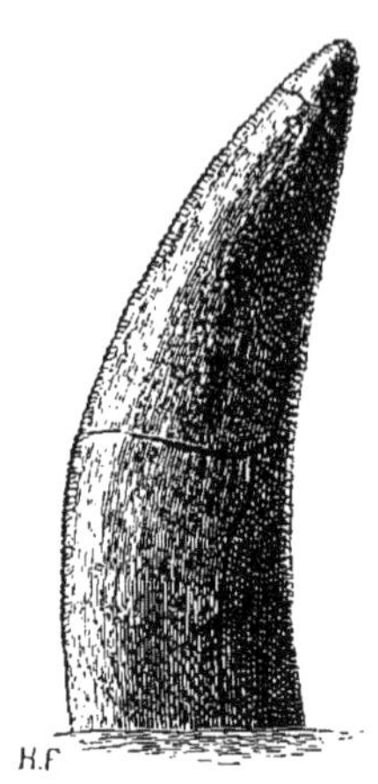

Fig. 319. — Dent de *Megalosaurus superbus*, grandeur naturelle. — Albien de Bar-le-Duc. Coll. de M. Pierson.

Si grandes que soient les différences entre la dentition du *Megalosaurus* et celle de l'*Iguanodon*, on trouve entre elles des intermédiaires : *Dimodosaurus, Thecodontosaurus, Acanthopholis, Scelidosaurus*.

Le caractère le plus saillant des dinosauriens consiste dans

1. Μέγας, grand; σαῦρος, lézard.

2. Μοχλὸς, levier; ὀδὼν, dent. Les dents du *Mochlodon* d'Autriche, du *Rhabdodon* de France, de l'*Hypsilophodon* d'Angleterre, et du *Laosaurus* des États-Unis ont une extrême ressemblance. Il n'est pas facile de les distinguer.

3. *Recherches sur les ossements fossiles*, 4e éd., vol. X, p. 200.

le fait qu'ils ne rampaient point, et, par conséquent, ne méritaient point à proprement parler le nom de reptiles. La reptation des reptiles actuels provient surtout de ce qu'ils n'ont que peu ou point de sacrum et que, par conséquent, leurs membres postérieurs trouvent un faible appui sur la colonne vertébrale. Dans les dinosauriens, au contraire, il y a plusieurs vertèbres réunies pour former un puissant sacrum. Mais ce caractère est changeant : de très vieux *Iguanodon* de Bernissart ont eu six vertèbres sacrées, tandis que d'autres individus n'en ont eu que cinq et que l'*Iguanodon Prestwichii* en avait quatre.

A.

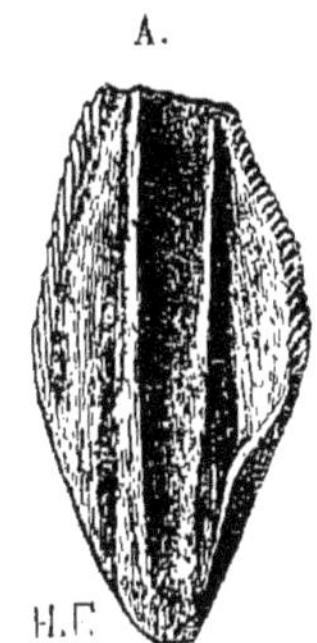

B.

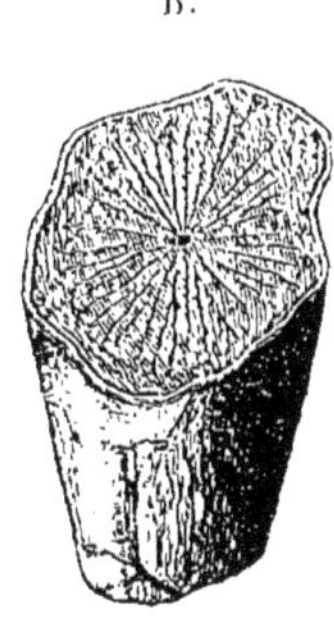

Fig. 320. — Dents d'*Iguanodon Mantellii*, grandeur nat. A. non usée et coupante; B. usée et servant à triturer. — Wealdien de Tilgate. Collection du Muséum.

Fig. 321. — Dent de *Mochlodon Suessii*, au double de grand. (d'après M. Seeley). Étage de Gosau, Neue Welt, Autriche.

Il paraît que, dans l'*Atlantosaurus* et le *Morosaurus*, il y a également quatre vertèbres sacrées, et que dans l'*Apatosaurus*, genre bien voisin de ceux-ci, il n'y en a que trois. Le *Thecodontosaurus* et le *Dimodosaurus* de Poligny n'ont aussi que trois vertèbres sacrées. Il y en a deux dans l'*Hallopus*; enfin, dans le *Camptonotus* et le *Laosaurus*, suivant M. Marsh, il n'y a pas de vertèbres qui soient soudées pour former un sacrum.

Un autre caractère curieux des dinosauriens a été la possibilité qu'ils avaient de garder la position bipède; on le voit dans les figures 306 et 307; ils avaient leurs membres de devant bien plus raccourcis que ceux de derrière, de sorte que, dans la marche, leur train de derrière était plus haut que le train de devant; on en conclut qu'ils devaient surtout s'appuyer sur leurs pattes de derrière et que leurs membres de devant étaient pour eux des organes de préhension plutôt que de locomotion. Là encore nous voyons des variations, et même M. Marsh a établi un ordre des sauropodes qui comprend plusieurs dinosauriens (*Morosaurus*, *Atlantosaurus*, *Apatosaurus*, *Camarosaurus*, *Ceteosaurus*, etc.), où les membres de devant, beaucoup moins inégaux, indiquent des reptiles

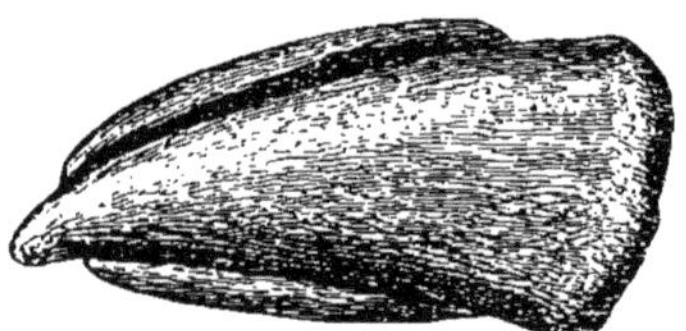

Fig. 322. — Phalange unguéale d'un doigt latéral de l'*Iguanodon Mantellii*, vue en dessus, à 1/2 grandeur. — Wealdien de Tilgate, dans le Sussex. Collection du Muséum.

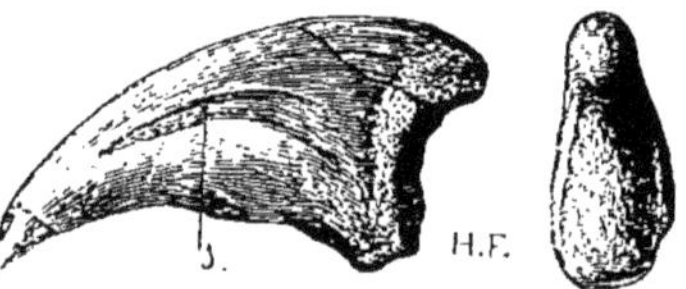

Fig. 323. — Phalange onguéale d'un *Zanclodon*? vue de côté et par derrière, 1/4 de grand; *s.* sillon pour le vaisseau nourricier de l'ongle. — Infra-lias de Provenchère, Haute-Marne. Coll. du Mus.

qui devaient marcher à quatre pattes comme la plupart des autres quadrupèdes.

Il faut encore citer parmi les singulières propriétés des dinosauriens la disposition des pattes, qui, contrairement à ce qu'on observe chez la plupart des reptiles, ont des phalanges onguéales larges, épaisses, faites pour appuyer fortement sur le sol : on ne peut comparer leur étendue qu'à celle des pattes des plus grands proboscidiens; la figure 322 montre les phalanges massives de l'*Iguanodon* vues en dessus. Mais souvent les phalanges, au lieu de s'élargir, se sont au contraire amincies de droite à gauche, ont pris une forme crochue et ont dû porter des ongles terribles, ainsi qu'on l'a vu dans notre figure de la patte du *Dimodosaurus* (page 219) et comme le montre la figure 323, qui représente une phalange unguéale trouvée dans l'infra-lias de la Haute-Marne[1].

1. Cette phalange est encore plus grande que celles du *Dimodosaurus* du Jura;

Plusieurs dinosauriens paraissent avoir eu de grandes cavités soit dans leurs os longs (fig. 324, 325 et 326), soit même dans leurs vertèbres; mais d'autres, tels que les sauropodes de M. Marsh, ont eu des os pleins semblables à ceux de la plupart des reptiles. Je dois dire qu'en examinant les os longs du *Dimodosaurus*, j'ai remarqué que les uns paraissaient actuellement creux, que d'autres avaient dans leurs parties centrales un tissu spongieux à si grandes aréoles qu'il a dû se détruire facilement lors de la fossilisation et donner des apparences trompeuses. Il n'est pas toujours aisé de reconnaître si des os

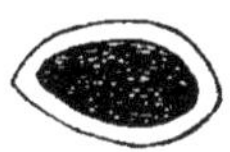

Fig. 324. — Coupe du tibia de *Megalosaurus* dont on verra le dessin figure 337, page 231.

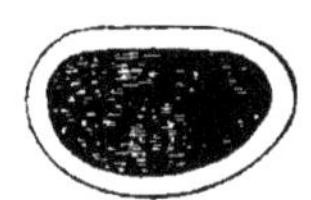

Fig. 325. — Coupe du tibia du *Dimodosaurus Polignicnsis*, au 1/5 de grandeur.

Fig. 326. — Coupe du second métatarsien du *Dimodosaurus Polignicnsis*, au 1/5 de gr.

fossiles ont eu des vides remplis d'air, comme les oiseaux, ou bien des vides remplis de moelle, comme les quadrupèdes marcheurs.

Enfin, les dinosauriens ont eu souvent le corps nu ; jusqu'à présent on n'a trouvé aucune partie dermique endurcie chez l'*Iguanodon*, le *Megalosaurus*, etc. D'autres dinosauriens, tels que l'*Hylæosaurus*, l'*Acanthopholis*, etc., ont eu des écailles et des épines. M. Suess m'a montré dans le Musée de l'Université de Vienne de curieuses pièces dermiques que M. Seeley, dans son beau mémoire sur la faune de Gosau, a attribuées à un dinosaurien sous le nom de *Cratæomus*[1]. J'en reproduis des spécimens dans les figures 327 et 328. MM. Marsh et Cope ont découvert dans l'Amérique du Nord des têtes qui avaient d'énormes cornes[2]; le *Triceratops* des couches de Laramie est

son bord supérieur est plus épais. J'en ai vu une à peu près semblable dans le Musée de Bath, provenant des crevasses de Frome, qui, suivant M. Winwood, ont été remplies à l'époque du Keuper; elle est peut-être du *Thecodontosaurus*.

1. Κραταίωμα, soutien.

2. M. Marsh vient de donner la figure du *Triceratops* dans l'*American Journal of sciences*, vol. XXXVIII. Déc. 1889.

une des plus étonnantes créatures trouvées dans les Western Territories qui ont ménagé tant de surprises à leurs courageux et habiles explorateurs. Son crâne plus gigantesque que dans aucun autre animal terrestre, long de 8 pieds, portait des cornes comme nos ruminants actuels[1].

En présence des variations que présentent les dinosauriens, on peut croire que ces reptiles ont joué sur les continents

FIG. 327. — Plaque dermale attribuée au *Cratæomus*, au 1/5 de grandeur (d'après M. Seeley). — Crétacé supérieur de Neue Welt, Autriche.

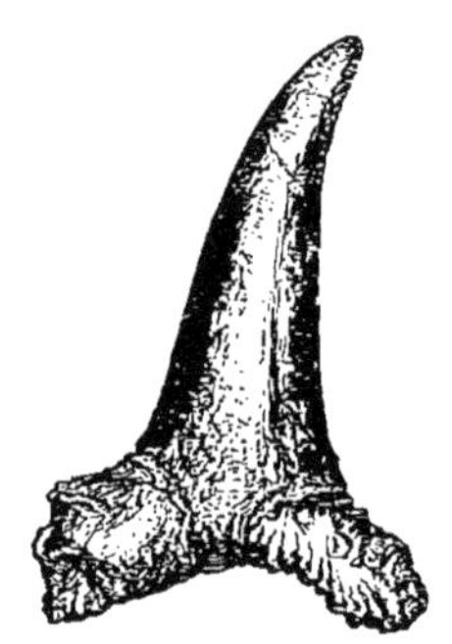

FIG. 328. — Plaque dermale portant une épine en forme de corne, attribuée au *Cratæomus*, au 1/5 de grandeur (d'après M. Seeley). — Crétacé supérieur de Neue Welt.

secondaires le rôle que jouent aujourd'hui les mammifères et qu'ils doivent comme eux être partagés en plusieurs ordres. Mais, malgré les remarquables travaux dont ils ont été l'objet, ces ordres sont encore trop vaguement connus pour qu'il soit utile de discuter les rapports de parenté qu'ils ont pu avoir les uns avec les autres.

Si l'étude des dinosauriens n'a point jusqu'à présent fourni des matériaux suffisants pour raisonner sur les enchaînements de leurs genres et de leurs familles, en compensation elle nous donne l'occasion d'étudier l'importante question des enchaînements de deux classes différentes : la classe des reptiles

1. C'est une singulière chose que cette réunion de bêtes à têtes cornues, reptiles et mammifères, dans les Montagnes Rocheuses, à diverses époques géologiques.

et celle des oiseaux. C'est M. Huxley qui a le premier mis en relief les rapports qui existent entre les membres postérieurs de plusieurs dinosauriens et ceux des oiseaux. Ces rapports sont tout à fait frappants; nous allons les examiner dans le bassin, le fémur, le tibia, le tarse et les doigts :

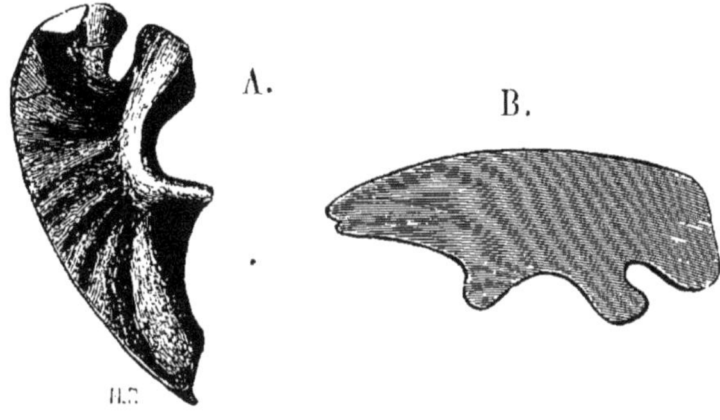

FIG. 329. — Ilion de *Megalosaurus Cuvieri* à 1/20 de grandeur. A. Position supposée par Cuvier. B. Position réelle. — Bathonien de Stonesfield.

La détermination des pièces du bassin des dinosauriens a embarrassé les plus illustres paléontologistes. Lorsque Buckland montra à Cuvier l'os du *Megalosaurus* que l'on voit dans

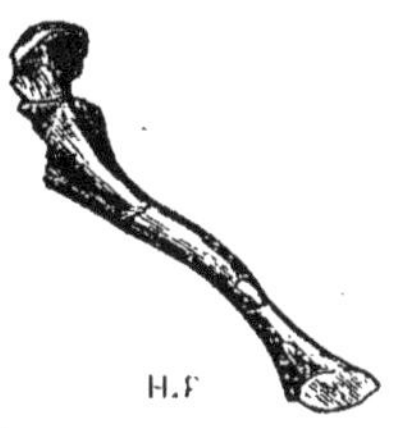

FIG. 330. — Ischion de *Megalosaurus*, au 1/20 de grandeur (d'après Cuvier et Phillips). — Bathonien de Stonesfield.

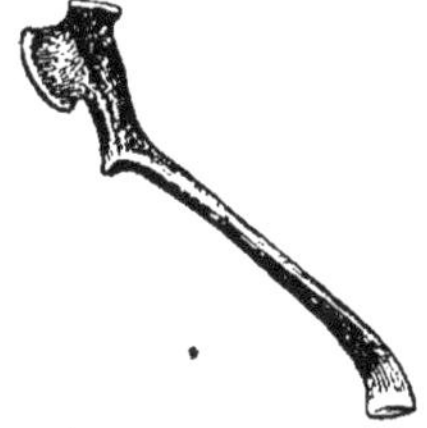

FIG. 331. — Ischion d'*Iguanodon*, au 1/20 de grandeur (d'après M. Owen). — Wealdien de Tilgate.

la fig. 329, celui-ci le compara avec l'arc thoracique des lézards et supposa que c'était un coracoïde; il le figura dans la position que l'on voit ici en A, au lieu de lui donner la position que je figure sous la lettre B.

Buckland communiqua à Cuvier un autre os de *Megalosaurus* que je représente dans la figure 330 : Cuvier pensa que c'était une clavicule; l'os est si brisé que sa détermination était difficile; mais plus tard M. Richard Owen examina un os assez peu différent et très bien conservé, qui provenait d'un *Iguanodon* (fig. 331); comme Cuvier, il pensa que c'était une clavicule.

Cependant il arriva que John Phillips, successeur de Buckland dans la chaire de géologie d'Oxford, vit une omoplate en connexion avec un coracoïde qui ne ressemblait en rien à l'os que Cuvier avait supposé être un coracoïde; voici la figure de Phillips (fig. 332). Cela mit l'habile professeur d'Oxford dans une grande perplexité; car d'un côté il résultait de cette constatation que Cuvier s'était trompé en regardant comme un coracoïde l'os de la figure 329, et d'un autre côté Phillips ne voyait aucun autre os de reptile qui ressemblât à ce morceau. Alors il consulta M. Huxley, dont il connaissait la sagacité, pour savoir ce que pouvait être cet os. M. Huxley fit la réflexion que M. Owen avait décrit un sacrum de *Megalosaurus* composé de six vertèbres qui indiquait un animal marchant à la façon des oiseaux et des mammifères plutôt qu'à la façon des reptiles. Cela lui donna l'idée de chercher si l'os supposé un coracoïde ne ressemblerait pas à l'un des os de ces animaux; il lui trouva des rapports avec l'ilion des oiseaux. En même temps, ayant eu occasion d'étudier le bassin d'un dinosaurien, l'*Hypsilophodon*, il s'aperçut que les os regardés comme des clavicules par Cuvier (fig. 330), et par M. Owen (fig. 331), étaient semblables à l'ischion des oiseaux. Enfin il vit que le post-pubis des dinosauriens rappelait celui des oiseaux. En effet, lorsqu'on met en regard les os d'un bassin

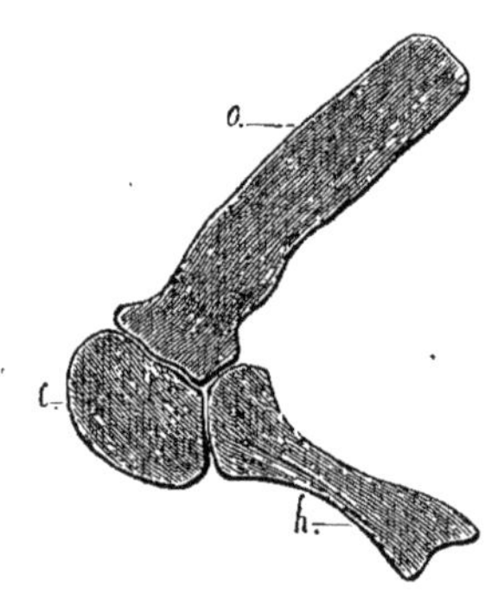

FIG. 332. — Arc thoracique de *Megalosaurus*, restauré au trait d'après des échantillons du Musée d'Oxford, à 1/20 de grand. : *o*. omoplate, *c*. coracoïde, *h*. humérus (d'après Phillips). — Bathonien de Stonesfield.

d'oiseau (fig. 334) et ceux d'un bassin de dinosaurien (fig. 333), on ne peut contester leur similitude.

A la vérité, le bassin de la plupart des oiseaux ne montre que la branche postérieure du pubis (post-pubis), tandis que chez les dinosauriens il y a, comme le fait voir la figure 333, un pré-pubis; mais M. Marsh a fait remarquer que chez quelques oiseaux, notamment chez l'*Apteryx* dont je donne ici la

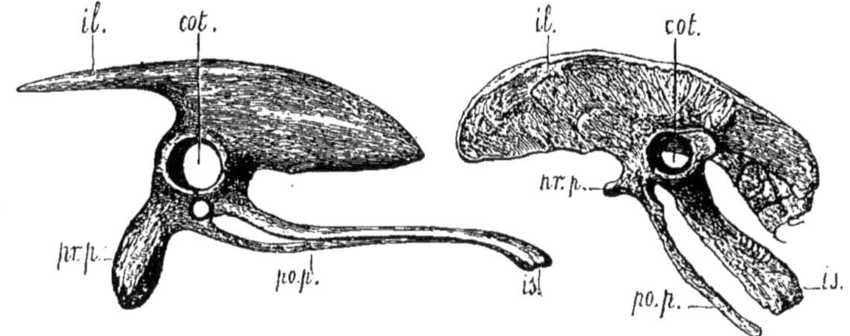

Fig. 333. — Bassin d'*Iguanodon Mantellii* au 1/18 de grandeur : *il.* ilion ; *cot.* cavité cotyloïde ; *is.* ischion ; *pr.p.* pré-pubis ; *po.p.* post-pubis (d'après M. Hulke[1]). — Wealdien.

Fig. 334. — Bassin de l'*Apteryx australis*, à 1/2 grandeur. Mêmes lettres. — Époque actuelle. Collection d'anatomie comparée du Muséum de Paris.

figure, il y a un rudiment de la branche antérieure du pubis[2] (fig. 334, *pr.p.*).

Le fémur des oiseaux, à sa partie inférieure, présente en arrière une saillie qui sépare les facettes où s'articulent le tibia et le péroné (fig. 336) ; cette saillie empêche la flexion complète de la jambe sur la cuisse; elle aide à distinguer un

1. M. Dollo a critiqué cette restauration du bassin de l'*Iguanodon* qui a été faite par M. Hulke. J'ai cru cependant devoir la préférer à celle qu'il a donnée, parce que j'ai peine à comprendre la forme qu'aurait la portion postérieure du corps d'un animal vivant où un très long ischion et le post-pubis seraient si écartés de la colonne vertébrale.

2. On a beaucoup discuté sur cette branche antérieure du pubis ou pré-pubis. D'après quelques observations récentes, il semblerait qu'elle dépend non du pubis, mais de l'ilion. S'il en était ainsi, elle serait à l'ilion ce que l'acromion (ou le post-claviculaire des *Actinodon*) est à l'omoplate. On ne peut aussi manquer d'être frappé de ses rapports de position avec l'os marsupial de plusieurs mammifères; si elle est son homologue, il faudrait penser que le post-pubis des dinosauriens est l'homologue du pubis des mammifères.

fémur d'oiseau de celui des reptiles, car ces derniers n'en sont pas pourvus. Il est curieux de constater cette tubérosité chez les dinosauriens; on la voit très bien marquée sur le fémur du *Dimodosaurus*, dont j'ai donné la figure dans la page 216 (fig. 314, A, *tu*). On la voit encore plus nettement sur un

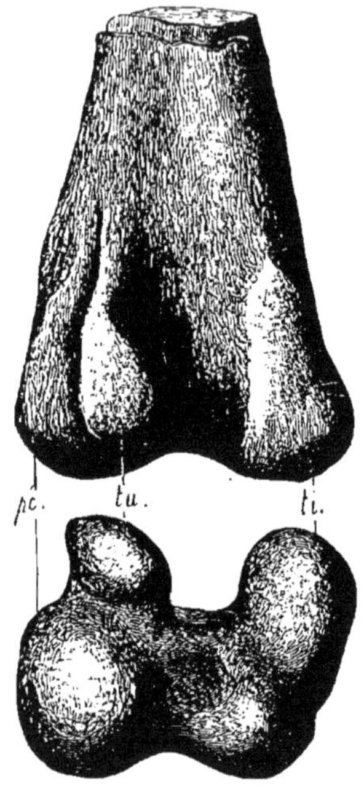

Fig. 335. — Portion inférieure du fémur d'un dinosaurien, vu par derrière, et sur la face distale, au 1/4 de grandeur : *tu.* tubérosité qui sépare la facette tibiale *ti.* de la facette péronienne *pé.* — Donné par le petit séminaire de Beauvais. Gisement inconnu.

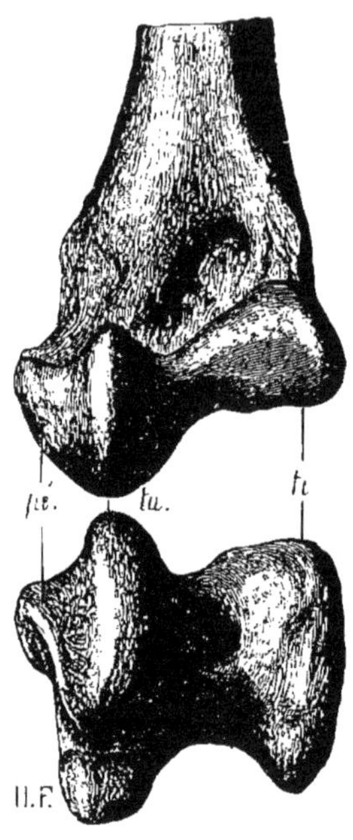

Fig. 336. — Portion inférieure du fémur d'un casoar, vue sur la face postérieure et sur la face distale, à 1/2 grandeur. Mêmes lettres. — Époque actuelle.

fémur de dinosaurien qui a été offert au Museum par le petit séminaire de Beauvais (fig. 335). Je place à côté la figure d'un fémur de casoar (fig. 336), afin qu'on puisse juger de la ressemblance qui existe sous ce rapport entre les oiseaux et les dinosauriens.

Le bas de la jambe de plusieurs dinosauriens rappelle le type oiseau d'une manière non moins frappante que les os de la cuisse et du bassin. J'ai représenté, dans la page 217 (fig. 315, B, C), un os placé au-dessous du tibia; j'ai dit qu'il était libre, mais que cependant la rugosité de la face distale du tibia indiquait qu'à l'état vivant il devait lui être uni par du cartilage. Dans le *Compsognathus*, suivant M. Huxley dans

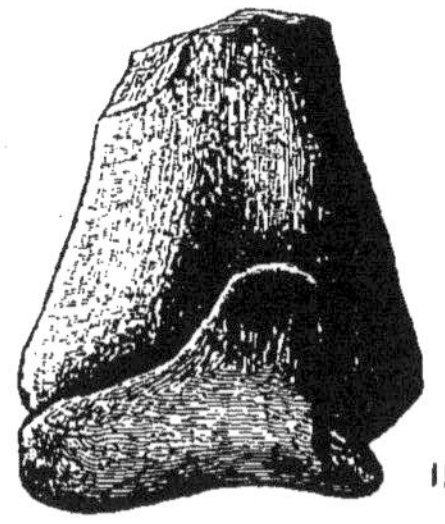

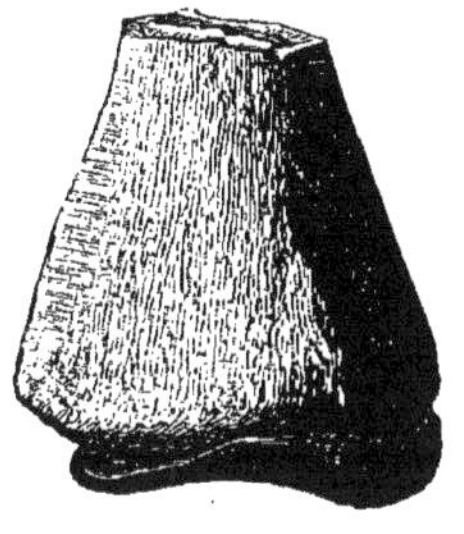

Fig. 337. — Portion inférieure d'un tibia de *Megalosaurus*, à 1/5 de grandeur, vu sur la face antérieure et la face postérieure. — De Honfleur, suivant Cuvier. Collection du Museum.

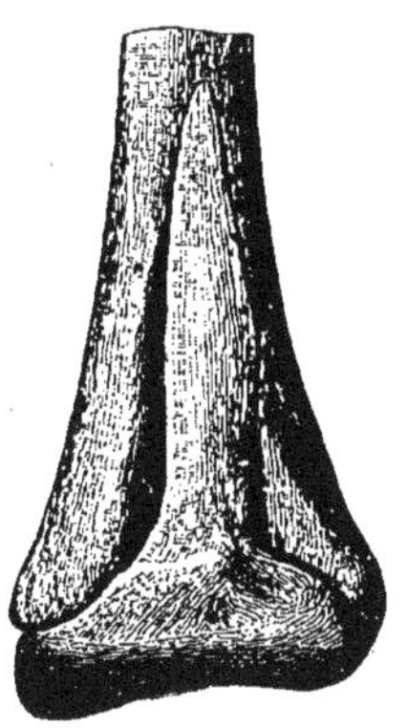

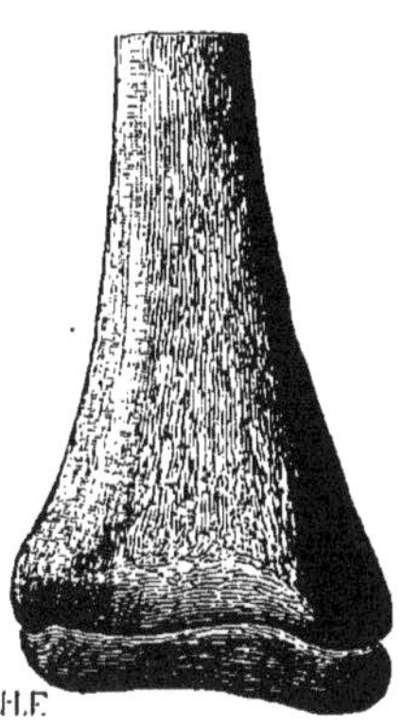

Fig. 338. — Portion inférieure du tibia d'une jeune autruche, vu sur la face antérieure et sur la face postérieure, à 3/4 de grandeur. Mêmes lettres. — Epoque actuelle, Afrique.

l'*Euskelosaurus*[1], et suivant M. Cope dans l'*Ornithotarsus*[2], il était intimement soudé. Au contraire chez le *Megalosaurus* (fig. 337), l'os placé au-dessous de la face inférieure du tibia n'était pas soudé. La plupart des naturalistes ont considéré cet os comme un astragale. Quand je regarde les lacertiens qui

1. Εὖ, bien; σκέλος, os de la jambe, et σαῦρος.
2. Ὄρνις, ιθος, oiseau, et ταρσὸς, tarse.

ont à la fois un astragale et une épiphyse inférieure au tibia, je trouve qu'il ressemble plus à l'épiphyse du tibia qu'à l'astragale. Aussi je me demande si les dinosauriens n'ont pas été des animaux où l'astragale n'aurait pas été développé et où l'épiphyse inférieure du tibia aurait pris plus d'importance et parfois de l'indépendance, afin d'en tenir lieu. Les découvertes subséquentes diront si cette supposition est acceptable.

Quoi qu'il en soit, ce qui est certain c'est que la disposition du bas de la jambe des dinosauriens ressemble à ce qui se voit chez les oiseaux. On sait qu'un des caractères de ces animaux est l'absence apparente des os de la première rangée du tarse. Nous voyons seulement chez les très jeunes oiseaux, et à un âge plus avancé chez les oiseaux marcheurs (ratités), un os distinct placé au-dessous du tibia; M. Huxley a très judicieusement fait remarquer que cet os ressemble par sa forme comme par sa position à celui du dessous du tibia des dinosauriens; on en jugera en comparant les figures 337 et 338[1], dont l'une représente une pièce de *Megalosaurus* qui a été trouvée, du temps de Cuvier, en Normandie, et dont l'autre a été prise sur un squelette d'une autruche actuelle qui est dans la galerie d'anatomie du Museum de Paris.

La plus grande différence des pieds de derrière des dinosauriens et des oiseaux consiste en ce que les métatarsiens sont libres chez les dinosauriens, ainsi qu'on le voit dans la figure 316 de la page 219, tandis que chez les oiseaux les 2ᵉ, 3ᵉ et 4ᵉ métatarsiens sont représentés par un seul os. Mais, d'une part, M. Marsh nous a appris qu'un dinosaurien américain, le *Ceratosaurus*[2], a ses 2ᵉ, 3ᵉ et 4ᵉ métatarsiens soudés en grande partie (fig. 339). D'autre part, chez les oiseaux, la simplicité du métatarse n'est qu'apparente; quand ils sont

1. Si l'os placé au-dessous du tibia des dinosauriens devait être regardé non comme un astragale, mais comme l'épiphyse du tibia, il en serait de même pour l'os de l'autruche que je figure au-dessous du tibia dans la gravure 338.

2. Κέρας, ατος, corne, et σαῦρος.

jeunes, leurs métatarsiens sont distincts. Cela se voit clairement dans une patte de jeune autruche que M. Milne-Edwards a bien voulu me prêter et dont je donne ici la gravure (fig. 340). Cela se voit encore mieux dans une patte de jeune manchot que M. Filhol a rapporté de l'expédition du passage de Vénus et dont il m'a laissé prendre le dessin (fig. 341). On ne peut pas faire de distinction entre cette patte et celle des dinosauriens

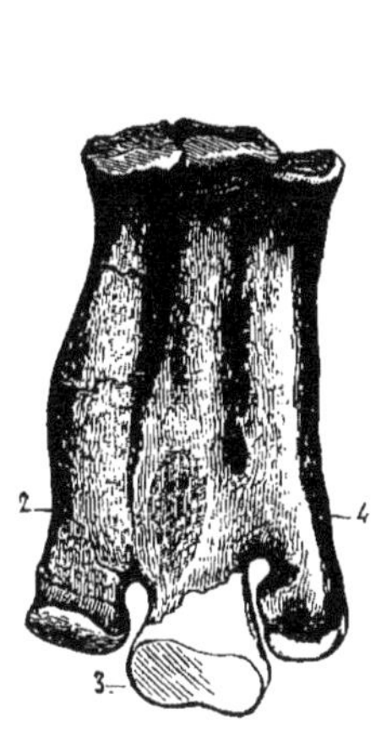

Fig. 339. — Métatarsiens du *Ceratosaurus nasicornis*, au 1/6 de grandeur : 2. second métatarsien ; 3. le troisième ; 4. le quatrième (d'après M. Marsh).

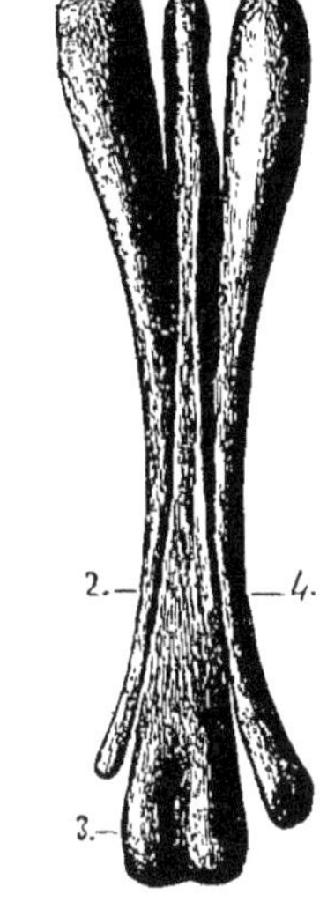

Fig. 340. — Métatarsiens d'une jeune autruche d'Afrique, grandeur naturelle. Mêmes lettres. — Collection de zoologie du Museum.

Fig. 341. — Métatarsiens de *Megadypta antipodes*, grandeur naturelle. Mêmes lettres. — Collection de zoologie du Museum.

ordinaires ; du reste tous les naturalistes savent que, même chez les manchots adultes, les trois métatarsiens médians restent en partie séparés.

Notre figure 341 montre que, dans les manchots, non seulement les métatarsiens sont séparés, mais qu'ils sont à peu près placés sur le même rang et développés régulièrement dans leur partie proximale comme dans leur partie distale, au lieu que, chez la plupart des oiseaux, la partie proximale du

5e métatarsien est amincie et portée en arrière et que la partie distale du 2e métatarsien est beaucoup plus grêle que sa partie proximale; la patte d'autruche (fig. 340) offre ces caractères d'une manière très accentuée. On peut dire par conséquent qu'il y a plus de différence entre le métatarse des manchots et celui des autres oiseaux qu'il n'y en a entre le métatarse des manchots et celui des reptiles auxquels on donne le nom de dinosauriens.

La meilleure preuve de la ressemblance d'une partie des os des dinosauriens et de ceux des oiseaux est fournie par ces mots de M. Marsh, le savant le plus versé dans leur étude comparative : « *La principale difficulté quant à présent pour les dinosauriens jurassiques est de fixer les affinités des petites formes qui paraissent approcher très près des oiseaux. Ces formes ne sont pas rares, mais leurs restes qui ont été trouvés jusqu'à présent sont la plupart fragmentaires et ne peuvent être que difficilement distingués de ceux des oiseaux qui se présentent dans les mêmes lits*[1]. » Comme, d'une part, les dinosauriens se rapprochent plus des oiseaux qu'aucun reptile actuel, et que, d'autre part, ainsi que nous allons bientôt le voir, les oiseaux secondaires se rapprochent plus des reptiles qu'aucun oiseau actuel, nous pensons qu'un jour les progrès de la science montreront des liens entre les ancêtres du type oiseau et ceux du type reptile. Mais, dans l'état actuel de nos connaissances, il est impossible de dire quels sont ces ancêtres; car à côté des points de ressemblance il y a de nombreuses différences entre les oiseaux et les dinosauriens. Ainsi, le crâne des dinosauriens ne ressemble pas à celui des oiseaux, leur région sternale a une apparence tout opposée à celle des oiseaux, leurs quelques vertèbres sacrées n'ont aucune proportion avec l'immense sacrum des oiseaux, leur longue queue avec des vertèbres qui ont de grands arcs neuraux et hémaux est l'opposé de la queue des oiseaux; les ilions n'ont ni la même

1. Classification of the Dinosauria (*American Journal of science*, vol. XXIII, January 1882.

forme, ni le même mode d'attache que dans les oiseaux; le membre antérieur, terminé par une main habile à saisir, offre le contraire de celui de l'oiseau dans lequel plusieurs des os sont très simplifiés; on peut dire la même chose de la ceinture scapulaire, où la clavicule manque et où l'omoplate et le coracoïde ont une tout autre forme. Évidemment les espèces ancêtres d'où ont pu diverger le type oiseau et le type reptile n'ont pas eu à la fois la grande queue, les mains compliquées, le sternum rudimentaire, le petit sacrum, les longs fémurs, les libres métatarsiens des dinosauriens. La divergence du type dinosaurien et du type oiseau a dû se produire sur des êtres plus simples, plus mixtes, encore ensevelis dans les couches de la terre. Ces êtres nous ne les connaissons pas, et par conséquent nous ne saurions raisonner sur eux; mais c'est déjà quelque chose, dans l'état d'enfance où est encore la science paléontologique, d'apprendre que la distance entre la classe des oiseaux et celle des reptiles est diminuée.

Ptérosauriens. — Si les dinosauriens qui ne rampaient point devaient être des reptiles extraordinaires, il y a eu des reptiles plus extraordinaires encore, car ils s'élevaient dans les airs; on les appelle des ptérosauriens[1]. Ils ont excité la curiosité des personnes mêmes qui sont étrangères à la science et ont attiré l'attention d'un grand nombre de naturalistes; très récemment, M. Marsh en Amérique, M. Zittel en Bavière et M. Newton en Angleterre ont publié sur eux d'intéressants travaux.

Les *Pterodactylus*[2] sont les plus célèbres des ptérosauriens. Ils ont été connus dès le milieu du siècle dernier. Un homme de lettres florentin, Collini, qui, après avoir été secrétaire de Voltaire, devint conservateur du Musée de Mannheim, décrivit quelques fossiles de ce Musée et notamment le *Pterodactylus*

1. Πτερὸν, aile; σαῦρος, lézard.
2. Πτερὸν et δάκτυλος, doigt.

représenté dans la gravure 342; j'ai fait exécuter cette gravure d'après un moulage de l'original, en m'aidant d'un dessin qui a été envoyé par Oppel à Cuvier et de quelques figures de détails

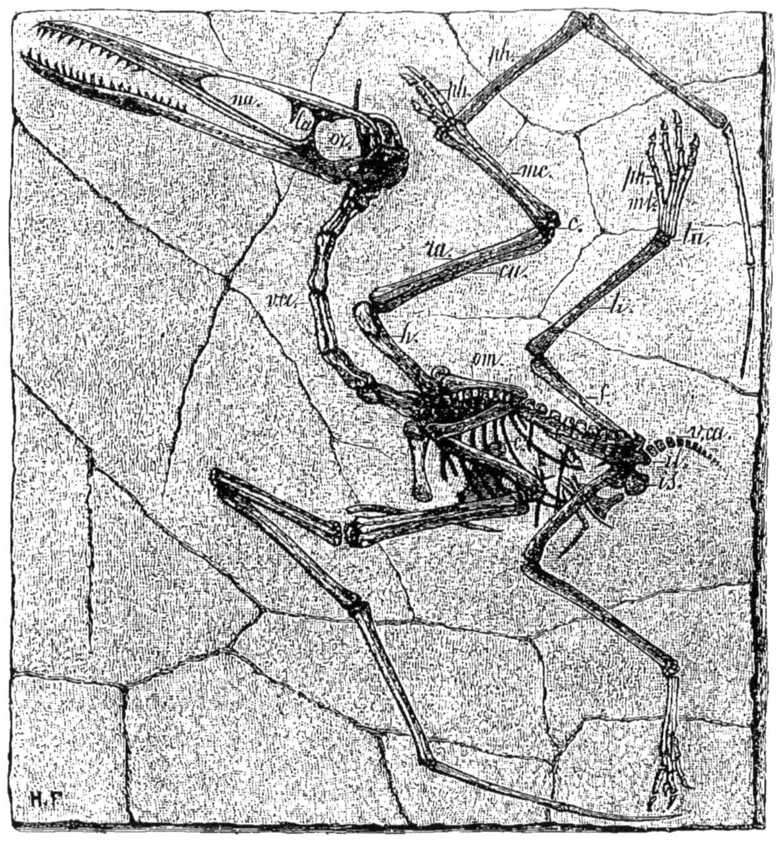

Fig. 342. — *Pterodactylus antiquus* (*longirostris*) à 1/2 grandeur : *na.* narines; *la.* trou lacrymal; *or.* orbite; *v.cc.* vertèbres cervicales; *v.ca.* vertèbres caudales; *om.* omoplate : *h.* humérus; *ra.* radius; *cu.* cubitus; *c.* carpe; *mc* métacarpe; *ph.* phalanges; *il.* ilion; *is.* ischion; *f.* fémur; *ti.* tibia; *ta.* tarse; *mt.* métatarse. — Restauration d'après le moulage d'un échantillon du Musée de Munich, envoyé au Museum de Paris. — Kimmeridgien de Solenhofen.

qui avaient été esquissées par Adolphe Brongniart et Constant Prévost; j'ai modifié un peu la position des membres et de la tête, afin de les rendre plus compréhensibles en les rétablissant dans leur place naturelle qu'ils avaient perdue lors de leur enfouissement. On conçoit par ce dessin quel étonnement le *Pterodactylus* a dû causer : la tête est plus longue que le cou, plus grand lui-même que le reste du tronc ; l'ensemble du tronc, depuis la première vertèbre dorsale jusqu'au bout de la queue, n'est que le tiers de la longueur totale de l'animal. Les membres de devant sont plus du double de ceux de derrière ; un des doigts dépasse six fois les autres en longueur. Ainsi la tête, le cou et une paire de doigts prennent à eux seuls beaucoup plus de place que tout le reste du corps.

L'échantillon décrit par Collini vient des carrières de Solenhofen. On a depuis trouvé dans ce gisement de nombreuses pièces de *Pterodactylus* qui appartiennent à différentes espèces, de sorte qu'aujourd'hui ce genre est assez bien connu pour qu'on se fasse une idée de l'aspect qu'il avait à l'état de vie ; voici quel était à peu près cet aspect (fig. 345).

Fig. 345. — Essai de restauration du *Scaphognathus*[1] (*Pterodactylus*) *crassirostris*, à 1/5 de grandeur. — Kimmeridgien de Solenhofen.

Le Musée de Munich est celui qui renferme la plus importante collection de ptérosauriens. Les sujets qui ont été rencontrés dans le terrain jurassique, étaient pour la plupart de petites bêtes. A l'époque de la craie, les ptérosauriens sont devenus si grands que sir Richard Owen, ayant vu un de leurs os isolés, ne put croire qu'il provenait d'un reptile et l'attribua à un oiseau sous le nom de *Cimoliornis*[2]. Il lui semblait improbable qu'un animal à sang froid eût eu une puissance

1. Σκάφος, bateau, carène ; γνάθος, mâchoire.
2. Κιμωλία, craie ; ὄρνις, oiseau.

de vol supérieure à celle d'une chauve-souris ; « *mais depuis*, a dit M. Owen[1], *j'ai appris que les manifestations de la puissance créatrice dans les temps passés surpassent les calculs que nous fondons sur la nature actuelle.* » Suivant M. Newton, quand l'*Ornitocheirus*[2] (*Pterodactylus*) *Cuvieri* étalait ses ailes, il n'avait pas moins de dix-huit pieds.

On a trouvé des reptiles volants qui avaient une longue

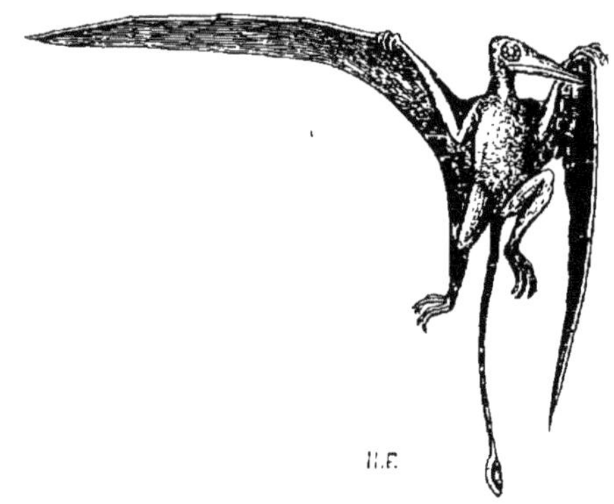

FIG. 344. — Essai de restauration du *Rhamphorhynchus Gemmingi*, à 1/12 de grandeur. — Pierre lithographique de Solenhofen (d'après M. Zittel).

queue. Je reproduis ici (fig. 344) un essai de restauration que M. Zittel a donné de l'un d'eux, le *Rhamphorhynchus*[3] *Gemmingi*; je présente aussi d'après le même auteur le dessin de son crâne (fig. 345); le devant des mâchoires ne porte pas de dents; on suppose qu'il était couvert de corne ainsi que chez les oiseaux. Comme le *Rhamphorhynchus*, le *Dimorphodon* avait une longue queue; mais, tandis que le premier se rencontre dans les terrains oolitiques, le *Dimorphodon* a été découvert dans le lias d'Angleterre[4], et, au lieu que le *Rhamphorhynchus* se distingue du *Pterodactylus* parce que le devant

1. *Fossil Reptilia of the cretaceous Formations*, p. 82 (*Palæontogr. Society*, 1851-1864).

2. Ὄρνις, ιθος, oiseau ; χεὶρ, χειρὸς.

3. Ῥάμφος, bec corné d'oiseau ; ῥύγχος, bec.

4. M. Newton vient de signaler dans le lias d'Angleterre un autre reptile volant, voisin du *Pterodactylus crassirostris* de Solenhofen ; il l'appelle *Scaphognathus* (*Pterodactylus*) *Purdoni*.

de ses mâchoires est dépourvu de dents, le *Dimorphodon* a des dents en avant, ainsi que le *Pterodactylus*; seulement les dents placées en avant sont plus grandes que celles situées en arrière; de là est venu son nom[1]. Cet animal volant était d'une légèreté extrême. M. Owen[2] a dit, en parlant de son crâne : « *aucun crâne de vertébré n'est construit avec plus d'économie de matériaux, avec un arrangement et une connexion d'os*

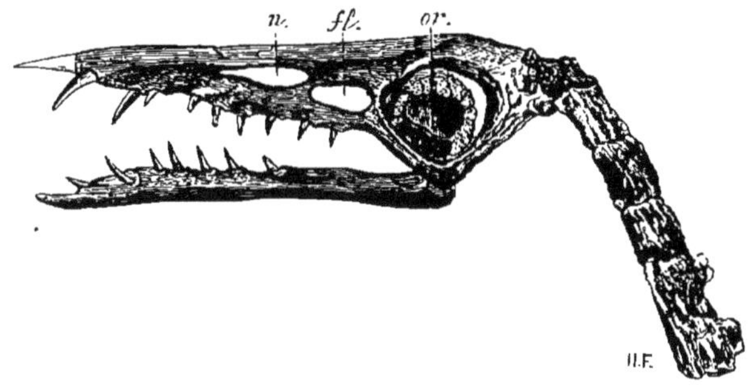

Fig. 345. — *Rhamphorhynchus Gemmingi*, à 1/2 grandeur : *or.* orbite; *f.l.* fente lacrymale; *n.* narine (d'après M. Zittel). Le bout du bec a été rétabli d'après une figure donnée par H. de Meyer dans ses *Reptiles des schistes lithographiques*. — Solenhofen.

plus complètement adaptés pour combiner la légèreté avec la force. »

M. Bassani, tout récemment, a signalé dans le trias de Besano, en Lombardie, un animal qu'il suppose avoir été un reptile volant. Il l'a inscrit sous le nom de *Tribelesodon*[3], pour indiquer que plusieurs de ses dents, au lieu d'être simples comme chez les autres ptérosauriens, avaient trois pointes.

M. Seeley a annoncé l'existence en Angleterre, à l'époque du grès vert, d'un ptérosaurien dont le bec était, comme celui des oiseaux actuels, dépourvu de dents; aussi il l'a nommé *Ornithostoma*[4]. Dans le crétacé du Kansas, M. Marsh a trouvé un

1. Δίς, deux fois; μορφή, forme; ὀδών, dent, parce que ses dents n'ont pas le même aspect en arrière qu'en avant.

2. *Monograph of the fossil Reptilia of the liassic Formation*, p. 57 (*Palæontogr Society*).

3. Τριβελής, qui a trois pointes; ὀδών, dent.

4. Ὄρνις, ιθος, oiseau; στόμα, bouche.

ptérosaurien qui était aussi privé de dents; pour cette raison, il l'a appelé *Pteranodon*[1]. Par le manque de dents, il était au *Pterodactylus* ce que le *Sauranodon* américain a été à l'*Ichthyosaurus* européen. Il n'avait pas de queue. Suivant M. Marsh, son envergure dépassait encore celle des espèces d'Angleterre. Il a été le dernier ptérosaurien du Nouveau Monde, comme les *Ornithocheirus* crétacés ont été les derniers de l'Ancien Monde. C'est une chose digne d'attention que de voir les reptiles volants finir en même temps et brusquement, au moment où ils ont atteint leur plus grande puissance.

M. Marsh a fait sur les *Pteranodon* une curieuse observation : au niveau de la ceinture scapulaire, plusieurs vertèbres s'ankylosaient, formant une sorte de sacrum avec lequel de robustes omoplates étaient articulées. C'est là une répétition de ce qui a lieu pour les membres postérieurs; on y trouve une preuve de plus à l'appui de l'idée de l'homologie des membres antérieurs et postérieurs chez les vertébrés.

A en juger par l'énumération que je viens de faire, il semble que l'histoire du développement des reptiles volants a été la suivante :

Ils ont commencé par avoir des dents à trois pointes (*Tribelesodon* du trias), puis leurs dents n'ont plus eu qu'une pointe; ils ont eu une longue queue (*Dimorphodon* du lias), puis ils ont perdu soit leur queue (*Pterodactylus* de l'oolite), soit leurs dents de devant (*Rhamphorhynchus* de l'oolite); enfin ils ont perdu à la fois toutes leurs dents et leur queue (*Pteranodon* de la craie).

Grâce aux travaux de beaucoup d'hommes habiles qui ont étudié les reptiles volants, nous commençons à connaître en grande partie ces singulières créatures. Leur taille variait de celle d'une chauve-souris à celle des plus grands oiseaux. Leur tête avait quelque ressemblance avec celle des oiseaux. Les dents, aussi pointues que celles des varans et différentes de

1. Πτερὸν, aile; ἀ privatif et ὀδὼν.

celles des mammifères insectivores, indiquent un régime carnivore. Bien que le cou eût beaucoup moins de vertèbres que celui des oiseaux, il était long et se courbait de manière que, dans le repos, les ptérosauriens pussent porter leur tête en arrière comme les oiseaux; plusieurs squelettes ont montré cette position. A en juger par la grandeur des ailes, comparée à celle de l'ensemble du corps et par la mobilité que leur donnaient les nombreuses articulations des membres antérieurs qui les soutenaient, je pense qu'ils devaient assez bien voler; cependant la petitesse de leur sternum et l'absence de brechet portent à croire qu'ils étaient inférieurs pour la puissance du vol à la plupart des oiseaux. Quand ils étaient à terre, leurs ailes posaient sans doute sur le sol; mais peut-être se suspendaient-ils aux branches d'arbres et aux rochers comme les chauves-souris. Plus heureux que ces animaux, qui n'ont de libre que leur pouce pour s'accrocher, ils avaient tous leurs doigts, sauf un, disponibles pour se cramponner et saisir. Lorsque la queue était longue, elle avait ses tendons en partie ossifiés; cela devait lui donner une très grande solidité; cette disposition a déjà été signalée chez l'*Iguanodon*. On n'a trouvé aucune trace d'écailles comme chez les reptiles, ni aucun indice de duvet, de plumes ainsi que chez les oiseaux ou de poils ainsi que chez les mammifères; il est donc difficile de décider si les ptérosauriens avaient du sang chaud ou du sang froid.

Bien qu'ils aient été très différents des êtres d'aujourd'hui, les reptiles volants ne prouvent pas que la nature secondaire fût faite sur un autre plan que la nature actuelle, car, s'ils ont présenté un aspect spécial, c'est moins parce qu'ils ont eu des caractères propres que parce qu'ils ont eu des associations différentes d'organes, des exagérations ou des diminutions. Comme exemple d'associations différentes, je citerai le bec, le sternum, les omoplates comme chez les oiseaux, les membres qui se rapprochent de ceux des chauves-souris, avec de nombreux traits d'organisation qui appartiennent aux reptiles. Comme exemple d'exagération, je dois mentionner l'allongement des vertèbres peu nombreuses du cou, le développement extrême du doigt chargé de porter l'aile. Des exemples de diminution sont offerts par la tête, où les os sont très réduits afin qu'elle soit plus légère, les coracoïdes qui sont devenus très grêles, les clavicules qui ont disparu, la queue qui s'est beaucoup réduite dans plusieurs espèces.

Ces créatures ailées ne sont donc pas aussi isolées dans le monde organique qu'on pourrait le croire au premier abord. Il faut pourtant avouer que, malgré les belles recherches de Cuvier, Wagner, MM. Owen, Seeley, Marsh, Zittel, Newton, Lydekker et d'autres encore, leurs enchaînements avec les autres êtres sont restés très obscurs.

Le petit reptile actuel qu'on appelle le dragon a des membranes soutenues par des côtes qui lui servent plutôt de parachutes que d'organes de vol proprement dits. Il n'y a pas lieu de le comparer avec les ptérosauriens.

Les oiseaux ont paru à Blumenbach les animaux qui se rapprochaient le plus des ptérosauriens; comme eux, en effet, ils ont une tête très solidement et légèrement construite, des mandibules sans branche montante, des os longs, grêles avec des cavités aériennes, et il paraît que le cerveau de l'oiseau appelé *Hesperornis* ressemble à celui du ptérodactyle. Mais les nombreuses vertèbres cervicales des oiseaux, leurs côtes larges avec apophyse récurrente, leur énorme sacrum, leur vaste bassin, leurs membres de derrière très grands qui s'appuient fortement sur le sol, sont des caractères absolument opposés à ceux des ptérosauriens. Leur système de vol est très différent et leurs doigts sont en partie atrophiés, tandis que la main des ptérosauriens a un doigt extraordinairement allongé; pour s'en rendre compte, il suffit de comparer les figures 346 et 348.

Lorsque de Sœmmering vit le premier *Pterodactylus* décrit par Collini (fig. 342), il pensa que cet animal avait été voisin des chauves-souris. Cette idée n'était pas déraisonnable; l'allure des ptérosauriens et des cheiroptères devait avoir quelque ressemblance; pourtant le vol ne s'exécutait pas exactement de la même manière, puisque toute la main, sauf le pouce, forme l'aile du cheiroptère, tandis que chez le ptéro-

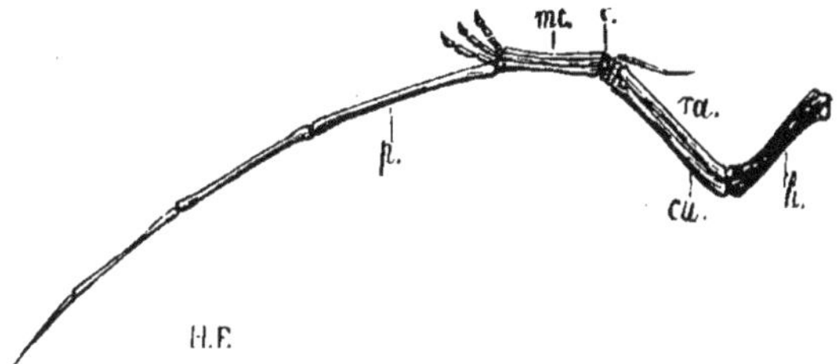

Fig. 346. — Membre antérieur du *Pterodactylus spectabilis*, aux 2/3 de grandeur : *h.* humérus ; *ra.* radius ; *cu.* cubitus ; *c.* carpe ; *m.c.* métacarpe ; *p.* phalanges. — Pierre lithographique de Solenhofen.

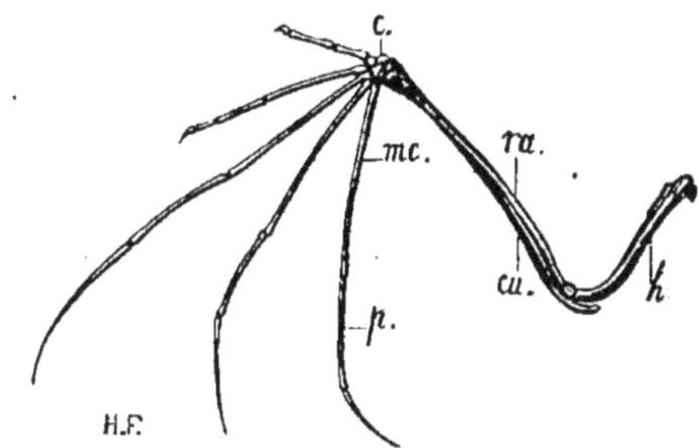

Fig. 347. — Membre antérieur d'un cheiroptère, *Pteropus marginatus*, à 1/3 de grandeur. Mêmes lettres. — Collection de l'anatomie comparée.

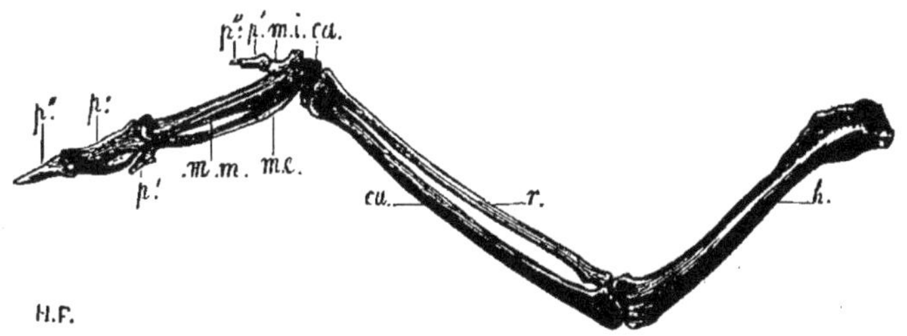

Fig. 348. — Aile gauche d'un aigle au 1/6 de grandeur. *m. i.* métacarpien interne ; *m.m.* métacarpien médian ; *m.e.* métacarpien externe ; *p'.* premières phalanges ; *p''.* secondes phalanges ; les autres lettres comme dans les figures précédentes.

dactyle l'aile est supportée par un seul doigt ; cela se voit bien dans mes figures 346 et 347. On a comparé l'aile du cheiroptère à un parapluie où l'étoffe est soutenue par plusieurs baleines ; on ne saurait faire cette comparaison pour l'aile du *Pterodactylus*. Cuvier a eu une inspiration heureuse quand il a imaginé le nom de *Pterodactylus*, qui marque la différence de l'aile soutenue par un doigt unique avec l'aile du cheiroptère[1] soutenue par la main presque entière. Mais supposons un ptérosaurien où le grand doigt se raccourcirait et où d'autres doigts s'allongeraient, on aurait une main qui se rapprocherait beaucoup de l'apparence du cheiroptère ; peut-être en découvrira-t-on qui présentent cette transition.

Les cheiroptères s'éloignent encore des ptérosauriens à plusieurs égards : leurs molaires sont généralement moins simples que dans le *Pterodactylus*[2] ; leur cerveau est plus grand et par conséquent le derrière de leur crâne est plus renflé ; ils ont deux condyles occipitaux au lieu d'un seul ; leurs narines ont une ouverture unique, tandis que les ptérosauriens en ont deux ; ils n'ont pas de grandes cavités lacrymales comme les ptérosauriens ; leur mâchoire inférieure a des branches montantes ; leurs omoplates sont plus larges ; ils ont des clavicules et n'ont pas de coracoïdes indépendants, au lieu que les ptérosauriens n'ont pas de clavicules et ont des coracoïdes distincts.

Il faut d'ailleurs avouer qu'à en juger par la nature actuelle, il est difficile de supposer qu'un reptile a eu les mêmes ancêtres qu'un mammifère, car de nos jours la distance est considérable dès le début embryogénique : le mode de segmentation du vitellus, la formation du blastoderme sont très différents ; lors même que le reptile est vivipare, il a une organisation d'ovipare ; ses fœtus ont une vésicule ombilicale remplie de jaune, de sorte que, dans le ventre maternel, ils se nourrissent de ce jaune ; on conçoit qu'ils pourraient venir au monde beaucoup plus tôt, car ils ont leur provision de nourriture qui leur donne de l'indépendance. Il en est tout autre-

1. χεὶρ, χειρὸς, main ; πτερὸν, aile.
2. Toutefois le ptérosaurien du trias découvert par M. Bassani montre plus de complication.

ment des fœtus des mammifères, même de ceux qui sont marsupiaux : ils n'ont presque pas de substance nutritive dans leur vésicule ombilicale ; ils sont incapables de se suffire à eux-mêmes. A la vérité, on peut répondre que, lorsque nous voyons les reptiles secondaires si différents des reptiles actuels et supérieurs à eux sur plusieurs points, on n'a pas le droit d'affirmer que leurs organes mous ont été tout à fait semblables aux leurs et que leur embryogénie a été exactement la même.

Pour résumer ces remarques, je crois pouvoir dire : dans l'état de nos connaissances, il est difficile de prétendre que les ptérosauriens sont devenus des cheiroptères ; cependant il est curieux de noter que, tandis que les dinosauriens ont diminué l'intervalle qui sépare les reptiles des oiseaux, les ptérosauriens ont diminué l'intervalle plus grand encore qui sépare les reptiles des mammifères.

CHAPITRE IX

SUITE DES REPTILES SECONDAIRES

Les reptiles dont j'ai parlé dans le chapitre précédent ont eu leur développement dans les temps secondaires, et, s'ils ont eu des liens avec les genres qui existent aujourd'hui, ces liens sont si peu manifestes qu'ils ont jusqu'à présent échappé à l'attention des naturalistes. Les reptiles que je vais maintenant étudier se rapprochent des formes actuelles.

Il est vraisemblable qu'on trouvera des batraciens dans le secondaire de nos pays, car nous connaissons dans le primaire les *Protriton* qui, à l'état jeune, ont une extrême ressemblance avec les salamandres, et on a décrit dans le tertiaire plusieurs genres de batraciens. Cependant aucun de ces animaux n'a encore été observé dans le secondaire européen. En Amérique, un genre a été cité récemment par M. Marsh sous le nom d'*Eobatrachus*[1] *agilis*; il paraît que c'est un petit batracien anoure; il a été rencontré dans le jurassique supérieur des Montagnes Rocheuses.

Les reptiles proprement dits qui vivent actuellement sont les tortues, les lacertiens, les crocodiliens et les serpents.

Tortues. — Ces animaux, logés dans une boîte qui fait partie de leur squelette et de leur exosquelette, ont une apparence

1. Ἕως, aurore ; βάτραχος, grenouille.

tellement singulière qu'on pourrait les croire isolés dans le monde des vertébrés. Ils ont apparu dans le trias du Wurtemberg[1]; c'étaient encore des bêtes rares. Dans la pierre lithographique de Solenhofen et de Cirin, on a trouvé des échantillons nombreux, généralement petits et appartenant seulement aux groupes des tortues lacustres. Dans le jurassique supérieur de Soleure, les tortues sont très abondantes. La plupart des étages crétacés en renferment des espèces soit marines, soit lacustres. Mais c'est surtout pendant l'ère tertiaire que ces animaux sont devenus communs, variés et ont atteint des dimensions considérables.

Toutes les tortues ne sont point également différentes des autres reptiles : l'exosquelette qui forme leur enveloppe présente plusieurs degrés d'ossification. C'est dans les *Dermochelys*[2] qu'il est le moins développé; chez ces animaux, comme chez les crocodiles, les écailles de l'exosquelette ne sont pas soudées au squelette proprement dit ou endosquelette; le plastron est faiblement ossifié. Dans le *Trionyx javanicus*, l'exosquelette s'est confondu avec l'endosquelette; le plastron est plus ossifié, mais il n'y a pas encore de pièces marginales. Dans le *Cryptopus granulosus*, la moitié postérieure du corps a acquis des pièces marginales ossifiées; la moitié antérieure n'en a pas. Les *Chelone* ont leur carapace entourée partout de pièces marginales; les ossifications dermiques recouvrent incomplètement les côtes, de sorte qu'il reste des vides entre elles; il en existe également entre les pièces du plastron. Dans les *Emys* et les *Testudo*, l'ossification de l'exosquelette est aussi complète que possible; toutes les pièces osseuses sont rejointes de manière à former une boîte sans vides.

Outre les changements que l'on observe d'un genre à un autre genre, on en remarque parmi les individus d'une même

1. M. Baur a appelé *Proganochelys* la tortue du Wurtemberg; ce nom fait peut-être double emploi avec celui de *Chelytherium* proposé par H. de Meyer.

2. D'après M. Baur, le nom de *Dermochelys*, étant plus ancien que celui de *Sphargis*, doit lui être préféré.

espèce suivant leur âge. Ainsi la figure 349 montre une jeune

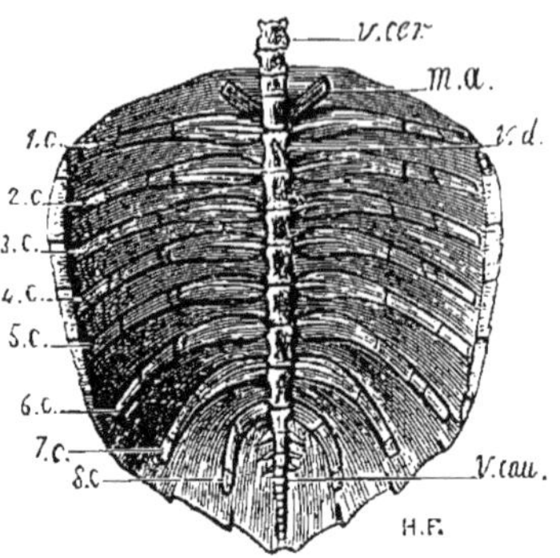

Fig. 349. — Carapace d'une jeune *Chelone* vue en dessous, grandeur naturelle : *v.cer.* vertèbres cervicales ; *v.d.* vertèbres dorsales ; *v.cau.* vertèbres caudales ; 1.*c.*, 2.*c.*, 3.*c.*, 4.*c.*, 5.*c.*, 6.*c.*, 7.*c.*, 8.*c.* les huit paires de côtes qui sont encore bien distinctes les unes des autres ; *m.a.* pièces de l'arc thoracique. On observe des rudiments des pièces marginales. — Époque actuelle. Collection d'anatomie comparée.

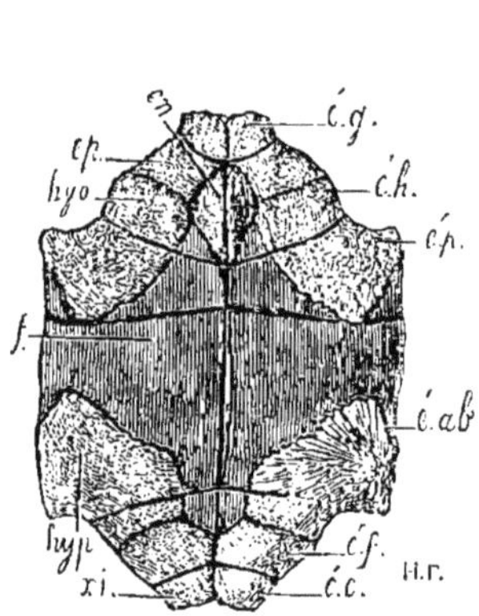

Fig. 350. — Plastron de jeune *Testudo tabulata*, gr. nat. : *cn.* ento-plastron ; *ép.* épi-plastron ; *hyo.* hyo-plastron ; *hyp.* hypo-plastron ; *xi.* xiphi-plastron ; *é.g.* écaille gulaire ; *é.p.* éc. pectorale ; *é.h.* éc. humérale ; *é.ab.* éc. abdominale ; *é.f.* éc. fémorale ; *é.c.* éc. caudale ; *f.* grande fontanelle. — Époque actuelle. Collect. d'anat. comparée.

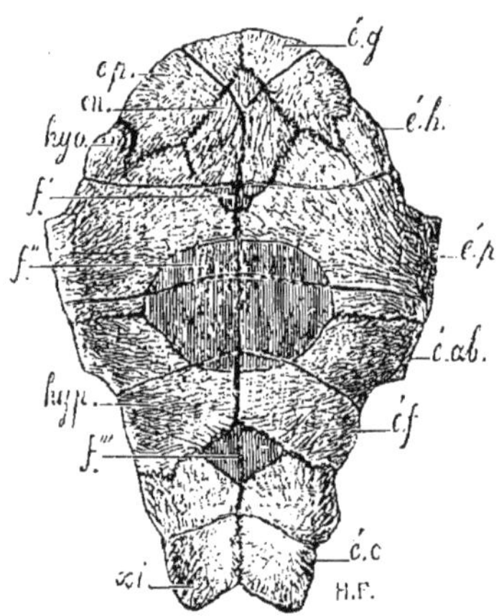

Fig. 351. — Plastron de jeune *Pentonyx capensis*, Duméril (*Testudo scabra*, *Retzius*), vu sur la face externe, grandeur naturelle : *f'.* fontanelle antérieure ; *f''.* fontanelle médiane ; *f'''.* fontanelle postérieure. Les autres lettres comme dans la figure précédente. — Époque actuelle. Collection d'anatomie comparée.

Chelone où les vertèbres et les côtes ne sont guère plus modifiées que celles des *Dermochelys* à l'état adulte et sont loin de présenter l'aspect qu'elles auront lorsque l'exosquelette se sera développé. Bien que les *Testudo* soient les tortues dont l'exosquelette est le plus complet, la figure 350 représente un plastron de jeune *Testudo* dont toute la partie médiane non ossifiée forme une vaste fontanelle[1]. Dans la figure 351, on voit un plastron où l'intervalle non ossifié est devenu moins grand, mais il y a encore trois places qui ne sont pas envahies par l'ossification (les trois fontanelles *f'*, *f''*, *f'''*).

Les tortues que l'on a jusqu'à présent trouvées dans les terrains secondaires ressemblent beaucoup aux tortues actuelles,

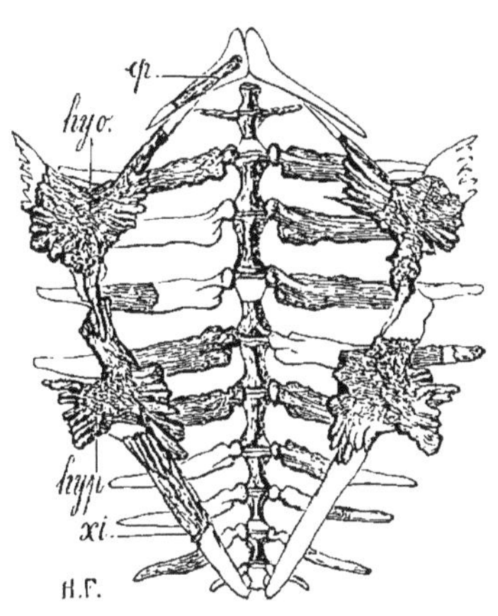

Fig. 352. — Restauration de la *Protosphargis veronensis* au 1/24 de grandeur. On voit le plastron et au-dessous de lui les pièces dorsales, le squelette étant dessiné sur la face ventrale : *ép.* épiplastron ; *hyo.* hyo-plastron ; *hyp.* hypo-plastron ; *xi.* xiphi-plastron (d'après M. Capellini). — Scaglia de Valpolicella, Véronais.

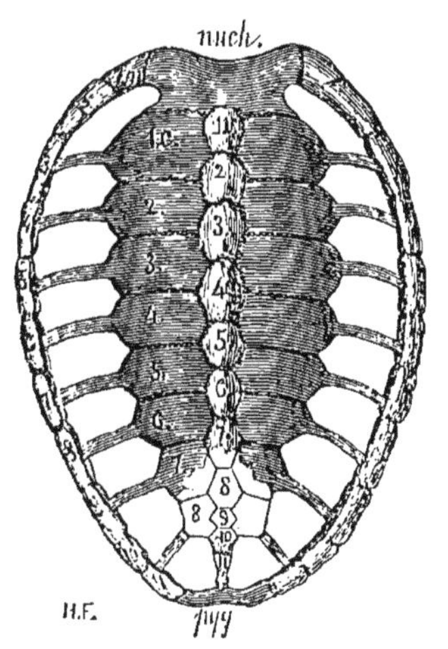

Fig. 353. — Restauration de la carapace de la *Chelone Hoffmanni*, vue sur le dos, au 1/24 de grandeur. 1 *v.* à 11 pièces vertébrales ; 1 *c.* à 8 pièces costales ; 1 *m.* à 11 pièces marginales ; *nuch.* pièce nuchale ; *pyg.* pièce pygale (d'après M. Winkler). — Craie de Maestricht.

soit dans leur état jeune, soit dans leur état adulte ; on s'en convaincra en regardant les figures ci-dessus. Je reproduis (fig. 352) la restauration que M. Capellini a donnée de la

1. On appelle fontanelles les vides que les pièces de la carapace ou du plastron laissent entre elles ; les écailles les recouvrent.

Protosphargis[1] trouvée dans le crétacé supérieur d'Italie; cette tortue ressemble à une *Dermochelys* (*Sphargis*) actuelle, mais son ossification est plus avancée, de sorte qu'elle marque une tendance vers les *Chelone*. La figure 353 est une restauration de la tortue de Maestricht étudiée par Faujas de Saint-Fond, Cuvier, M. Winkler; on ne peut manquer d'être frappé de la ressemblance de cette *Chelone* secondaire avec les tortues des océans actuels. Dans la figure 354, j'ai fait représenter un

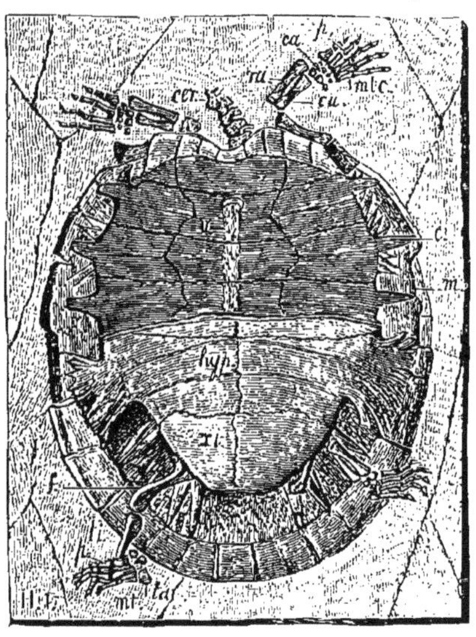

Fig. 354. — *Idiochelys Fitzingeri*, vue sur le ventre, au 1/4 de grandeur. Elle est brisée de telle sorte que la moitié postérieure du plastron est seule conservée; dans la moitié antérieure, on aperçoit l'empreinte de la face supérieure de la carapace : *c*. côte; *m*. pièce marginale; *hyp*. hypoplaston; *xi*. xiphi-plastron; *cer*. vertèbres cervicales; *ra*. radius; *cu*. cubitus; *ca*. carpe; *mt.c*. métacarpe; *p*. phalanges; *f*. fémur; *ti*. tibia; *ta*. tarse; *mt*. métatarse. — Kimmeridgien de Cirin. Collection du Muséum.

échantillon du genre *Idiochelys*[2] tiré de la pierre lithographique de Cirin (Ain), qu'on pourrait appeler le Solenhofen de la France, car les fossiles y sont aussi bien conservés que dans le

1. Πρῶτος, premier; *Sphargis*, genre de tortue actuelle.

2. Ἴδιος, particulier; χέλυς, tortue. L'*Hydropelta Meyeri* ressemble à une *Idiochelys* qui serait un peu moins ossifiée.

célèbre gisement de la Bavière. Chez l'*Idiochelys*, la jonction des pièces dorsales et ventrales avec les pièces marginales n'est pas encore tout à fait achevée; c'est un état analogue à celui qu'on observe de nos jours chez les jeunes *Emys* et qui persiste longtemps chez les *Chelys*, plus longtemps encore chez l'*Emysaurus*. En outre, les pièces vertébrales sont très imparfaitement formées; leur développement n'est pas le même dans des individus de la même espèce[1].

La figure 555 montre un plastron qui ressemble à celui d'une

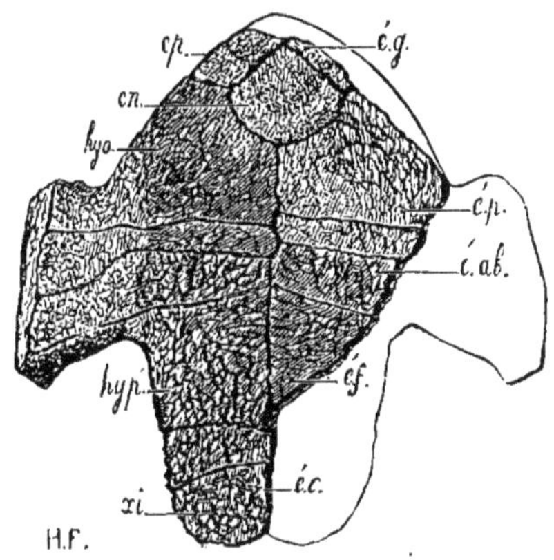

Fig. 555. — Plastron du *Tretosternum ambiguum*, au 1/7 de grandeur : *cn.* ento-plastron; *ép.* épi-plastron; *hyo.* hyo-plastron; *hypo.* hypo-plastron; *xi.* xiphi-plastron; *é.g.* écaille gulaire; on ne voit pas la séparation de l'écaille pectorale *é.p.* et de l'écaille humérale ; *é.ab.* écaille abdominale; *é.f.* écaille fémorale; *é.c.* écaille caudale. — Recueilli dans le calcaire pisolitique du Mont Aimé, Marne, par le baron de Ponsort. Collection du Muséum.

Emys[2] où les ailes et la partie placée en avant des ailes seraient courtes comparativement à la longueur de la partie en arrière des ailes et comparativement à la longueur totale du plastron. Bien qu'on y distingue les sutures des écailles, la surface des os a des réticulations et des enfoncements qui, dans la portion des

1. Cela se voit bien en comparant les figures A et B que M. Rütimeyer a données dans la planche XV de son Mémoire sur les *Fossilen Schildkröten von Solothurn*, in-4°, Zurich, 1873.

2. La *Chelys* et l'*Emysaurus* (*Chelydra*) ont aussi les ailes peu allongées, mais leur sternum a une tout autre forme.

ailes, rappelle un peu l'aspect des tortues à peau molle comme les *Trionyx*. On a déjà remarqué une semblable particularité chez une tortue du Wealdien d'Angleterre, et M. Owen a proposé pour elle le nom de *Tretosternum*[1]. Dans notre fossile[2], la sculpture est bien plus effacée que dans l'espèce du Wealdien; on voit quelque chose d'approchant dans des *Emydes* vivantes (*Emys decussata, serrata*) et dans la *Chelodina Novæ Hollandiæ*.

Les exemples que je viens de citer montrent qu'il est impossible de partager le peuple des tortues en deux peuples : celui des temps secondaires et celui des temps actuels. C'est bien un même peuple qui s'est continué à travers les âges avec de très légers changements.

Les nombreuses transitions que l'on observe entre les tortues fossiles ou vivantes pourraient faire espérer que nous découvririons facilement l'histoire de leur évolution. Comment un reptile est-il devenu l'étrange bête que nous appelons tortue? Dans ces derniers temps, d'excellents paléontologistes comme MM. Cope, Van Beneden, Dollo, Smith Woodward, Baur, ont examiné cette curieuse question, mais ils ne sont pas encore parvenus à se mettre d'accord.

Comme les tortues sont des reptiles très modifiés et dont le squelette interne et externe a un excès de développement, l'idée la plus naturelle qui se présente à l'esprit c'est qu'en les suivant à travers les âges géologiques, on assistera à leur ossification graduelle. Nous devrions voir d'abord des tortues très peu ossifiées telles que les *Dermochelys*, puis des *Trionyx*, puis des *Chelone*, puis des *Emys*, puis des *Testudo*. Or on a bien signalé dans le Keuper le *Psephoderma* qui a été rapproché des *Dermochelys*, mais M. Baur met en doute que ce soit une tortue. Selon lui, la plus ancienne tortue trouvée dans le

1. Τρητὸς, sculpté, ciselé; στέρνον, sternum. M. Leidy a signalé dans l'éocène du Wyoming, sous le nom de *Baena arenosa*, une tortue du groupe des *Emydes* qui a aussi la surface de son plastron et de sa carapace chagrinée.

2. Je ne peux parler ici que du plastron; la partie dorsale est encore inconnue.

Keuper du Wurtemberg a sa carapace et son plastron bien formés, soudés aux os du bassin. Les tortues jurassiques ne sont pas des tortues à carapace et plastron peu ossifiés, ce sont des émydiens et des chélydiens. M. Rütimeyer, très habile à suivre les mutations des êtres anciens, a fait un grand mémoire sur les tortues jurassiques, et il n'a pu découvrir la preuve qu'elles s'étaient graduellement ossifiées. C'est à l'époque crétacée que les *Chelone* sont devenues nombreuses et, si la supposition de M. Baur pour le *Psephoderma* est exacte, en Amérique[1] comme en Europe, le groupe des *Dermochelys*, qu'on peut appeler les moins tortues de toutes les tortues, aurait été découvert seulement à partir du crétacé supérieur. Même, comme je l'ai dit dans une des pages précédentes, l'espèce fossile d'Italie, qui a été signalée par M. Capellini, a son plastron un peu plus ossifié que dans ses descendants actuels les *Dermochelys*, de telle sorte que son savant descripteur a fait justement remarquer qu'elle forme l'intermédiaire entre les *Chelone* et les *Dermochelys*.

Ainsi, à en juger par l'état actuel de nos connaissances, nous devons nous demander si l'ossification des tortues, au lieu d'augmenter des temps jurassiques aux temps présents, n'a pas été en diminuant. Cette question n'est pas choquante, car nous savons qu'en général les animaux ont été plus enveloppés, mieux protégés dans les anciennes époques géologiques que dans les époques tertiaire ou actuelle; les premiers poissons osseux, les premiers labyrinthodontes, les premiers crocodiliens ont eu des écailles qui se sont amoindries ou même ont disparu chez leurs descendants; les céphalopodes ont été autrefois plus souvent enfermés dans une coquille; le squelette des polypes a successivement diminué depuis les âges primaires jusqu'à nos jours.

En tout cas, s'il venait à être démontré que plusieurs tortues

1. M. Cope a donné la description de l'espèce d'Amérique dont il a fait le genre *Protostega*.

ont simplifié leur exosquelette depuis les temps secondaires jusqu'à nos jours, il resterait à expliquer comment les tortues secondaires ont formé leur exosquelette très enveloppant et l'ont soudé à leur endosquelette. On a trouvé dans le terrain triasique des reptiles qui ne sont pas des tortues, mais qui ont offert certaines ressemblances avec des tortues dont l'exosquelette n'aurait pas encore pris de développement. Le *Rhynchosaurus*[1] du nouveau grès rouge des environs de Schrewsbury dans le Shropshire, les *Dicynodon*[2], *Ptychognathus*[3], *Oudenodon*[4], qui comptent au nombre des plus curieuses créatures du trias de l'Afrique australe, présentent quelques particularités des tortues, par exemple : la forme générale de la tête, les condyles tripartites, la disposition de la mâchoire inférieure, le bec sans doute corné, l'absence de dents molaires, le pouce qui avait deux phalanges, les autres doigts qui en avaient trois, etc.; mais il y a aussi des différences considérables : notamment l'ouverture externe des narines est double et bilatérale, au lieu d'être simple et médiane. Le mieux que nous puissions faire est d'avouer que nous ignorons l'origine première des tortues.

Lacertiens. — On a signalé plusieurs lacertiens secondaires : dans la pierre lithographique de Solenhofen, l'*Homœsaurus*; dans celle de Cirin, le *Saphæosaurus* ; dans le Purbeck, l'*Echinodon*, etc. Quelques genres se rapprochent beaucoup des formes actuelles, comme l'*Homœosaurus* et le *Saphæosaurus*. Mais l'*Echinodon*, à en juger par ce qu'on en connait, ressemble tout autant à un dinosaurien qu'à un lacertien; on a vu dans les pages précédentes que les mosasauridés étaient des lézards qui avaient été modifiés pour vivre dans les Océans. Ainsi il est permis de croire que quelque jour l'étude des

1. Ῥύγχος, bec; σαῦρος, lézard.
2. Δύο, deux; κυνόδους, canine.
3. Πτὺξ, πτυχὸς, pli; γνάθος, mâchoire.
4. Οὐδεὶς, ἑνος, aucun; ὀδὼν, dent.

lacertiens secondaires fera découvrir des enchaînements, mais ils sont encore si peu connus qu'il est difficile d'étudier leur histoire.

Crocodiliens. — Ces animaux sont les plus grands reptiles de l'époque actuelle. Ils comprennent aujourd'hui deux groupes principaux : celui des gavials, qui ont un long bec; celui des crocodiles proprement dits et des caïmans, qui ont une tête moins allongée.

Les crocodiliens sont répandus en Asie, en Afrique, en Amérique; il n'y en a plus en Europe, heureusement pour nous, car

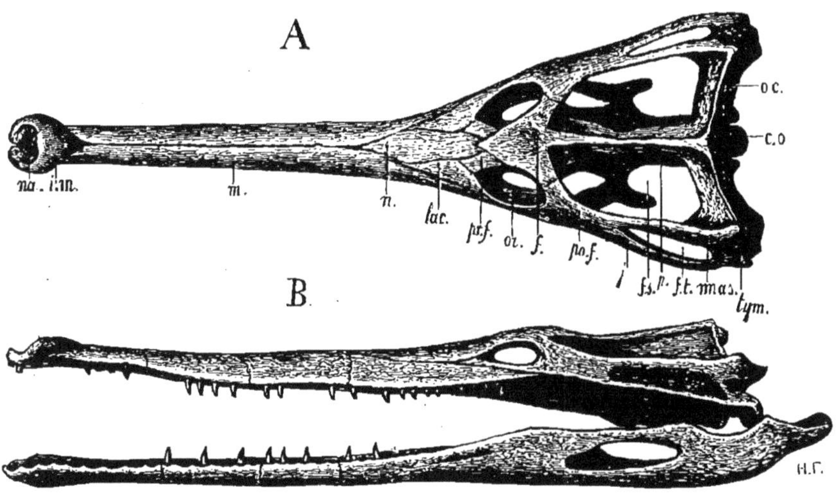

Fig. 356. — Crâne du *Stenosaurus Heberti*, A. vu en dessus; B. vu de profil, au 1/12 de grandeur : *na.* orifice antérieur des narines; *i.m.* intermaxillaire; *m.* maxillaire; *n.* os nasal; *f.* frontal; *lac.* lacrymal; *pr.f.* pré-frontal; *po.f.* post-frontal; *or.* orbite; *j.* jugal; *f.s.* sus-temporal; *f.t.* fosse temporale; *p.* pariétal; *mas.* mastoïde; *tym.* tympanique; *oc.* occipital; *c.o.* condyle occipital. — Oxfordien des Vaches-Noires, Calvados. Collection du Muséum.

ce sont de dangereux compagnons. Pendant les temps géologiques ils y ont été très communs. Ceux surtout qui avaient de longs becs comme les gavials ont laissé de nombreux débris dans les terrains jurassiques (fig. 356); on les désigne sous le nom de téléosauriens, tiré de celui d'un des genres les plus connus, le *Teleosaurus*[1]. Leurs restes se rencontrent à côté de ceux des *Ichthyosaurus*, également munis d'un long bec, mais on les distingue par leurs dents, qui s'insèrent chacune dans un alvéole distinct, par l'orifice externe de leurs narines qui s'ouvrent près de la pointe du museau, par leurs inter-maxillaires beaucoup plus courts, par la grandeur singulière de leurs fosses sus-temporales, par leurs vertèbres généralement biplanes au lieu d'être biconcaves, par leurs pattes qui ne forment pas des palettes natatoires, par la présence de forts écussons osseux sur le dos et le ventre, etc.

Ces animaux vivaient sans doute en société, car leurs squelettes sont accumulés dans certaines localités. Voilà ce qu'Eudes Deslongchamps a dit au sujet de ceux des carrières d'Allemagne, près de Caen : « *La surface où les amas d'ossements ont été trouvés.... n'équivaut certainement pas à un demi-kilomètre carré. Si l'on considère les temps antérieurs où ces carrières étaient déjà exploitées, remontant au moins à huit ou dix siècles,... en prenant pour base le nombre des os que l'on a recueillis depuis quarante ans, on trouverait à peu près quatre cent cinquante Téléosaures gisant dans un aussi petit espace.... Les environs d'Allemagne, c'est-à-dire le gros banc de ses carrières, seraient donc une véritable nécropole de téléosauriens*[2]. »

Nous possédons des pièces de crocodiliens secondaires presque aussi bien conservées que pourraient l'être celles d'animaux actuels; j'en donne ici comme exemple la fameuse tête du *Stenosaurus*[3] *Heberti* (fig. 356) que Morel de Glasville a retirée de l'oxfordien de Villers en Normandie. Il l'a préparée avec tant d'habileté qu'elle est devenue un objet de curiosité; elle fait maintenant partie de nos collections du Museum.

1. Ce nom (τέλειος, achevé; σαῦρος, lézard) a été imaginé parce que les *Teleosaurus* ont semblé des reptiles plus perfectionnés que les *Ichthyosaurus*.

2. Cette citation est tirée des *Études sur les étages jurassiques inférieurs de la Normandie*, par Eugène Deslongchamps, in-4°, page 221, 1864.

3. Στενὸς, étroit, et σαῦρος. C'est à tort qu'on écrit *Steneosaurus* au lieu de *Stenosaurus*.

On a trouvé des squelettes entiers où les os sont restés dans leurs connexions naturelles ; le lias supérieur d'Holzmaden, dans

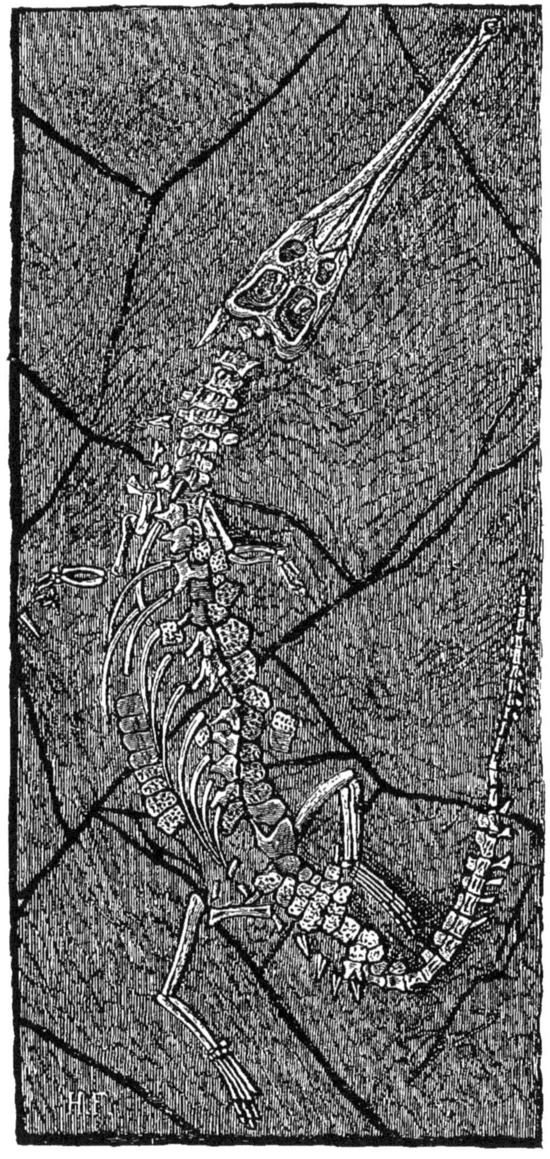

Fig. 357. — *Stenosaurus bollensis*, vu sur le dos, à 1/15 de grandeur. — Lias supérieur d'Holzmaden, Wurtemberg. Collection du Muséum.

le Wurtemberg, en a fourni de nombreux échantillons. Je représente l'un d'eux dans la figure 357 ; c'est le *Stenosaurus*

(*Mystriosaurus*) *bollensis*[1]. On peut bien juger des proportions de son corps : la tête est très longue, le cou raccourci, la queue effilée, les membres de derrière sont beaucoup plus grands que ceux de devant. Ce squelette est exposé dans notre galerie de paléontologie du Museum ; dans la même salle il y en a un autre qui montre sa face ventrale. Nous en avons un troisième encore plus favorable pour l'étude : c'est celui du *Pelagosaurus*[2] *typus* du lias de Normandie (fig. 358). Aussi bien que la tête du *Stenosaurus* préparée par Morel, le squelette du *Pelagosaurus* restauré par Eugène Deslongchamps donne une preuve de la passion qu'inspirent les charmes mystérieux de la vieille nature ; comme les parents aiment leurs enfants en proportion des peines que ceux-ci leur ont causées, les paléontologistes s'attachent aux fossiles qu'ils ont mis à jour d'autant plus fortement qu'ils ont eu plus de difficultés pour les tirer de la pierre et se les représenter à l'état de vie.

On conçoit que des créatures si nombreuses et d'une conservation aussi exceptionnelle dans les terrains secondaires aient excité l'attention du monde savant. En France Étienne Geoffroy Saint-Hilaire, Cuvier, les deux Deslongchamps, en Angleterre MM. Owen, Huxley, Hulke, Phillips, Smith Woodward, en Allemagne Jäger, Bronn, Kaup, Quenstedt, en Hollande M. Winkler, en Belgique M. Dollo, ont fait d'importantes recherches sur les crocodiliens secondaires. Ils ont montré que, dans un temps où la plupart des vertébrés étaient encore très

1. Le *Stenosaurus* est un *Teleosaurus* chez lequel le crâne n'a pas un brusque rétrécissement dans la partie où le museau commence. Le *Pelagosaurus* est un *Stenosaurus* où le crâne, au lieu d'être comprimé de haut en bas, tend à se comprimer de gauche à droite, de sorte que les orbites ne sont plus placées en dessus du crâne, mais en côté. Le *Metriorhynchus* (μέτριος, mesuré ; ῥύγχος, bec) est un *Pelagosaurus* dont le bec a une longueur médiocre et où les préfrontaux forment une avance sourcilière sur les yeux. Le nom de *Mystriosaurus* a été imaginé pour indiquer un bout de museau étalé en forme de spatule (μύστρον, cuiller, et σαῦρος) ; ce n'est qu'un synonyme de *Stenosaurus*.

2. Πέλαγος, la pleine mer, et σαῦρος. Ce nom pourrait s'appliquer aux autres crocodiliens du groupe *Teleosaurus*, car ces animaux habitaient la mer, au lieu de vivre dans les fleuves ou sur leurs rives comme les crocodiliens actuels.

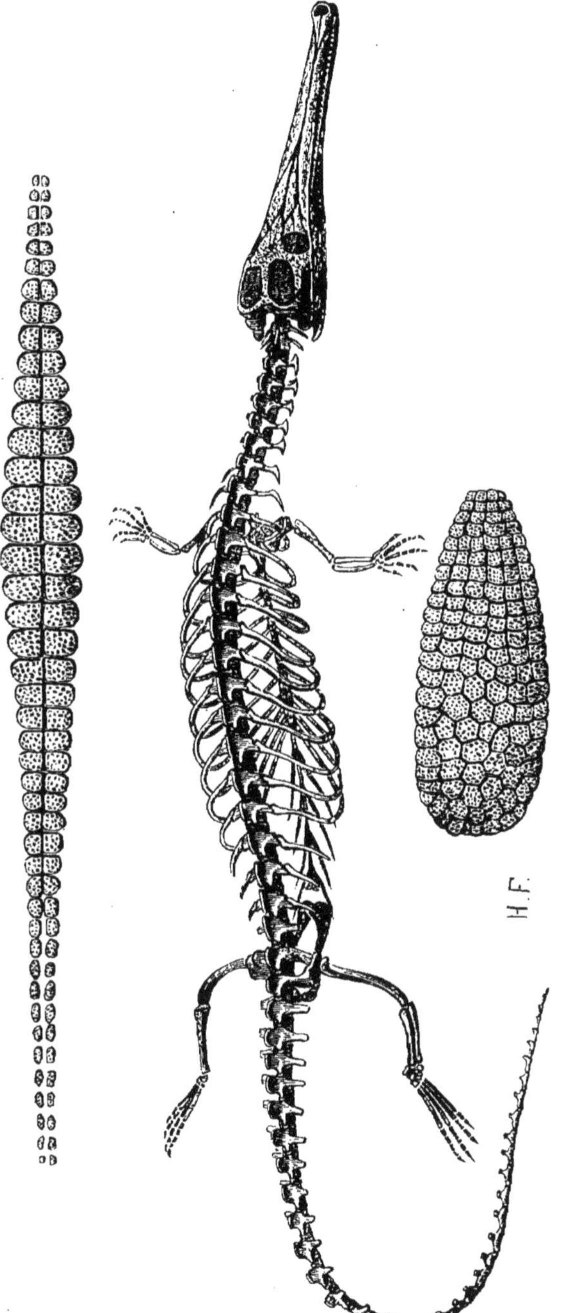

Fig. 358. — Squelette du *Pelagosaurus typus*, représenté à 1/7 de grandeur, vu sur le dos un peu de trois quarts, dans la position que l'animal a pu avoir de son vivant. On a placé à part en dessus la carapace, composée de deux rangées d'écussons, et en dessous le plastron ventral formé de six rangées d'écussons. — Cette gravure a été faite d'après des pièces du lias supérieur de Curcy (Calvados), qui ont été découvertes et restaurées par Eugène Deslonchamps Collection du Muséum.

différents des êtres actuels, il existait déjà des reptiles qui avaient des traits de ressemblance avec ceux d'aujourd'hui. Ces traits sont si frappants que dès 1825 Étienne Geoffroy Saint-Hilaire, dans un mémoire sur les gavials[1], intitula un de ses chapitres *Du degré de probabilité que les Teleosaurus et les Stenosaurus, animaux des âges antédiluviens, sont la souche des crocodiles répandus aujourd'hui dans les climats chauds des deux continents.*

A côté des ressemblances qui rapprochent les crocodiliens secondaires des types actuels, il y a des différences. La plus importante consiste dans la position de l'ouverture postérieure des narines. Chez ces derniers, les palatins et les ptérygoïdes se réunissent sur la ligne médiane et s'allongent tellement que l'ouverture postérieure des narines est reportée très en arrière, non loin du trou occipital. On pourrait croire que cette disposition a pour but de faciliter la respiration, lorsque le reptile tient une proie dans l'eau; mais elle se retrouve chez le tamanoir, le tamandua (fig. 359) et aussi, suivant M. Filhol, mais

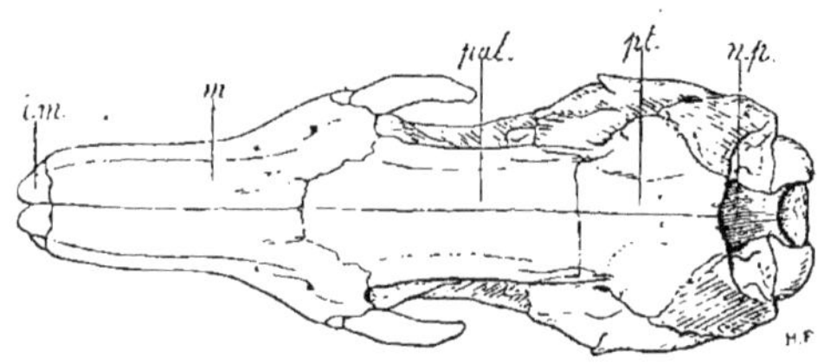

Fig. 359. — Crâne de *Tamandua tetradactyla*, espèce vivante d'édenté, à 1/2 grandeur; il est vu en dessous : *i.m.* inter-maxillaire; *m.* maxillaire; *pal.* palatin; *pt.* ptérygoïde; *n.p.* ouverture postérieure des fosses nasales.

d'une manière moins accentuée, chez l'*Hyænodon* et le *Pterodon*. Assurément l'explication, qui peut être imaginée pour les crocodiles et les gavials actuels, ne saurait s'appliquer aux mammifères que je viens de nommer. Il est plus facile de constater les transformations des êtres que de dire le pourquoi de ces transformations.

1. *Mémoires du Museum*, vol. XII, p. 135.

Quoi qu'il en soit, les crocodiliens n'ont présenté que tardivement cette particularité; à l'origine, leurs ptérygoïdes ne se réunissaient point pour former un long plancher et repousser loin en arrière l'ouverture nasale. Comme M. Smith Woodward l'a fait ressortir dans une intéressante étude sur les crocodiliens, ces animaux ont subi de notables variations dans le développement de leurs ptérygoïdes et par là même dans la position de l'ouverture postérieure de leurs narines. Un des points qui me frappent davantage en ostéologie comparée, c'est la série des gradations qu'on observe dans la condensation des pièces de la voûte palatine du crâne; les figures suivantes (fig. 360 à 367) mettent en lumière cette série de gradations. Elles représentent des têtes vues en dessous, sans leurs mâchoires inférieures; les lettres sont partout les mêmes : *i.m.* inter-maxillaires, *m.* maxillaires, *vo.* vomers, *pal.* palatins, *n.p.* orifice nasal postérieur, *pt.* ptérygoïdes, *j.* jugaux, *sph.* sphénoïde, *tym.* tympaniques, *b.* basilaire, *c.o.* condyle occipital.

Dans la figure 360, qui est un schéma applicable à un grand nombre de poissons osseux, les inter-maxillaires *i.m.*, les maxillaires *m.* et les palatins *pal.* suivis des ptérygoïdes *pt.* forment de chaque côté trois rangées de pièces séparées comme le sont les appendices céphaliques des crustacés; au milieu, le vomer *vo.* et le sphénoïde *sph.* restent complètement à découvert. Dans les anciens reptiles tels que l'*Actinodon* (fig. 361) et l'*Archegosaurus*, les inter-maxillaires *i.m.* se joignent aux maxillaires *m.*; les ptérygoïdes *pt.* se placent en dedans des palatins *pal.* et s'unissent au sphénoïde *sph.* Dans le varan (fig. 362), les deux palatins *pal.*, qui étaient très éloignés l'un de l'autre, se rapprochent vers la ligne médiane; il en est un peu de même pour les deux ptérygoïdes *pt.* Dans le lézard ocellé, ils se rapprochent encore davantage. Dans l'iguane (fig. 363), les deux palatins *pal.* se sont unis sur la ligne médiane et les ptérygoïdes se rapprochent en avant. Dans le crocodilien du lias qu'on appelle *Pelagosaurus* (fig. 364), les

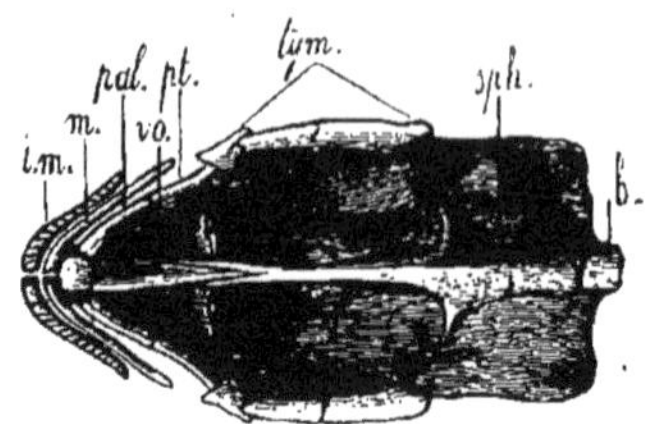

Fig. 360. — Tête de poisson vue en dessous (figure schématique), 1/2 grandeur.

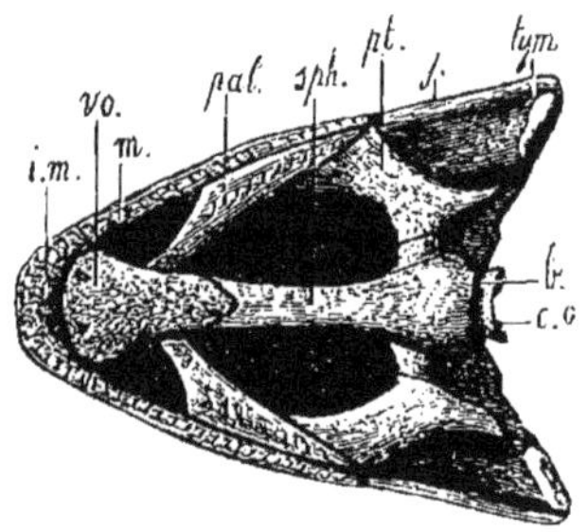

Fig. 361. — Tête d'*Actinodon Frossardi*, vue en dessous, à 1/5 de grandeur. — Permien d'Autun. Collection du Muséum.

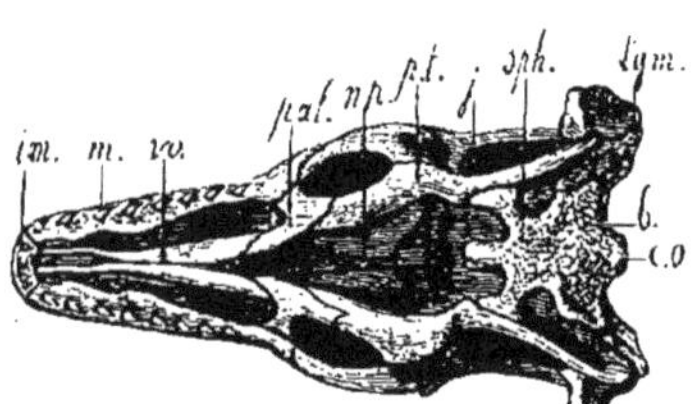

Fig. 362. — Tête de varan, vue en dessous, à 2/3 de grandeur. — Époque actuelle. Collection d'anatomie comparée.

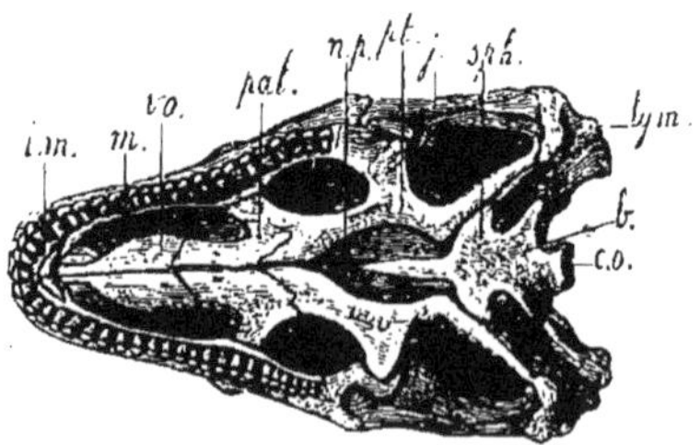

Fig. 363. — Tête d'iguane, vue en dessous, aux 2/5 de grandeur. — Époque actuelle. Collection d'anatomie comparée.

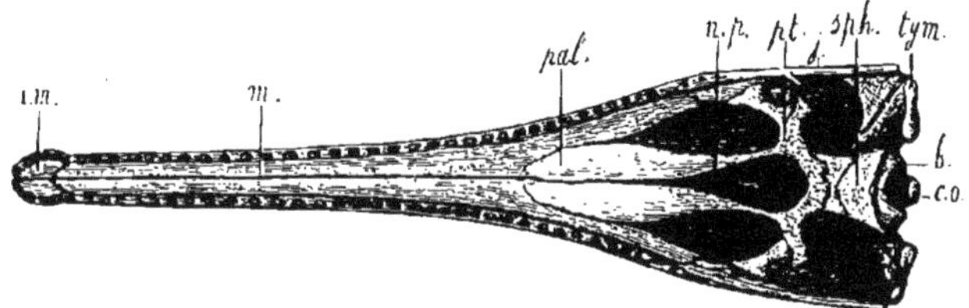

Fig. 364. — Tête du *Pelagosaurus typus*, vue en dessous, à 1/2 grandeur. — Lias de Curcy. Collection du Museum.

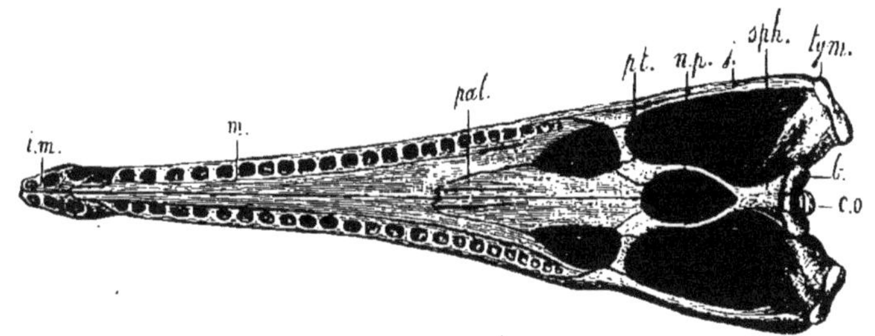

Fig. 365. — Tête du *Metriorhynchus Blainvillei*, vue en dessous, à 1/8 de grandeur. — Oxfordien du Calvados.

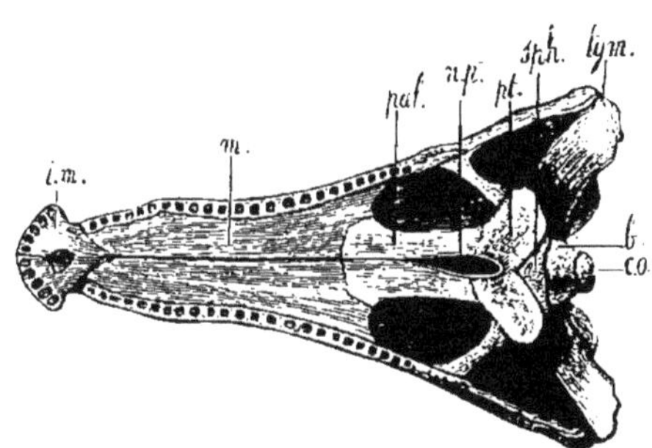

Fig. 366. — Tête du *Goniopholis crassidens*, vue en dessous, à 1/12 de grandeur (d'après M. Hulke). — Wealdien du sud de l'Angleterre.

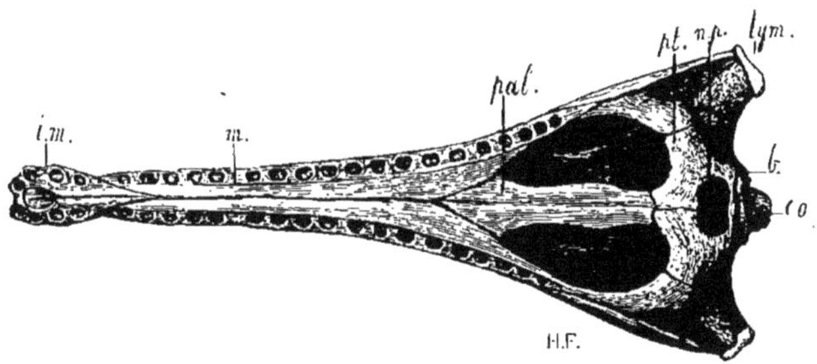

Fig. 367. — Tête du *Gavialis macrorhynchus*, vue en dessous, à 1/6 de grandeur. — Danien du Mont Aimé, Marne. Collection du Museum.

maxillaires *m.* se rejoignent sur la ligne médiane, de sorte qu'on ne voit plus les vomers. Dans le *Metriorhynchus* de l'oxfordien (fig. 365), les palatins *pal.* sont agrandis et unis aux ptérygoïdes *pt.* de telle sorte que l'ouverture nasale postérieure *n.p.* est reportée en arrière. Dans le *Goniopholis*[1] du Wealdien (fig. 366), les palatins et les ptérygoïdes se développent de manière à cacher en partie l'orifice des fosses nasales. Enfin, dans le *Gavialis*[2] *macrorhynchus* de la fin du crétacé (fig. 367), l'agrandissement des ptérygoïdes et leur union en avant ont porté tout à fait en arrière l'orifice des fosses nasales. Cela montre que l'Auteur de la nature a pu produire, avec les mêmes parties un peu modifiées, des aspects très différents.

Le crâne des crocodiliens secondaires se distingue de celui des crocodiliens actuels par la grandeur des fosses sus-temporales. Cette différence semble s'être atténuée progressivement, car tandis que les fosses sus-temporales ont été très grandes dans les téléosauriens du lias et de l'oolite, elles ont été plus petites chez le *Goniopholis* et surtout chez le *Bernissartia*[3], qui ont tous deux été des genres du Wealdien. Dans le gavial du pisolitique du Mont Aimé, la grandeur des fosses sus-temporales par rapport aux orbites est devenue à peu près la même que dans les gavials actuels.

Les vertèbres des crocodiliens secondaires se distinguent de celles des crocodiliens d'aujourd'hui parce que leurs corps ont des facettes planes en avant et en arrière, au lieu que celles des crocodiliens de notre époque sont concaves en avant, convexes en arrière. Cela peut provenir de ce que l'ossification est moins avancée dans les crocodiliens anciens ; cela peut en même temps être une différence d'adaptation. Les vertèbres des téléosauriens, animaux de mer, n'étant pas emboîtées les unes dans les autres, avaient plus de jeu et par conséquent facilitaient les

1. Γωνία, angle ; φολίς, ίδος, écaille.
2. Cet animal est appelé *Thoracosaurus* par M. Leidy et M. Koken, *Tomistoma* par M. Lydekker.
3. Nommé ainsi de Bernissart, où ce genre a été trouvé.

mouvements de latéralité qui, en général, servent plus que ceux des nageoires à la natation.

Les membres de devant et de derrière chez les crocodiliens secondaires n'ont pas les mêmes proportions que chez les crocodiliens actuels. Comme le montre la figure 358, le membre de devant est plus petit que le membre de derrière; c'est le contraire de ce que l'on voit chez l'*Ichthyosaurus* (fig. 270). La forme des membres des téléosauriens porte à croire que ces reptiles ne restaient pas constamment dans l'eau et qu'ils devaient se promener sur les rivages des mers; cependant l'inégalité de leurs membres semble indiquer qu'ils étaient moins souvent hors de l'eau que les crocodiliens actuels. Si cela était, ils auraient présenté des changements d'habitude opposés à ce que nous avons vu chez d'autres animaux; car nous avons dit que, selon MM. Seeley et Baur, les plésiosauriens jurassiques auraient eu des habitudes plus aquatiques que leurs ancêtres du trias.

On a encore remarqué que les crocodiliens secondaires ont eu un exosquelette un peu différent des genres actuels. Ils n'ont eu sur le dos que deux rangées de pièces qui se recouvraient comme les tuiles d'un toit ou les écailles des poissons osseux (fig. 358), au lieu que les crocodiliens actuels ont plusieurs rangées de pièces. Le changement s'est produit durant l'ère secondaire. M. Dollo a montré que le *Bernissartia* du Wealdien avait ses écailles dorsales déjà disposées sur plusieurs rangs comme les genres tertiaires et actuels. Sur la face ventrale, les téléosauriens avaient des écailles osseuses; les écailles du plastron ont cessé d'être osseuses dans les crocodiliens actuels, sauf le jacare et le caïman.

Comme on le voit par les détails qui précèdent, le type crocodilien n'est pas resté immobile pendant les temps géologiques, et ses changements ont été assez faibles pour qu'on puisse suivre ses enchaînements.

Il faudrait maintenant établir de quels animaux les crocodiliens jurassiques sont descendus. Parmi les reptiles du trias du

Wurtemberg, il y en a un qu'on appelle le *Belodon*[1]; le Musée de Stuttgart (fig. 368) et le British Museum en renferment des échantillons. C'est une étrange bête, qui par ses deux rangées d'écailles osseuses sur le dos, son inter-claviculaire (entosternum) sans traces de clavicules, son tympanique fixé, ses

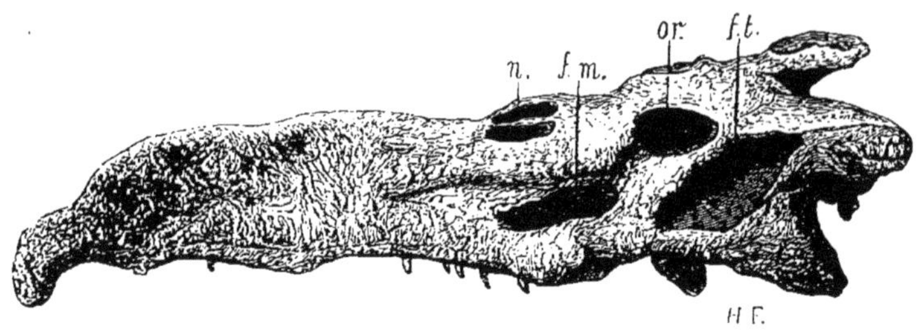

Fig. 368. — Tête du *Belodon* (*Phytosaurus*) *Plieningeri*, à 1/8 de grandeur, vu de côté, légèrement de 3/4 pour montrer la position des narines *n.*; fosse massétérienne *f.m.*; orbite *or.*; fosse temporale *f.t.* — Keuper du Wurtemberg, d'après un moulage envoyé par le Musée de Stuttgart au Muséum de Paris.

côtes munies d'une tête et d'un tubercule, se rapproche des crocodiliens. Le *Stagonolepis*[2] du trias d'Écosse, étudié par M. Huxley, a aussi certains caractères de crocodiliens. Cependant il faut avouer que ces animaux sont trop éloignés des téléosauriens pour qu'on puisse affirmer qu'ils en sont les progéniteurs.

Serpents. — L'ordre des serpents est le seul ordre des reptiles allantoïdiens existant actuellement qui n'ait point encore été retrouvé dans le groupe secondaire. Les serpents ont laissé peu de débris dans les terrains tertiaires; c'est aujourd'hui qu'ils semblent avoir leur règne. Ce sont des reptiles dont la tête est restée très petite, où les membres ont disparu et les vertèbres se sont tellement multipliées que dans certains sujets on en compte jusqu'à 422; on peut dire que leur squelette est essentiellement composé d'une colonne ver-

1. Βέλος, trait, pointe; ὀδών, dent.
2. Σταγών, όνος, goutte; λεπίς, écaille.

tébrale ; ce sont donc les animaux qui se rapprochent le mieux de l'être idéal, appelé archétype vertébral, formé de vertèbres mises bout à bout. Le fait de l'apparition si tardive des serpents à la surface de la terre confirme l'opinion que certains animaux, en se perfectionnant, ont pu réaliser en partie l'idée de l'archétype vertébral, mais qu'à leur début les vertébrés ont été très éloignés de cet archétype.

Le géologue anglais Dixon a signalé dans la craie du Kent un reptile dont le corps allongé a fait imaginer à M. Owen le nom de *Dolichosaurus*[1]. Sa tête grêle, son cou effilé, sa colonne vertébrale, où, de la tête au sacrum, on ne compte pas moins de 57 vertèbres, lui donnent au premier abord l'apparence d'un serpent. Cependant, par le développement des os de l'épaule, du bassin, des membres de devant et de derrière, « *il est*, a dit M. Owen[2], *plus strictement lacertien que les genres existants, Pseudopus, Bipes et Ophisaurus, qui forment la transition des lézards aux serpents* ».

En résumé, l'étude des reptiles de l'ère secondaire montre que ces animaux se partagent en trois catégories :

Les labyrinthodontes et les thériodontes établissent des liens avec les reptiles de la fin des temps primaires.

Les crocodiliens appelés téléosauriens, les lacertiens et les tortues annoncent les temps actuels.

Mais la plupart des reptiles de l'ère secondaire ont été confinés dans cette période ; ce sont : les reptiles terrestres tels que les dinosauriens, dicynodontes, etc., les reptiles volants ou ptérosauriens, les reptiles marins nommés ichthyosauriens, plésiosauriens, mosasauriens.

1. Δολιχὸς, allongé ; σαῦρος, lézard.
2. *Fossil Reptilia of the cretaceous formation*, p. 28 (*Palæont. Society*, 1851).

CHAPITRE X

LES OISEAUX ET LES MAMMIFÈRES SECONDAIRES

Les vertébrés à sang chaud ont eu leur règne plus tard que les vertébrés à sang froid. Dans les temps secondaires, alors que les reptiles étaient à leur apogée, la classe des oiseaux et celle des mammifères étaient imparfaitement représentées.

Oiseaux. — Les grès triasiques du Connecticut sont célèbres en paléontologie; cette portion des États-Unis a été couverte de sables fins pendant une époque qui a dû être bien longue, car, en se consolidant, les sables ont formé des couches de grès de 300 mètres de puissance. Ils ont conservé avec une merveilleuse délicatesse les impressions qu'ils ont reçues ; on y reconnaît, après des centaines de siècles écoulés, jusqu'aux gouttes de pluie; suivant que les cavités sont petites ou grandes, écartées ou rapprochées, rondes ou déformées, on voit si la pluie était fine ou forte, si elle était chassée ou non par le vent. Des bêtes nombreuses et variées ont marché sur les anciens sables du Connecticut et y ont laissé la trace de leurs pas. Deane et surtout Hitchcock ont si bien scruté tous ces vestiges que leur étude est devenue une branche spéciale de la paléontologie, nommée l'ichnologie[1]. On a créé aux États-Unis un Musée d'ichnologie où sont réunies les nombreuses empreintes recueillies par Hitchcock et d'autres cher-

1. Ἴχνος, empreinte ; λόγος, traité. M. Winkler a dernièrement composé un intéressant travail intitulé : *Histoire de l'Ichnologie*. Harlem, 1886.

cheurs. J'ai entendu dire à M. Marcou, qui a tant voyagé à travers le Nouveau et l'Ancien Monde, qu'en géologie il n'avait rien vu de plus curieux que le Musée Hitchcock. Aucune collection ne prête davantage à la rêverie et ne donne une meilleure preuve de notre ignorance des temps passés. La vie est quelque chose de bien éphémère; combien de créatures ont paru sur notre terre qui n'ont pas même laissé des traces de leurs pas!

On a remarqué beaucoup d'empreintes de pattes à trois doigts qui ont été d'abord attribuées à des oiseaux et, pour cette raison, appelées des Ornitichnites[1]. Quelques-unes, connues sous le nom de *Brontozoum*[2], ont $0^m,45$ de long, et on a mesuré $1^m,35$ d'intervalle entre deux pattes. Qu'étaient le *Brontozoum* et ses compagnons? Leurs ossements sont encore inconnus. Les seuls débris qui aient été recueillis sont des coprolites où M. Dana a trouvé de l'acide urique.

Dans ces derniers temps, on a mis en doute que toutes les empreintes tridactyles de la vallée du Connecticut aient été faites par des oiseaux. M. Marsh a écrit[3] : « *La plupart de ces traces à trois doigts n'ont certainement pas été produites par des oiseaux, mais par des quadrupèdes qui marchaient de préférence sur leurs pattes de derrière et posaient seulement de temps en temps sur le sol leurs extrémités antérieures plus petites. Sur presque toutes les plaques contenant des empreintes attribuées à des oiseaux, j'ai pu distinguer moi-même les traces de ces membres antérieurs en connexion avec les traces des membres postérieurs.... Ces doubles empreintes sont précisément telles que les dinosauriens ont dû les faire.* »

L'habile explorateur de l'Algérie et de la Tunisie, M. Le Mesle, a observé dans le terrain crétacé à l'est de Laghouat, près

1. Ὄρνις, ιθος, oiseau, et ἴχνος.
2. Βροντὴ, tonnerre; ζῶον, animal.
3. *Introduction and succession of vertebrata life in America*, adresse présentée à l'Association américaine, à Nashville, août 1877.

d'Amoura, les empreintes d'une trentaine de pas d'énormes

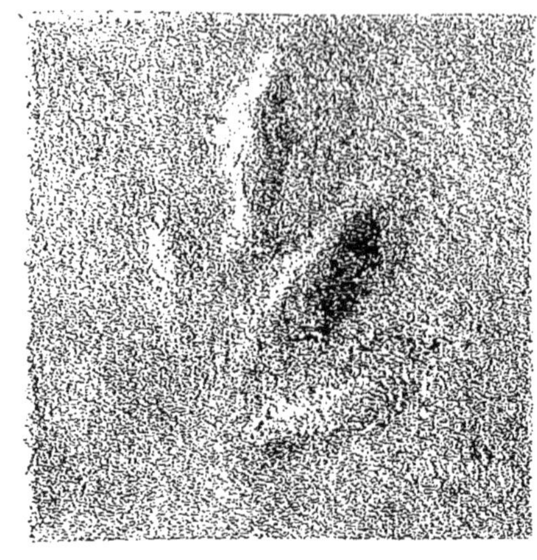

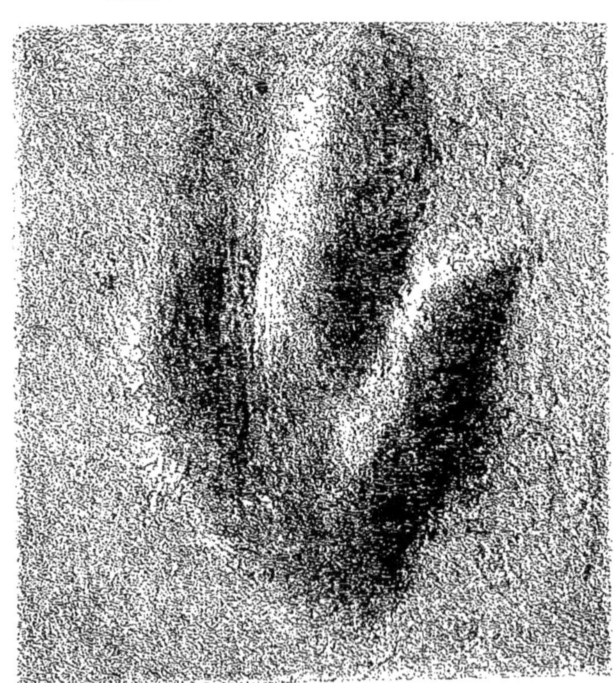

Fig. 369. — Empreintes de pas, à 1/3 de gr. (d'après M. Le Mesle). — Crétacé du Djebel Bou-Kaïl, près d'Amoura. Les moulages sont dans le Muséum de Paris.

animaux; je reproduis ici (fig. 369) des dessins de ces empreintes. M. Le Mesle en a mesuré qui ont $0^{m},24$ de longueur avec un espacement de 1 mètre ; il en a remarqué en même temps de grandes et de petites comme dans les figures ci-contre, et il a vu qu'elles se suivaient[1]. L'idée que ces empreintes étaient dues à des oiseaux n'a été exprimée qu'avec doute. Je serais disposé à croire qu'elles proviennent, comme beaucoup de celles du Connecticut, non pas d'oiseaux, mais de dinosauriens.

Le plus ancien oiseau dont on possède le squelette est l'*Archæopteryx lithographica*[2], trouvé dans la pierre lithographique de Solenhofen, qui appartient à l'étage kimmeridgien. En 1860, Hermann de Meyer en signala une plume; un an après, on mit à jour presque tout un squelette muni de ses plumes; le riche British Museum devint l'heureux acquéreur de ce trésor paléontologique et M. Richard Owen en donna la description. Plus récemment, un second échantillon plus parfait encore a été découvert : c'est le Musée de Berlin qui l'a acheté; M. Dames en a fait une étude très complète. Je reproduis le dessin qu'il a donné (page suivante, fig. 370); j'ai cru pouvoir accentuer un peu plus les contours du plumage et redresser le cou et la tête, afin qu'on se rende mieux compte de l'aspect de l'animal, mais je n'ai rien changé dans les linéaments du dessin, qui est excellent.

L'*Archæopteryx* a vivement excité la curiosité des naturalistes[3] parce qu'il a présenté, à l'état adulte, des caractères qu'en général nous observons seulement dans la vie fœtale, ou dans une extrême jeunesse. Nous voyons là une preuve de

1. On pourra consulter à ce sujet une note de MM. Le Mesle et Péron qui a été publiée par l'Association française pour l'avancement des sciences au congrès de Reims en 1880. C'est le Commandant Durand qui a signalé les empreintes d'*Amoura* à M. Le Mesle.

2. Ἀρχαῖος, ancien; πτέρυξ, plume. Ce nom a été créé pour la plume isolée qui a d'abord été découverte.

3. M. le docteur Baur n'a pas compté moins de trente notes publiées sur l'*Archæopteryx*; si longue que soit la liste qu'il a donnée, elle pourrait l'être encore davantage; je n'y trouve pas mentionnées les remarques de deux savants français, Paul Gervais et M. Alphonse Milne Edwards, qui ont acquis une grande expérience dans l'étude des oiseaux fossiles.

l'uniformité de plan qui domine l'histoire de la nature; car, conformément aux théories de Louis Agassiz, la marche suivie dans le développement de la classe des oiseaux, durant

Fig. 370. — *Archæopteryx lithographica*, au 1/4 de grandeur, d'après le dessin de l'échantillon du Musée de Berlin, qui a été donné par M. Dames, très légèrement retouché. — Pierre lithographique de Solenhofen.

le cours des âges géologiques, nous apparaît à peu de chose près la même que la marche suivie dans le développement des individus.

Le caractère de l'*Archæopteryx* qui a causé le plus grand étonnement des naturalistes a été la disposition de sa queue. La queue des oiseaux ordinaires a une forme très différente de celle des autres vertébrés; elle est courte et se termine par un renflement qu'on a comparé à un as de pique et qui est connu sous le nom de *croupion*; le croupion a dans son milieu le bout de la colonne vertébrale, qui forme une lame appelée l'os en soc de charrue (fig. 371); les grandes plumes dites rectrices

FIG. 371. — Queue d'une aigle, à 1/2 grandeur, montrant les vertèbres caudales libres et l'os en soc de charrue. — Époque actuelle. Coll. d'anat. comparée.

sont concentrées sur la peau dont il est recouvert. Chez l'*Archæopteryx* (fig. 370), la queue était moins différente de ce que l'on voit chez la plupart des vertébrés; elle était longue, se terminait en pointe et était formée de vingt et une vertèbres qui diminuaient successivement; il n'y avait ni croupion, ni os en soc de charrue; les plumes étaient disposées par paires symétriques sur la peau de la queue dans toute sa longueur.

Si, au lieu de regarder la queue d'un aigle adulte comme dans la figure 371, on regarde la queue d'un jeune individu et surtout si on choisit celle d'un de ces oiseaux comme l'autruche

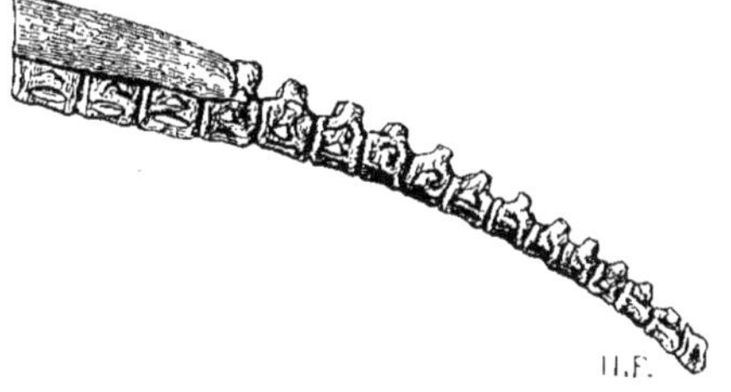

FIG. 372. — Extrémité de la queue d'une jeune autruche avec les vertèbres distinctes, à 1/2 grandeur; l'extrémité postérieure du bassin recouvre les premières vertèbres caudales. — Époque actuelle. Collection d'anatomie comparée.

qui sont moins volatiles que les autres (fig. 372), on voit que le type des oiseaux actuels n'est pas en réalité aussi différent de l'*Archæopteryx* que nous pourrions le croire au premier abord; il est possible de reconnaître de nombreuses vertèbres distinctes comme chez l'*Archæopteryx*. La queue des oiseaux semble en général courte, parce que les premières caudales sont soudées pour augmenter l'étendue du sacrum, et parce que les dernières caudales se sont confondues pour former l'os en soc de charrue. Suivant M. Kitchen Parker, cet os, dans un canard au sortir de l'œuf, est composé de dix segments, de sorte que les vertèbres caudales sont en réalité au nombre de vingt-deux. Même à l'état adulte, l'autruche et quelques autres oiseaux n'ont pas leurs vertèbres modifiées de manière à constituer l'os en soc de charrue.

La queue de l'*Archæopteryx* a présenté dans son développement un processus analogue à celui que nous a révélé l'étude de la queue des poissons osseux. Nous avons vu que la queue des genres primaires a été formée de vertèbres d'autant plus petites qu'elles étaient plus près de son extrémité, comme de nos jours chez les poissons cartilagineux, certains poissons osseux tels que les anguilles, la plupart des reptiles et les mammifères. A mesure que les temps géologiques se sont déroulés, les poissons à queue mince dans le bout, que l'on peut appeler pour cela leptocerques (fig. 373), sont souvent devenus des stéréocerques, c'est-à-dire des poissons où les apophyses des vertèbres se sont réunies pour former une grande plaque qui sert à donner de violents coups de queue et ainsi favorise la locomotion aquatique (fig. 374). A en juger par l'*Archæopteryx*, les choses se seraient passées d'une manière analogue chez les oiseaux[1]; d'abord ces animaux, plus semblables aux autres vertébrés, auraient eu une longue queue (fig. 375); ils auraient été leptocerques. Puis ils seraient devenus stéréocerques; leur queue se serait raccourcie, les vertèbres se seraient réunies

1. Il est curieux de noter que pour les poissons comme pour les oiseaux, le changement de leptocercie en stéréocercie a lieu de la naissance à l'âge adulte, en même temps que des temps secondaires au temps actuel; ici le développement paléontologique marche d'accord avec le développement embryogénique.

pour former l'os en soc de charrue du croupion où s'insèrent les rectrices et faciliter la locomotion aérienne (fig. 376).

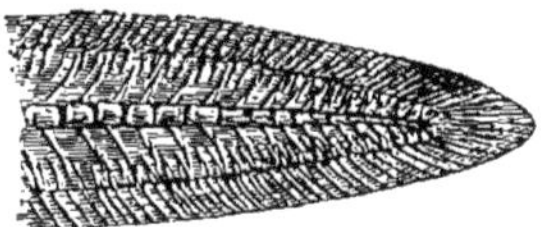

Fig. 373. — Queue de poisson leptocerque (anguille).

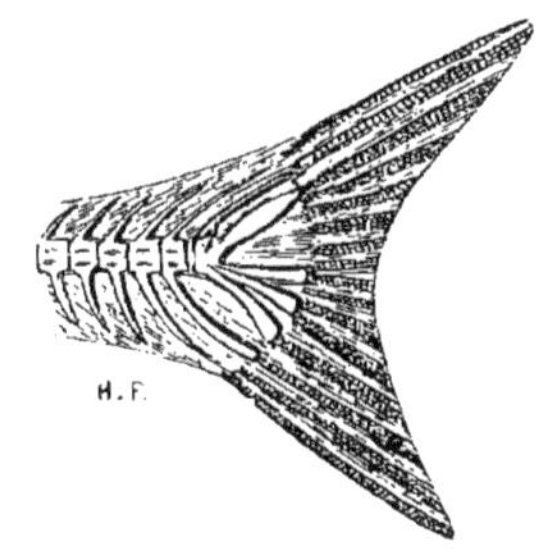

Fig. 374. — Queue de poisson stéréocerque (carpe).

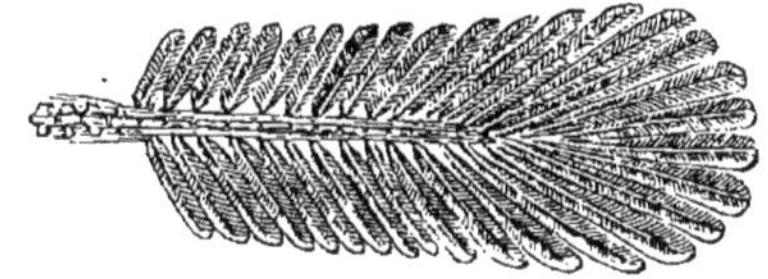

Fig. 375. — Queue d'oiseau leptocerque (*Archæopteryx*)

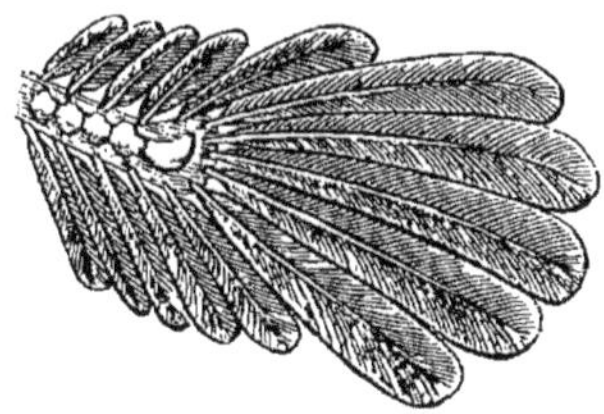

Fig. 376. — Queue d'oiseau stéréocerque (perdrix).

Il y a une seconde particularité de l'*Archæopteryx* qui doit également intéresser les paléontologistes : chacun sait que, dans les oiseaux ordinaires, les membres de devant (fig. 377) ne sont pas faits pour saisir et sont modifiés de manière à constituer des ailes ; les os de leurs doigts simplifiés se soudent pour donner aux ailes un plus fort appui ; les os du poignet, au lieu d'être au nombre de huit comme dans les mammifères,

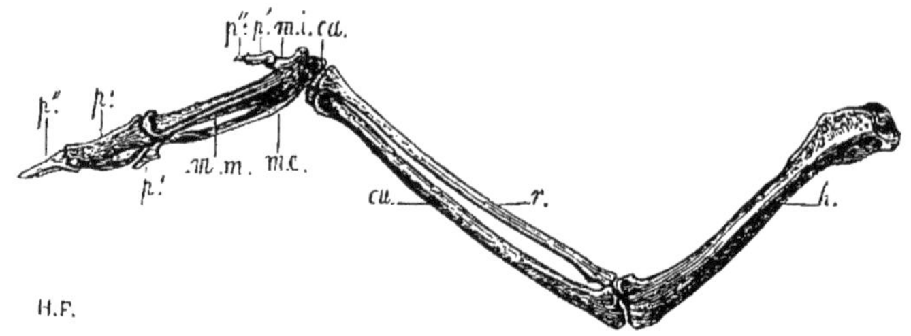

Fig. 377. — Aile gauche d'un aigle, à 1/6 de grandeur : *h.* humérus ; *r.* radius ; *cu.* cubitus ; *ca.* carpe ; *m.i.* métacarpien interne ; *m.m.* métacarpien médian ; *m.e.* métacarpien externe ; *p'.* premières phalanges ; *p''.* secondes phalanges. — Époque actuelle. Collection d'anatomie comparée.

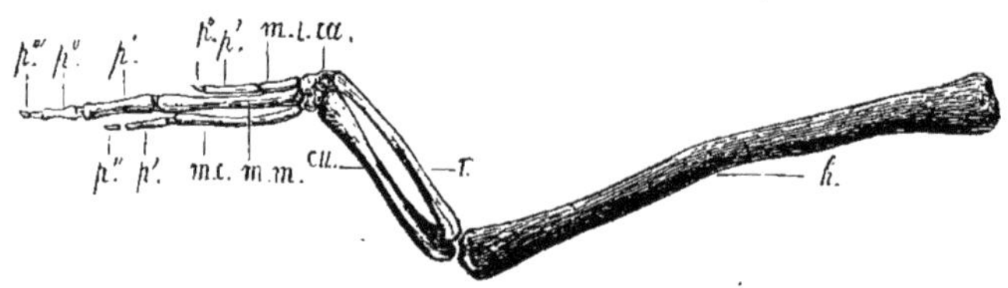

Fig. 378. — Aile gauche d'une jeune autruche d'Afrique, à 1/2 grandeur : *p'''.* troisième phalange ; les autres lettres comme dans la figure précédente. — Époque actuelle. Collection d'anatomie comparée du Muséum.

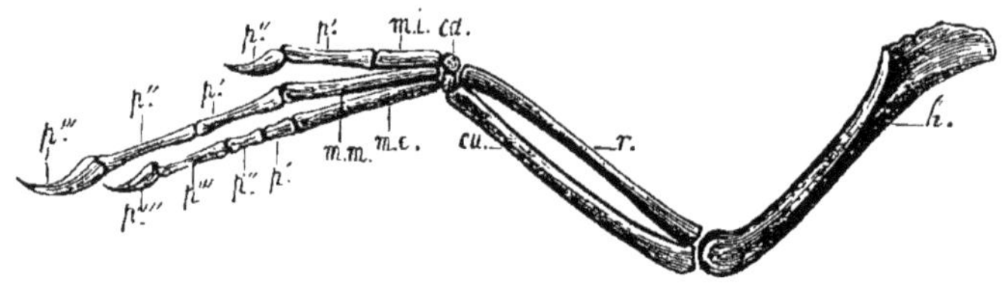

Fig. 379. — Aile gauche de l'*Archæopteryx lithographica*, à 1/2 grandeur. Mêmes lettres que dans les figures précédentes. — Solenhofen.

et au nombre de neuf comme dans les tortues, sont réduits à deux, le radial et le cubital ; il y a trois métacarpiens soudés ensemble ; celui du bord interne *m.i.* porte tantôt une, tantôt deux phalanges ; celui du bord externe *m.e.* porte une seule phalange ; celui du milieu *m.m.* porte deux phalanges. Dans l'*Archæopteryx* (fig. 379), la main était moins simplifiée; il n'y avait que deux os au poignet comme dans les oiseaux actuels, mais les métacarpiens n'étaient pas soudés; le métacarpien interne *m.i.* soutenait deux phalanges, celui du milieu *m.m.* en portait trois, le métacarpien externe *m.e.* en soutenait quatre. En outre la dernière phalange de chaque doigt était mobile et en forme de griffe, de sorte que les mains servaient à saisir comme chez les reptiles, en même temps qu'elles servaient au vol comme chez les oiseaux actuels.

Pour la disposition des mains, de même que pour la queue, les jeunes oiseaux et surtout la jeune autruche montrent moins de différence avec l'*Archæopteryx* que les individus adultes. On voit dans la figure 378 une main de jeune autruche où les trois métacarpiens *m.i.*, *m.m.*, *m.e.* ne sont pas soudés, et dans laquelle le doigt médian a trois phalanges $p'.$, $p''.$, $p'''.$; le doigt externe a deux phalanges; le doigt interne n'a qu'une phalange ossifiée, mais il y a en avant de cette phalange un rudiment $p''.$ qui semble représenter une seconde phalange non ossifiée[1].

Les trois os de chaque côté du bassin, l'ilion, l'ischion et le pubis, restent distincts dans l'*Archæopteryx*. Chez les oiseaux adultes, ces os sont soudés, mais dans les oiseaux très jeunes, ils sont moins solidement unis.

L'allongement de la queue, ses vertèbres qui diminuent progressivement sans former d'os en soc de charrue, les pattes de devant avec des métacarpiens distincts et des doigts munis de griffes, la brièveté du sacrum, la petitesse du bassin et la séparation de l'ilion, du pubis, de l'ischion sont des caractères qui rapprochent l'*Archæopteryx* des reptiles en même temps qu'ils le distinguent des oiseaux adultes. On peut ajouter que l'*Archæopteryx* avait des dents, ainsi que M. John Evans l'a annoncé dès 1865, des vertèbres biconcaves, des côtes fines sans apophyses récurrentes et, suivant M. Marsh, un péroné

1. Souvent cette seconde phalange est ossifiée; on en voit un exemple dans le membre d'aigle représenté figure 377.

qui, à sa partie distale, se plaçait sur le devant du tibia : ce sont là encore des particularités qui ont été constatées chez les reptiles. C'est pourquoi on peut dire que l'*Archæopteryx*, tout en étant un vrai oiseau, a commencé avec les dinosauriens à diminuer un peu l'intervalle entre le reptile qui se traîne à terre et l'oiseau qui plane dans les airs, c'est-à-dire entre les êtres qui sont en apparence les plus éloignés.

M. Marsh a signalé un autre oiseau jurassique : c'est le *Laopteryx*[1] *priscus* du Wyoming ; il est incomplètement connu.

Dans le crétacé d'Europe, on n'a pas encore trouvé d'autres débris d'oiseau que ceux d'une bécasse ; ils ont été recueillis dans le grès vert supérieur des environs de Cambridge. Les Américains ont été plus habiles ou plus heureux que nous : Morton en a observé plusieurs espèces dans le grès vert du New Jersey[2] ; M. Marsh, dans le Kansas, vient de nous apprendre que certains oiseaux ont retenu jusqu'à l'époque du

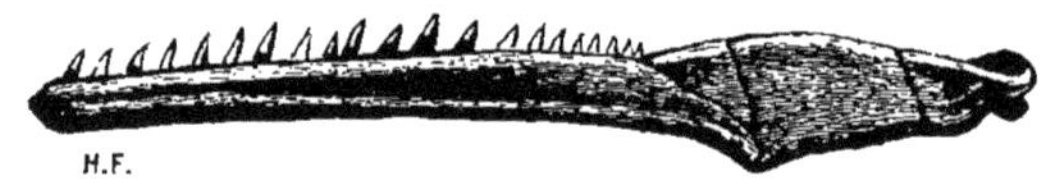

Fig. 380. — Mandibule d'*Ichthyornis dispar*, grandeur naturelle (d'après M. Marsh). — Crétacé du Kansas.

crétacé supérieur des caractères de dentition propres aux reptiles[3] : l'*Hesperornis*[4] avait des dents enfoncées dans une rigole ainsi que chez les *Ichthyosaurus* ; l'*Ichthyornis*[5] (fig. 380)

1. Λᾶας, λᾶος, pierre ; πτέρυξ, aile.

2. On a signalé dans le New Jersey le *Palæotrynga*, le *Laornis* et le *Telmatornis*.

3. On pourra consulter à cet égard le magnifique volume de M. Marsh intitulé : *Odontornithes, a Monograph on the extinct toothed birds of North America*, avec planches, New Haven, 1880.

4. Ἡσπέρα, occident ; ὄρνις, oiseau.

5. Ἰχθὺς, ύος, poisson ; ὄρνις, oiseau, parce que les vertèbres ont leurs corps un peu biconcaves comme chez les poissons ; elles sont d'ailleurs très différentes de celles de ces animaux.

avait chacune de ses dents logée dans un alvéole particulier. Il est intéressant de trouver associés dans le même terrain du Kansas des oiseaux munis de dents et des ptérosauriens sans dents : cela montre combien il est difficile de faire des déterminations avec des pièces isolées. Supposons dans la première moitié de ce siècle un paléontologiste rencontrant à la fois deux becs fossiles, l'un sans dents, l'autre avec des dents; il aurait dit sans hésitation que le bec garni de dents doit provenir d'un reptile, que celui sans dents appartient à un oiseau; il aurait commis une double erreur : les analogies avec le monde actuel l'auraient trompé.

Mammifères. — C'est en Angleterre qu'on a pour la première fois découvert des restes de mammifères secondaires. A peu de distance d'Oxford, dans un endroit qui a été justement nommé Stonesfield, car les champs y sont remplis de pierres,

Fig. 381. — *Amphitherium Prevostii*, au double de grandeur : *i.* les 3 incisives; *c.* la canine; *p.m.* les 6 prémolaires; *a. m.* les 6 arrière-molaires; *an.* angulaire; *c.* condyle articulaire; *cor.* coronoïde. (D'après M. Owen.) — Bathonien de Stonesfield près d'Oxford.

on a ouvert des puits pour exploiter du calcaire. En 1812, un maçon y trouva des mandibules d'un tout petit quadrupède; il les apporta à Broderip, qui était alors élève du Révérend Buckland, dont les cours passionnaient les étudiants de l'Université d'Oxford. Broderip les communiqua à Buckland. Le maître et le disciple reconnurent que c'étaient des restes de mammifères; Cuvier alla à Oxford et confirma leur opinion. Lorsque Buckland en 1823 et Cuvier en 1824 annoncèrent la découverte faite à Stonesfield, ils se contentèrent d'indiquer le nouveau mammifère sous le titre de carnassier voisin des sarigues, sans créer pour lui un nom de genre. Ils agirent ainsi en vrais savants, ne disant que ce qu'ils savaient et rien de plus. Ils ne se croyaient point le droit de donner un nom précis à un fossile qu'ils ne connaissaient que vaguement : la réserve de ces grands naturalistes a trouvé peu d'imitateurs.

On a élevé des doutes sur l'annonce faite par Buckland et Cuvier. Le seul motif qu'on ait pu avoir, c'est que jusqu'alors on n'avait pas observé de traces de mammifères dans les terrains jurassiques. Ce motif est étrange! Nous avons mille preuves de notre ignorance des choses du vieux monde; nous répétons à chaque instant que nous ne savons presque rien, et pourtant nous avons tant de peine à nous le persuader que les découvertes de faits nouveaux ou d'idées nouvelles rencontrent des opposants. Constant Prévost s'est demandé si les mâchoires de mammifères avaient bien été prises en place; Fitton a répondu qu'il ne saurait y avoir de doutes à cet égard. Il y a trente-sept ans, j'ai été m'en assurer par moi-même à Stonesfield; je me fis attacher par une corde et descendre dans le puits, où je vis la couche dans laquelle les petits fossiles ont été trouvés[1]. De Blainville a publié une note intitulée : *Doutes sur le prétendu Didelphe fossile de Stonesfield*, et afin d'accentuer ces doutes, il a proposé[2] le nom d'*Amphitherium*[3]. Pour se convaincre que l'*Amphitherium* est bien un mammifère, on n'a qu'à jeter les yeux sur la figure 381. Cette figure ne représente pas une des mâchoires trouvées en 1812, mais une mâchoire plus complète qui a été obtenue depuis, et a été décrite par M. Owen.

1. *Bulletin de la Société géologique de France*, 2e série, volume X, p. 591, 1853.

2. Il est arrivé ainsi que celui qui a commis une erreur au sujet du premier genre de mammifère trouvé dans le secondaire a eu l'honneur d'attacher son nom à sa découverte, tandis que les noms de Broderip, Buckland, Cuvier, qui avaient été les premiers à le faire connaître et avaient su fixer sa place zoologique, ne seront pas conservés dans la nomenclature. Ces injustices, qui ont lieu très souvent, sont bien regrettables.

3. Ἀμφὶ, qui en composition marque quelquefois des affinités de deux côtés différents, et θηρίον, bête sauvage.

La présence chez l'*Amphitherium* de 5 molaires de plus que chez les sarigues, à chaque mandibule, n'empêcha pas Cuvier de ranger ce fossile parmi les marsupiaux, près des sarigues. Bientôt après, la découverte du *Phascolotherium* montra que Cuvier avait deviné juste en supposant l'existence de marsupiaux à Stonesfield. Cet animal (fig. 382) a le même nombre de

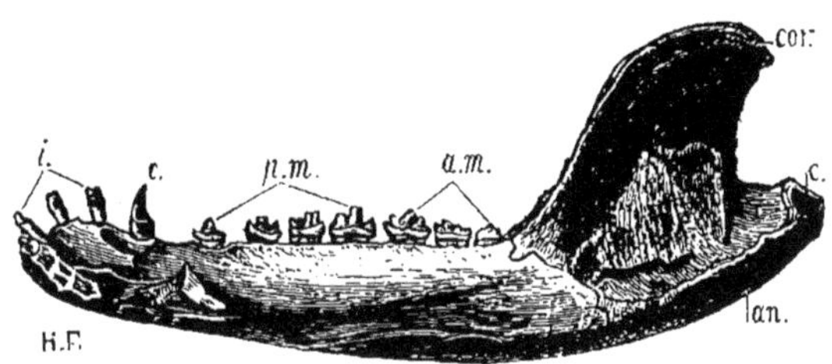

Fig. 382. — Mandibule de *Phascolotherium*[1] *Bucklandi*, au double de grandeur, vue sur la face interne. Mêmes lettres que dans la figure 381. (D'après M. Owen.) — Bathonien de Stonesfield.

dents que les sarigues : 4 prémolaires et 3 arrière-molaires[2]; en outre ses mandibules ont une particularité caractéristique des marsupiaux, c'est ce qu'on appelle l'inversion de l'angulaire : cette partie de la mâchoire *an.*, au lieu de se porter au-dessous du condyle, se retourne et s'avance en dedans pour donner moins de longueur et plus de force au muscle ptérygoïdien : il en résulte que, sur la pièce de la figure 382 vue de profil, on n'aperçoit que deux parties saillantes, l'apophyse coronoïde *cor.* et le condyle *c.*, au lieu que dans l'*Amphitherium* (fig. 381) on voit trois parties les unes au-dessous des

1. Φάσκωλον, poche; θηρίον, bête sauvage.

2. Dans les mammifères placentaires, on nomme prémolaires les dents molaires qui remplacent les dents de lait. Chez les marsupiaux, il y a peu de molaires qui soient remplacées. La plupart des dents qui sont appelées prémolaires ne sont que des molaires de lait persistantes; on a pris l'habitude de leur donner le titre de prémolaires parce qu'elles occupent la place qu'ont les prémolaires chez les placentaires. Les naturalistes sont quelquefois embarrassés pour savoir si des dents de marsupiaux méritent le nom de prémolaires ou de molaires. M. Osborn ne désigne pas, ainsi que je le fais ici, les quatre premières molaires du *Phascolotherium*; il les regarde comme des arrière-molaires et suppose qu'il y a eu atrophie des prémolaires.

autres : l'apophyse coronoïde *cor.*, le condyle articulaire *c.* et l'angulaire *an.*

On a aussi découvert à Stonesfield le *Stereognathus*[1], qui avait des dents bien différentes de celles de ses contemporains, car au lieu de molaires tranchantes et perçantes, il avait des molaires broyantes, à nombreux tubercules. Leur disposition a beaucoup intéressé les paléontologistes, parce que c'est avec la dentition des animaux ongulés qu'elle a le plus de rapport; on a pu supposer que le *Stereognathus* était une des anciennes traces du vaste groupe des ongulés qui, à ses débuts, était représenté par de chétives créatures, et, plus tard dans les temps tertiaires, a pris un si immense développement.

Des dents d'un petit mammifère appelé *Microlestes*[2] ont été trouvées dans le rhétien du Wurtemberg et de l'Angleterre.

La plus importante découverte de mammifères secondaires

Fig. 383. — Arrière-molaire de *Stylodon pusillus*, grandie 3 fois (d'après M. Owen). — Purbeck.

Fig. 384. — Arrière-molaire de *Spalacotherium tricuspidens*, au double de gr. (d'après M. Owen). — Purbeck.

Fig. 385. — Arrière-molaire de *Peramus tenuirostris*, grandie 3 fois (d'apr. M. Owen). — Purbeck.

Fig. 386. — Arrière-molaire d'*Achyrodon nanus*, grandie 3 fois (d'après M. Owen). — Purbeck.

Fig. 387. — Arrière-molaire de *Peralestes longirostris*, au double de grandeur (d'après M. Owen). — Purbeck.

Fig. 388. — Arrière-molaire de *Triconodon mordax*, au double de grandeur (d'après M. Owen). — Purbeck.

qui ait eu lieu en Europe a été celle du Purbeck. M. Owen évalue à onze le nombre des genres signalés dans ce coin de l'Angleterre. Les figures 383 à 388 donnent une idée de quel-

1. Στερεὸς, solide; γνάθος, mâchoire.
2. Μικρὸς, petit; ληστὴς, voleur et, par extension, bête de proie.

ques-unes de leurs dents. La dent de *Stylodon*[1] (fig. 383) a une forme très simple; dans celle de *Spalacotherium*[2] (fig. 384) il y a un grand denticule entre deux très petits; dans *Peramus*[3] (fig. 385), on voit un denticule postérieur bien apparent; dans *Achyrodon*[4] (fig. 386), le denticule antérieur est devenu aussi fort que le denticule médian; dans *Peralestes*[5] (fig. 387), le denticule postérieur augmente d'importance; *Triconodon*[6] (fig. 388) a trois denticules sensiblement égaux. La dentition de ce genre, qui est un des plus caractéristiques du Purbeck, s'est conservée en partie dans le petit marsupial vivant d'Australie qu'on appelle le *Myrmecobius*.

Un mammifère d'un tout autre caractère que ceux du Purbeck dont je viens de parler se rencontre dans le même gisement; Falconer l'a décrit sous le nom de *Plagiaulax*[7]. Il a donné lieu à une grande discussion : Falconer et M. Flower l'ont considéré comme un mangeur de végétaux, M. Richard Owen a cru au contraire que c'était un carnivore. Cette discussion entre de si éminents naturalistes montre qu'il n'est pas toujours facile de séparer les herbivores ou les frugivores des carnivores.

Le *Plagiaulax* (fig. 391) est le type de mammifère le plus persistant que nous connaissions. Il rappelle par ses prémolaires le *Microlestes rheticus* (fig. 389) et par ses arrière-molaires le *Microlestes antiquus* et *Moorei* du rhétien[8] (fig. 390). Le *Neoplagiaulax* du tertiaire inférieur de Reims, trouvé par M. Lemoine (fig. 392), ressemble à un *Plagiaulax* qui aurait perdu ses trois premières prémolaires. Il paraît que le *Ptilodus* de M. Cope est un *Neoplagiaulax* qui n'a perdu que deux prémolaires. Le *Bettongia* et le Kanguroo-rat (*Hypsiprymnus*

1. Στῦλος, colonne; ὀδὼν, dent.
2. Σπάλαξ, ακος, taupe; θηρίον, bête sauvage.
3. Πήρα, sac; μῦς, rat.
4. M. Owen tire ce mot de ἄχυρον, *acus*.
5. Πήρα, et ληστὴς, ravisseur.
6. Τρεῖς, trois; κῶνος, cône.
7. Πλάγιος, oblique; αὖλαξ, sillon.
8. Suivant M. Osborn, les molaires du *Microlestes Moorei* ne peuvent être distinguées génériquement de celles du *Plagiaulax*.

murinus) qui vivent en Australie semblent les descendants

FIG. 389. — Prémolaire de *Microlestes rheticus* (*Hypsiprymnopsis* pour M. Boyd Dawkins), grandie 4 fois (d'après M. Owen). — Watchet, Somersetshire.

FIG. 390. — Deux molaires décrites par M. Owen sous le nom de *Microlestes Moorei*, grandies 4 fois (d'après M. Owen). — Frome, Somersetshire.

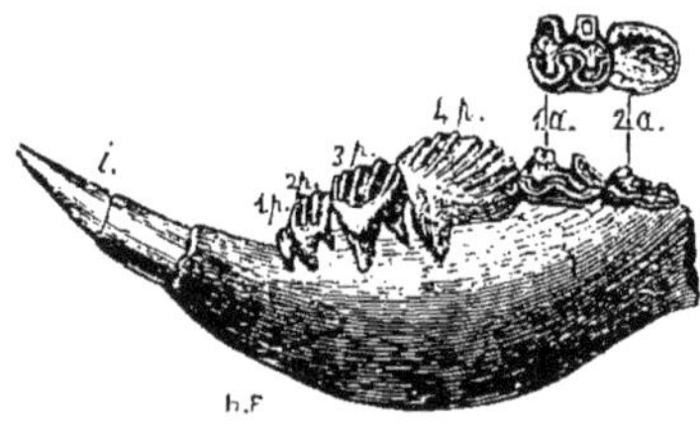

FIG. 391. — Mandibule de *Plagiaulax minor*, grandie 4 fois : *i.* incisive; 1*p.*, 2*p.*, 3*p.*, 4*p.*; les 4 prémolaires; 1*a.*, 2*a.*, les arrière-molaires vues de profil et en dessus (d'après Falconer). — Étage de Purbeck, près de Swanage.

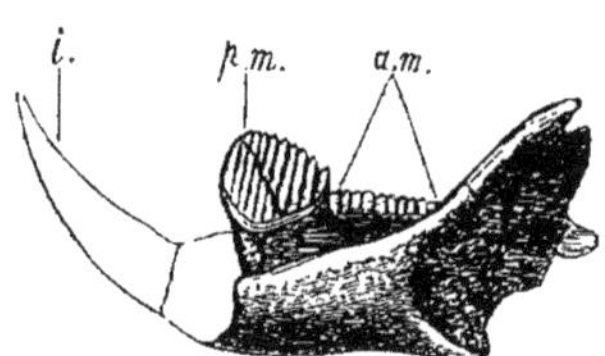

FIG. 392. — Mandibule du *Neoplagiaulax cocænus*, au double de grandeur : *i.* incisive; *p.m.* prémolaire unique; *a.m.* les deux arrière-molaires (d'après M. Lemoine). — Éocène inférieur de Cernay, près Reims.

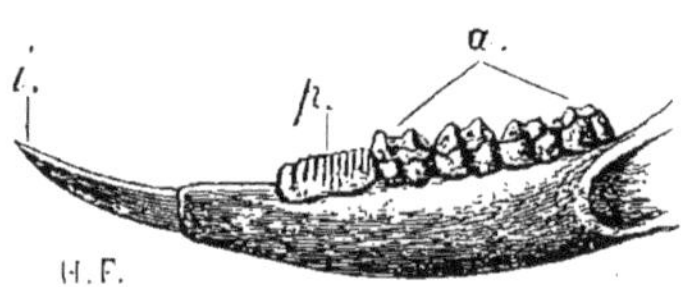

FIG. 393. — Mandibule d'*Hypsiprymnus murinus*, grandeur naturelle : *i.* incisive; *p.* prémolaire unique; *a.* les quatre arrière-molaires. — Vivant en Australie. Collection d'anatomie comparée.

d'un *Neoplagiaulax* où deux arrière-molaires auraient été ajoutées (fig. 393).

M. Osborn, qui vient de publier un très beau mémoire sur

les mammifères secondaires, a signalé, dans le même gisement que le *Plagiaulax*, le *Bolodon*[1] dont les prémolaires, pourvues de mamelons aussi bien que les arrière-molaires, devaient servir à broyer (fig. 394), et le *Curtodon*[2], qui avait des dents

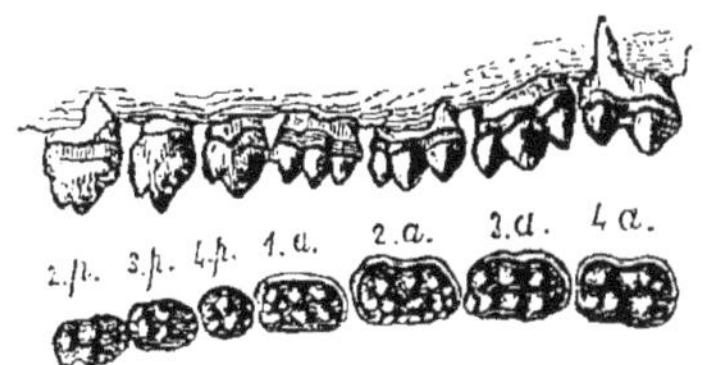

FIG. 394. — Mâchoire supérieure de *Bolodon* grandic (d'après M. Osborn). Les dents sont vues de profil et sur la surface triturante. — Étage de Purbeck, près de Swanage.

faites pour râper comme celles des rongeurs fossiles de l'Amérique du Sud décrits dans le grand ouvrage de M. Ameghino et celles des wombats actuels.

Le trias de l'Afrique australe[3], qui a montré tant de formes

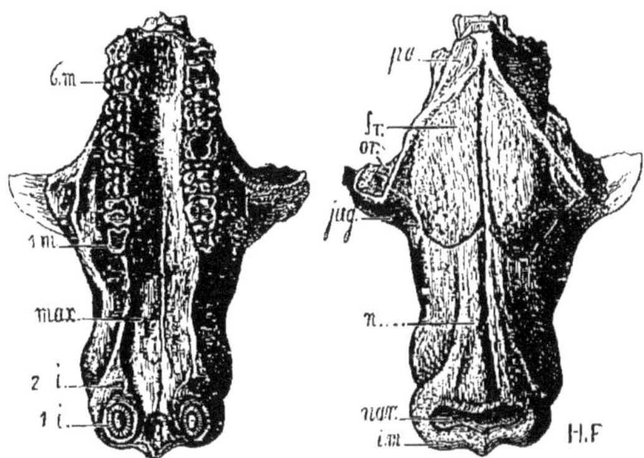

FIG. 395. — Crâne du *Tritylodon longævus*, à 1/2 gr., vu en dessus et en dessous : *pa.* pariétal ; *fr.* frontal ; *or.* orbite ; *jug.* jugal ; *lac.* lacrymal ; *n.* nasal ; *nar.* narine ; *max.* maxillaire avec 6 molaires de chaque côté, 1 *m.* à 6 *m.* ; *i. m.* inter-maxillaire ; 1 *i.* et 2 *i.* incisives. — Trias de l'Afrique australe.

étonnantes de reptiles, a offert une tête d'un mammifère très curieux. M. Owen l'a décrite sous le nom de *Tritylodon*[4], pour

1. Βῶλος, masse ; ὀδών, dent.

2. Κυρτὸς, courbe, et ὀδών. Le *Curtodon* a été appelé d'abord *Arthrodon*.

3. Il n'est pas encore certain que tous les fossiles de l'Afrique australe rapportés d'abord au trias appartiennent à ce terrain.

4. Τρεῖς, trois ; τύλος, protubérance ; ὀδών, dent.

indiquer que ses molaires présentent trois rangées de protubérances; j'en donne la figure (page précédente, fig. 395) d'après le dessin de M. Owen et d'après un moulage que m'a remis M. Henry Woodward. Ses molaires devaient servir à broyer comme celles du *Stereognathus* de la grande oolite d'Angleterre. On croit que la dent de *Triglyphus*[1] signalée par M. Fraas en 1868 appartient au même genre.

M. Seeley a reconnu dernièrement, parmi des os de reptiles trouvés dans le trias de l'Afrique australe, des os des membres d'un mammifère ayant eu la taille du glouton; c'est le plus grand mammifère signalé dans le secondaire. M. Seeley l'a décrit avec son habileté ordinaire sous le titre de *Theriodesmus*[2], *illustrating the reptilian inheritance in the mammalian hand.*

L'Amérique a fourni les restes de plusieurs mammifères secondaires. Dans les houillères de la Caroline du Nord qu'on rapporte avec doute au trias supérieur, Emmons a signalé en 1857 un petit mammifère sous le nom de *Dromatherium*[3].

La plupart des débris trouvés en Amérique proviennent des couches à *Atlantosaurus* des Montagnes Rocheuses; M. Marsh possède les restes de plus de deux cents individus obtenus dans le Wyoming; il y en a aussi qui viennent du Colorado. Plusieurs d'entre eux ont une frappante ressemblance avec ceux du Purbeck. Ainsi *Ctenacodon*[4] (fig. 396) d'Amérique rappelle *Plagiaulax* d'Europe (fig. 397), *Stylacodon*[5] d'Amérique (fig. 398) ressemble à *Stylodon* d'Europe (fig. 399), *Priacodon*[6] d'Amérique (fig. 400) a ses molaires presque pareilles à celles de *Triconodon* d'Europe (fig. 401). D'autres formes paraissent

1. Τρίγλυφος, parce que la dent est séparée en trois parties saillantes par deux sillons comme l'ornement des temples doriques appelé triglyphe.

2. Θηρίον, bête; δεσμὸς, lien, parce qu'il semble établir un lien entre les reptiles et les mammifères.

3. Δρομὰς, coureur; θηρίον, quadrupède. M. Osborn a décrit sous le nom de *Microconodon* une mâchoire bien peu différente de celle du *Dromatherium*.

4. Κτεὶς, κτενος, peigne; ὀδὼν, dent.

5. Στύλος, colonne, et ὀδὼν.

6. Je suppose que ce mot est tiré de πρίων, ονος, scie, et ὀδὼν, dent.

se rapprocher davantage des types tertiaires et actuels ; ainsi

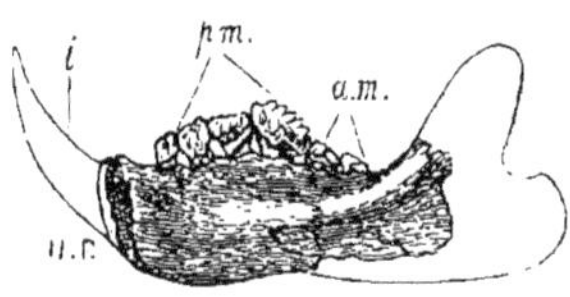

Fig. 396. — Mandibule du *Ctenacodon serratus*, gr. 2 fois : *i.* inc. : *p m.* prémol. : *a.m.* arr.-molaires (d'après M. Marsh). — Jurassique supér. des Montagnes Rocheuses.

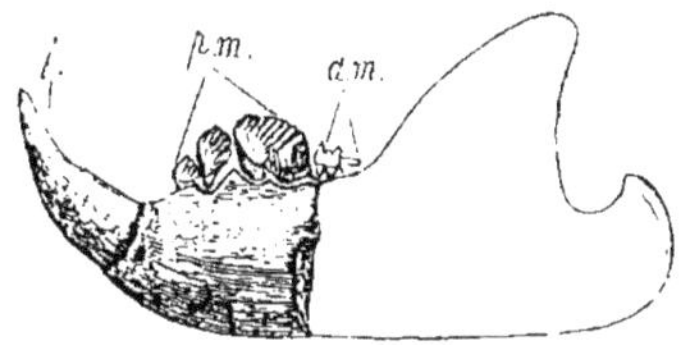

Fig. 397. — Mandibule du *Plagiaulax Becklesii*, grandie 3/2 (d'après M. Owen). Mêmes lettres. — Étage de Purbeck, près de Swanage.

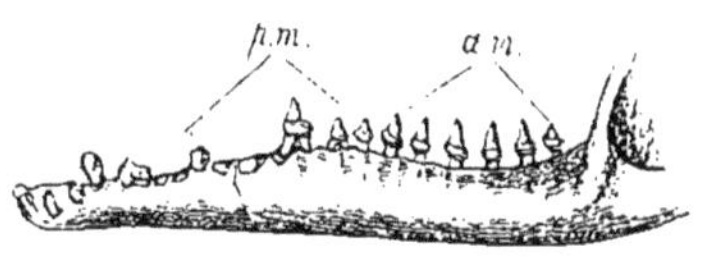

Fig. 398. — Mandibule du *Stylacodon gracilis*, gr. 3 fois. Mêmes lettres (d'après M. Marsh). — Jurass. sup. des Montagnes Rocheuses.

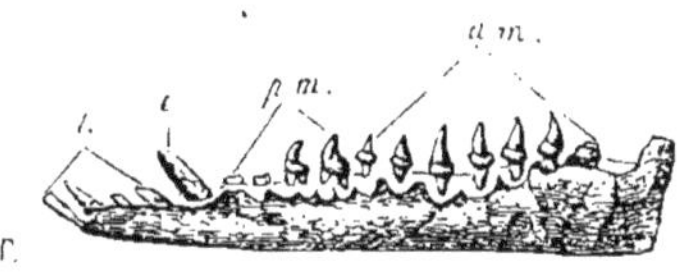

Fig. 399. — Mandibule du *Stylodon pusillus*, grandie 3 fois. Mêmes lettres. — Étage de Purbeck, près de Swanage.

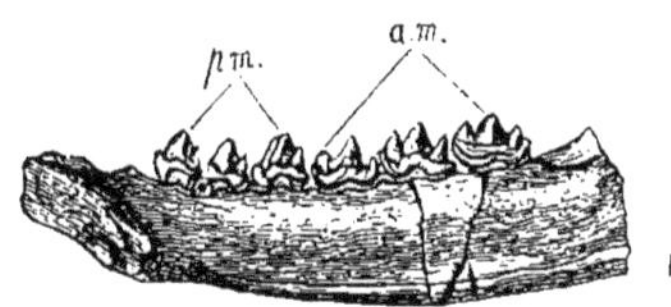

Fig. 400. — Mandibule du *Priacodon ferox*, au double de gr. Mêmes lettres (d'après M. Marsh). — Jur. sup. des Montagnes Rocheuses.

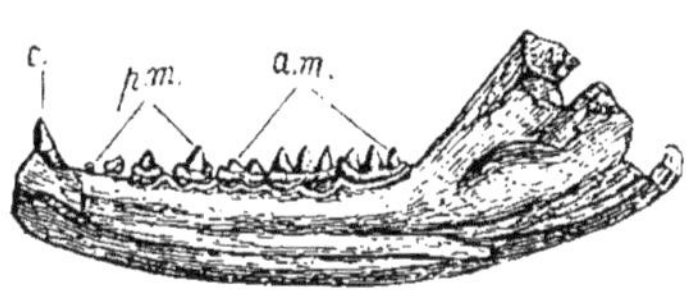

Fig. 401. — Mandibule du *Triconodon ferox*, grandeur nat. Mêmes lettres. — Étage de Purbeck, près de Swanage.

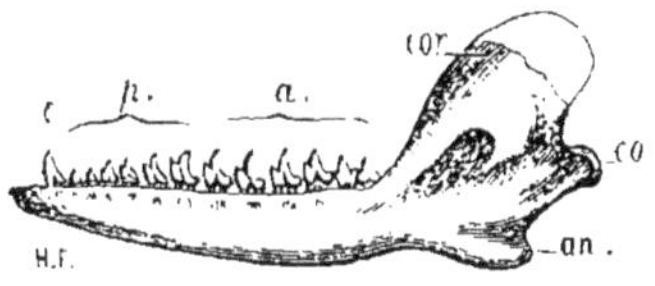

Fig. 402. — Mandibule de *Diplocynodon victor*, grand. naturelle : *c.* canine : *p.* prémolaires ; *a.* arrière-molaires ; *a.* angulaire ; *co.* condyle ; *cor.* coronoïde. (D'après M. Marsh.) — Jurassique supérieur.

Diplocynodon[1] (fig. 402) a une dentition qui rappelle les *Pterodon*, les sarigues et les dasyures.

1. Διπλόος, double ; κυνόδους, canine.

A côté des formes simples que je viens de citer, on trouve dans le jurassique d'Amérique, comme dans celui d'Europe, des dents aussi compliquées que celles des ongulés éocènes; on en jugera par la figure suivante (fig. 403).

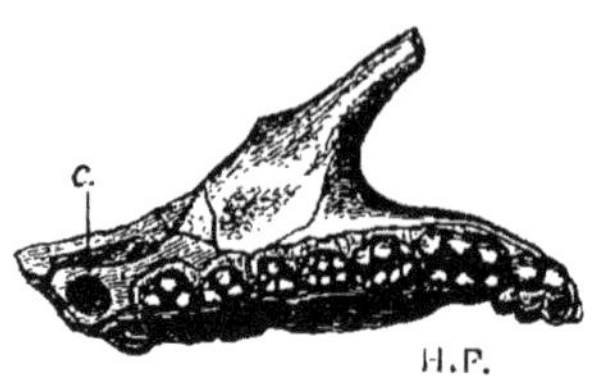

Fig. 403. — Mâchoire supérieure d'*Allodon*[1] *laticeps*, grandie 4 fois. *c.* est l'alvéole de la canine. (D'après M. Marsh.) — Jurassique supérieur des Montagnes Rocheuses.

M. Cope a été le premier à indiquer des traces de mammifères dans le groupe de Laramie qu'il rapporte au crétacé. Dernièrement M. Marsh a cité de nombreux débris découverts dans la même formation; ces recherches ont été l'objet de communications de M. Lemoine à l'Institut et à la Société géologique de France[2]; le savant paléontologiste de Reims a été frappé de la ressemblance des fossiles signalés par M. Marsh dans le groupe de Laramie du Wyoming, et des petits mammifères qu'il a tirés du tertiaire inférieur. A en juger par les figures de M. Marsh, M. Lemoine trouve de grands rapports entre les incisives du *Tripriodon* d'Amérique et celles de son genre *Neoplagiaulax*, entre les arrière-molaires du *Cimolodon*, du *Tripriodon* d'Amérique et celles du *Neoplagiaulax*, entre les prémolaires de l'*Halodon* d'Amérique et celles du *Neoplagiaulax*, entre les arrière-molaires du *Cimolomys* d'Amérique et la dent à trois rangs de denticules[3] qu'il a provisoirement attribuée à son *Neoplagiaulax eocænus*, entre les molaires du Cimolestes d'Amérique et celles de son *Tricuspiodon*, entre les prémolaires du *Didelphodon* d'Amérique et celles de son

1. Ἄλλος, autre; ὀδών, dent. L'*Halodon* est un genre distinct de l'*Allodon*.
2. Séance du 20 janvier 1890.
3. Fig. 17, pl. 6 du tome XI de la 3e série de la *Soc. géol. de France*.

Adapisarex, entre les incisives de l'*Halodon* d'Amérique et celles de son *Plesiadapis*. Comme je l'ai dit dans le commencement de ce livre, quand j'ai parlé de la séparation du crétacé et du tertiaire, l'âge du groupe de Laramie est encore un objet de discussion parmi les géologues; il est attribué par les uns au crétacé, par les autres au tertiaire; quelques-uns aussi pensent qu'on arrivera à ranger la partie inférieure dans le crétacé, la partie supérieure dans le tertiaire. Les savants américains, qui explorent les Montagnes Rocheuses, sont si habiles et si passionnés pour la science, que la pleine lumière sans doute ne tardera pas à se faire.

Grâce aux travaux de MM. Owen et Seeley en Europe, de MM. Marsh et Osborn en Amérique, nous commençons à avoir des indications sur les mammifères secondaires. On ne peut manquer d'être frappé du contraste de leur petitesse avec les énormes proportions de plusieurs reptiles qui ont été leurs contemporains. La plupart avaient la dimension des souris, des rats, des écureuils; le *Triconodon mordax* égalait le *Dasyurus Maugei*. Le plus grand de tous, le *Theriodesmus* du Cap, a pu approcher de la dimension du glouton; c'était encore un être chétif comparativement aux dinosauriens secondaires, aux *Dinotherium* tertiaires, aux éléphants actuels. Ainsi il semble que les mammifères étaient très petits à l'époque où les reptiles avaient déjà atteint des proportions gigantesques.

Il faut ajouter qu'ils s'étaient encore peu multipliés; leurs débris sont des raretés paléontologiques; très peu de Musées en possèdent.

Les mammifères montrent déjà quelque diversité à l'époque secondaire; les uns avaient des molaires coupantes et perçantes, les autres avaient des molaires faites pour broyer, d'autres encore avaient des molaires faites pour râper; cependant la différenciation était loin d'être aussi grande qu'elle l'est devenue à l'époque tertiaire.

Sir Richard Owen a pensé que la plupart des mammifères secondaires ont été à l'état marsupial. Dans ces derniers temps, on a élevé des doutes à cet égard. Pour moi, je crois que M. Owen est dans le vrai. Voici mes raisons :

Sur la face interne des mandibules de l'*Amphitherium*, du *Phascolotherium*, du *Triconodon*, du *Peramus*, du *Peralestes*, de l'*Amblotherium*, il y a un sillon qui est en rapport avec l'insertion du muscle mylo-hyoïdien ; ce sillon est un caractère d'un marsupial actuel, le *Myrmecobius*.

Dans le *Phascolotherium*, le *Spalacotherium tricuspidens* et le *Triconodon* comme dans le *Plagiaulax*, les mâchoires inférieures présentent pour l'insertion des muscles ptérygoïdiens ce qu'on a appelé l'inversion de l'angulaire ; c'est là un caractère de marsupial.

La forme des dents molaires de plusieurs mammifères secondaires se rapproche de celle des marsupiaux actuels : ainsi il y a des traits de ressemblance entre les dents du *Plagiaulax* et du *Bettongia*, entre celles du *Triconodon* et du myrmécobie, entre celles du *Curtodon* et du wombat. Les dents du *Phascolotherium*, du *Diplocynodon*, etc., diffèrent moins de celles des dasyures, des thylacines, des sarigues que de celles des animaux placentaires.

La multiplication des dents molaires est un des caractères des mammifères secondaires : on compte sur chaque mandibule 10 molaires chez le *Spalacotherium* et le *Dromatherium*, 11 molaires chez le *Curtodon* et le *Stylodon*, 12 molaires chez l'*Amphitherium*, le *Dryolestes*, le *Diplocynodon*. Les placentaires terrestres n'ont pas plus de 7 molaires, au lieu qu'on en compte 9 chez un marsupial, le myrmécobie.

Les arrière-molaires sont similaires dans la plupart des mammifères secondaires ; c'est là un caractère que l'on ne voit parmi les animaux se nourrissant de substances animales que chez les insectivores et les marsupiaux. Comme les dents de plusieurs des mammifères secondaires tels que le *Phascolotherium*, le *Triconodon*, ressemblent plus à celles des marsupiaux carnassiers qu'à celles des insectivores, je les attribue à des marsupiaux.

Jusqu'à présent le seul mammifère secondaire où l'on ait observé une dent de remplacement est le *Triconodon* (*Triacanthodon*) *serrula*. Cela porte à croire que peu de dents étaient remplacées; c'est là un caractère des marsupiaux.

A la vérité, plusieurs des mammifères secondaires, ainsi que MM. Marsh, Osborn, etc. l'ont justement fait ressortir, ont des dents qui ressemblent à celles des insectivores; mais ce n'est pas une raison pour affirmer qu'ils ont eu un placenta.

On a même pensé que quelques mammifères secondaires ont été des monotrèmes.

Ainsi que je l'ai dit, dans mon volume sur les *Enchaînements des mammifères tertiaires*, l'idée que les placentaires sont descendus des aplacentaires est bien vraisemblable, d'abord parce que l'allantoïde imparfaitement formée du marsupial est incompréhensible, si elle ne représente pas un stade d'évolution, et puis parce que la première moitié des temps tertiaires nous a montré le passage des marsupiaux aux placentaires. Avant les découvertes des mammifères secondaires, les zoologistes avaient été frappés de voir les marsupiaux actuels former des séries parallèles aux mammifères ordinaires qui ont un placenta; ils remarquaient que les uns répondent aux carnivores, d'autres aux insectivores, d'autres aux rongeurs, d'autres aux ongulés. En présence de ce parallélisme, il était naturel de se demander si les marsupiaux ne représentent pas l'état primitif de plusieurs ordres de mammifères ordinaires. La paléontologie vient apporter à cette idée une confirmation en montrant que les marsupiaux ont précédé les mammifères placentaires, et en indiquant aussi que, dès les temps secondaires, ils ont formé des séries parallèles : les uns tendant à devenir des placentaires ongulés, d'autres à devenir des insectivores, d'autres à devenir des rongeurs, d'autres à devenir des carnivores, et d'autres gardant intacts leurs caractères de marsupiaux qui se conserveront jusqu'aux jours présents, éternels témoignages des enchaînements du monde organique.

RÉSUMÉ

Ceux d'entre nous qui ont longtemps vécu pleurent la perte de beaucoup d'amis ; ils ont vu mourir, en dépit de leurs soins, des êtres charmants qui étaient encore dans toute leur force. Quand nous promenons nos regards à travers les temps géologiques, passant du primaire au trias, du trias au jurassique, du jurassique au crétacé, du crétacé au tertiaire et à l'époque actuelle, nous comptons aussi bien des absents. Une multitude de créatures se sont évanouies ; les plus puissantes, les plus fécondes n'ont pas été plus épargnées que les autres. Il y a quelque tristesse dans le spectacle de tant d'inexplicables disparitions.

Cependant, si nombreuses qu'aient été ces disparitions, il ne faut pas nous les exagérer. Elles peuvent n'être qu'apparentes ; s'il y a eu des destructions, il y a eu encore plus de transformations. Beaucoup de types que nous ne retrouvons plus, quand nous passons d'un terrain à un autre, ne sont pas éteints ; mais ils ont tellement changé que tout d'abord ils sont méconnaissables. En cherchant patiemment leur trace, nous finissons quelquefois par les reconnaître. Lorsque nous soupçonnons qu'un vieil ami dont nous pensions avoir à déplorer la mort est encore en vie, nous n'épargnons pas notre peine pour le découvrir. Le paléontologiste peut faire quelque chose d'analogue ; après avoir étudié les créatures des anciens jours du monde, je m'efforce de les suivre dans les époques plus récentes, et, si j'arrive à les retrouver, sous les changements que les siècles leur ont imprimés, j'éprouve un vif plaisir, car à l'idée triste de la mort se substitue l'idée heureuse de la vie : c'est cette recherche que j'appelle l'étude des *Enchaînements du monde animal.*

Histoire des grands types. — La vie de tout individu est éphémère, mais la vie des espèces est plus longue; plus longue encore est la vie des genres; plus longue encore la vie des familles; plus longue encore la durée des temps qui ont vu le développement des principaux types du monde organique. L'histoire de ces types à travers l'immensité des âges a une grandeur qui captive.

Ils ont eu des destinées différentes. Quelques-uns ont à peine changé; ils ont assisté impassibles aux diverses révolutions; on peut les appeler *types permanents* ou *panchroniques*, puisqu'ils appartiennent à tous les temps.

D'autres types se sont légèrement modifiés et ensuite sont revenus à leurs points de départ : j'ai dit qu'ils méritent le nom de *types élastiques*. On les trouve surtout parmi les êtres inférieurs.

Le plus souvent, les grands types du monde organique ont continué leur marche sans rétrograder, se développant peu à peu. A mesure qu'ils s'avançaient dans les temps géologiques, quelques-uns ont pris une direction parallèle, quelques autres, éloignés d'abord, se sont peu à peu rapprochés, mais sans doute la plupart ont eu des caractères différentiels de plus en plus accentués; nous pouvons ainsi les classer en *types parallèles, convergents* et *divergents*.

L'unité de la nature apparaît dans ce fait que le développement des grands types paléontologiques semble souvent reproduire en raccourci le développement des individus. Nous distinguons dans leur histoire trois phases principales : une *phase ascendante*, la *phase de leur apogée* et une *phase descendante*.

Nous reconnaissons qu'un type est parvenu à son apogée parce que les êtres qui le représentent ont atteint leur plus grande taille, ont eu le plus de complication, sont devenus le plus abondants et surtout parce qu'ils ont offert ces nombreuses variations qu'on appelle des espèces et des genres; il y a des moments où l'on dirait qu'ils ont eu à dépenser une somme exubérante de vie et où ils ont produit les formes les plus diversifiées en même temps que les plus belles.

Beaucoup de grands types du monde animal ont eu leur apogée dans les périodes secondaires. On s'en rendra compte en regardant le tableau ci-dessous, où j'ai réuni quelques-uns des groupes les plus importants de ces périodes. Je les ai représentés par un rameau plus ou moins fourni, selon que leur développement a été plus ou moins considérable.

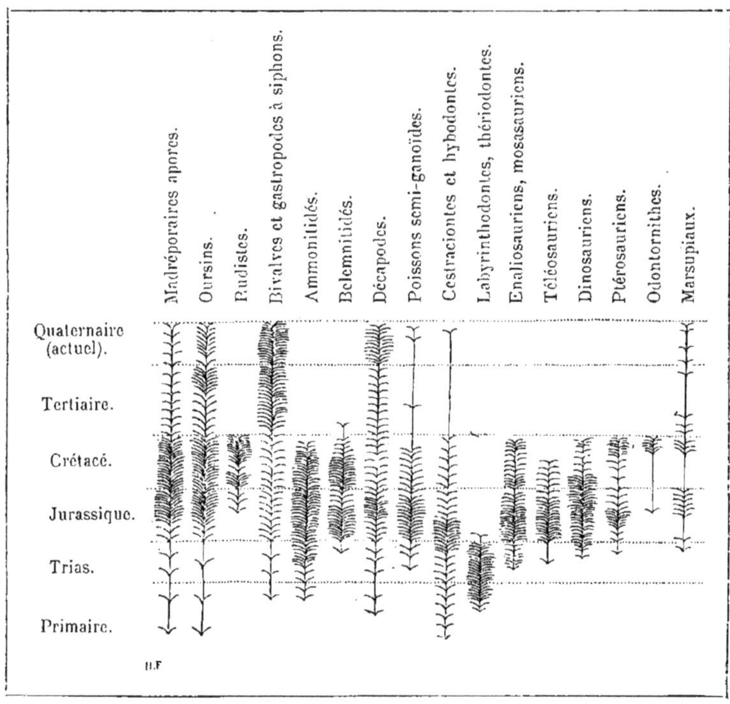

Si l'on compare ce tableau avec celui que j'ai donné pour les temps primaires[1] ou avec ceux qu'on pourrait dresser pour

1. *Enchaînements du monde animal*, *Fossiles primaires*, p. 296.

les temps tertiaires et actuels, on trouve de notables différences.

Mais il s'en dégage également cette remarque curieuse, que les animaux les mieux doués ou les plus féconds sont quelquefois ceux-là même qui ont disparu le plus rapidement. Si ce qu'on a appelé la *Lutte pour la vie* avait été la cause principale de la destruction ou de la survivance, ils auraient dû persister plus que les autres. L'ammonite a cessé de vivre au moment de son plus magnifique épanouissement, lorsqu'elle a atteint son maximum de grandeur[1] et l'extrême luxe de l'ornementation[2]. La bélemnite, si commune dans le commencement de l'époque crétacée, a décliné vers la fin de cette époque, sans que nous en sachions la cause. Au moment de disparaître, les rudistes[3] ont tellement pullulé qu'on trouve leurs coquilles serrées les unes contre les autres dans les derniers étages crétacés. Quand vont s'éteindre au sein des océans secondaires les étranges mosasauriens et sur les continents les dinosauriens plus étranges encore, ces géants avaient gardé une grande puissance[4]. Les reptiles volants, petits dans le jurassique, ont pris des dimensions énormes à la fin du crétacé, en Amérique comme en Europe; alors ils ont disparu. Pendant que de chétives créatures persistaient, les princes du monde animal s'évanouissaient sans retour.

Ainsi la force et la fécondité n'ont pas toujours empêché la destruction des êtres. L'évolution s'est avancée à travers les âges en souveraine que rien ne pouvait arrêter dans sa marche majestueuse. La concurrence vitale, la sélection naturelle, les influences de milieu, les migrations l'ont sans doute

1. *Pachydiscus lewesiensis* et *peramplus* du turonien de la France. On vient de signaler, dans la craie supérieure des environs de Munster, la plus grande ammonite connue jusqu'à ce jour; bien qu'incomplète, elle mesure 1m,50 de diamètre.

2. *Acanthoceras Dewerianus* du turonien.

3. *Hippurites* et *Radiolites*.

4. L'*Ichthyosaurus*, le *Mosasaurus* et un dinosaurien, le *Rhabdodon*, ont été trouvés dans l'étage danien.

aidée. Mais son principe a résidé dans une région supérieure trop haute pour que nous puissions, quant à présent, le bien saisir.

Enchaînements. — Si plusieurs types se sont éteints après les temps secondaires, beaucoup d'autres se sont continués; nous avons eu des preuves de leurs enchaînements.

Les foraminifères secondaires ressemblent bien à ceux de l'époque actuelle. Nous avons vu que, selon M. Rupert Jones, des espèces de la craie existent encore dans l'Atlantique. Nous avons dit, en outre, que les meilleurs paléontologistes admettent chez les foraminifères des passages entre les espèces, entre les genres et même entre les ordres.

Plusieurs genres actuels de polypes vivaient déjà pendant la période jurassique et construisaient des récifs comme ils en construisent aujourd'hui.

Il y a eu dans les mers secondaires des crinoïdes, des étoiles de mer et de nombreux oursins de même genre que les animaux de nos mers. Je ne connais pas d'exemple plus frappant que celui des oursins pour montrer à quel degré de diversité un même type peut arriver : l'anus passe de dessus en dessous, les pièces discales manquent ou se substituent à l'une des génitales, le nombre des pores respiratoires diminue, les pièces ambulacraires se soudent, la forme rayonnée passe à la symétrie bilatérale, etc.; en dépit de ces changements, la boîte de l'oursin a toujours le même type fondamental.

Les mollusques secondaires offrent de nombreuses marques de transition. Quand on passe d'étage en étage, on voit des espèces du même genre qui se ressemblent tellement qu'il est difficile de ne pas croire à leur parenté; j'ai cité, par exemple, les espèces d'huîtres étagées les unes au-dessus des autres, les espèces de moules, celles des trigonies, celles des nérinées, celles des pleurotomaires. Non seulement il y a eu des enchaînements entre les espèces d'un même genre, mais sans doute il y en a eu entre les espèces de genres différents. On considérait autrefois les ammonites comme des fossiles qui délimitent très bien les âges géologiques, car, tandis qu'on les trouvait en abondance dans le crétacé et le jurassique, on en voyait très peu dans le trias, et elles semblaient manquer absolument dans le primaire. Mais M. de Mojsisovics en a décrit une multitude qui viennent du trias des Alpes; M. Waagen en a trouvé dans le carbonifère de l'Inde; M. Gemmellaro vient d'en découvrir de nombreuses espèces dans le carbonifère de la Sicile, pendant que M. Karpinsky en signalait dans le permo-carbonifère de Russie.

Les brachiopodes secondaires ont été très différents de ceux du primaire; cela est résulté surtout de la disparition des formes anciennes. Cette disparition ne s'est pas faite brusquement; quelques-uns des types primaires se sont éteints peu à peu dans le commencement du secondaire. Plusieurs des térébratules et des rhynchonelles secondaires ont des liens étroits avec les espèces qui vivent encore.

Le limule trouvé à Solenhofen a établi un enchaînement entre les crustacés mérostomes du primaire et ceux des temps actuels. Les crustacés décapodes du secondaire ont des ressemblances avec les crevettes et les langoustes de nos mers. Les insectes du lias et de l'oolite ont une frappante analogie avec ceux de notre époque.

Quoique les poissons cartilagineux ne soient guère de nature à se conserver dans leur intégrité à l'état fossile, j'ai dit qu'on avait découvert des squelettes entiers de quelques-uns d'entre eux, et j'en ai figuré un dont les diverses parties ont une extrême ressemblance avec les raies et les rhinobates actuels.

Les cestraciontes et les dipnoés tels que le *Ceratodus*, qui ont caractérisé la fin du primaire et le commencement du secondaire, vivent encore dans les régions australes; les Anglais établis à Port-Jackson, sur la table desquels on sert du *Ceratodus*, comme en Écosse on leur servirait du saumon, ont la preuve que les êtres d'autrefois ont persisté jusqu'à nos jours.

Le passage de l'état ancien des poissons osseux à leur état actuel est un des faits les plus frappants en faveur de l'idée de l'évolution. Ces animaux ont été d'abord protégés par une cuirasse d'écailles osseuses; au milieu du secondaire, les écailles de beaucoup d'entre eux ont cessé d'être osseuses; à la fin du secondaire, presque tous les poissons avaient des écailles molles comme ceux de nos mers. Les poissons ont eu primitivement leur colonne vertébrale terminée en pointe, ainsi que les autres vertébrés; dans le milieu du secondaire, leur colonne vertébrale s'est raccourcie et condensée, ses arcs hémaux se sont rapprochés pour prendre la disposition appelée stégoure; puis les arcs, se rapprochant de plus en plus, ont formé la palette caudale des poissons actuels. Enfin les poissons avaient à l'origine une colonne vertébrale à l'état de notocorde; nous en avons vu dans le secondaire dont les vertèbres étaient à divers états de développement; j'ai figuré par exemple *Pycnodus Ponsorti*, qui est sur le point d'achever l'ossification de sa colonne vertébrale. Si je n'admets pas l'évolution et que je regarde chaque espèce comme une entité distincte, isolée dans la nature, les organes incomplètement formés sont incompréhensibles. *Pycnodus Ponsorti* me semble un être inachevé, quand je le considère isolément; il n'est plus choquant pour ma raison, lorsque je pense qu'il représente un stade de développement d'un type qui poursuit son évolution à travers les âges. Notre passage sur la terre est si court. la durée d'une espèce est déjà si considérable, comparativement à celle de notre vie, que nous sommes portés à lui attribuer beaucoup de valeur; mais la paléontologie nous apprend qu'il faut embrasser une plus longue durée que celle de l'espèce.

La plupart des reptiles ont été confinés dans les temps secondaires, et nous devons avouer que nous ne savons pas quels ont été leurs prédécesseurs et leurs successeurs; cependant il n'en a pas été ainsi pour tous. Il semble naturel de regarder les labyrinthodontes du trias comme les descendants de ceux du permien qui ont grandi, chez lesquels la structure intime des dents s'est compliquée, les condyles occipitaux et les vertèbres ont achevé de s'ossifier. Leurs écailles ventrales ont disparu comme chez les poissons ganoïdes, en même temps que l'ossification de l'endo-squelette a rendu l'exo-squelette inutile. Plusieurs des tortues secondaires ont beaucoup ressemblé aux tortues actuelles. Malgré les différences qui séparent nos gavials des téléosauriens secondaires, Étienne Geoffroy Saint-Hilaire a deviné qu'ils sont leurs descendants; généralement les téléosauriens se distinguent des gavials par l'orifice postérieur de leurs narines moins en arrière, leurs fosses sus-temporales plus grandes, leurs vertèbres à corps biplan, leurs écailles dorsales imbriquées sur deux rangs et leurs écailles ventrales ossifiées; mais, quand on réunit les diverses espèces, on voit ces différences s'atténuer graduellement.

Tout en s'étonnant des singularités de l'*Archæopteryx*, il faut reconnaître que la jeune autruche, par ses pattes de devant à doigts séparés et par sa longue queue à vertèbres non soudées, diminue un peu la distance qui existe entre le fameux oiseau de Solenhofen et les formes actuelles.

Enfin, quand nous voyons les mammifères précédés dans notre pays par des marsupiaux secondaires, nous pouvons croire que ce sont les descendants de ces animaux dont l'allantoïde s'est développée pour former le placenta.

Ainsi, nous apercevons de nombreux indices d'enchaînements qui nous font penser que, dans une même classe, il y a eu des transitions d'espèce à espèce, de genre à genre, de famille à famille, d'ordre à ordre.

Pouvons-nous aller plus loin? Trouvons-nous des preuves que, dans un même embranchement, des animaux de classes différentes ont passé les uns aux autres? Je me suis déjà posé cette question dans le résumé de mon livre sur les êtres primaires, et j'ai dû répondre négativement. En étudiant les êtres secondaires, je m'adresse encore la même question et j'y réponds aussi négativement. Il est manifeste que les thériodontes, les ichthyosaures, les ptérodactyles ont diminué l'intervalle qui existe entre les reptiles et les mammifères, mais ils ne l'ont pas comblé de telle sorte qu'on ait la preuve de passage entre ces deux classes si distinctes dans la nature actuelle. Les labyrinthodontes ont atténué la distance qui sépare les batraciens des reptiles allantoïdiens; cependant nous ne pouvons pas dire qu'ils aient été les ancêtres communs de ces deux sous-classes; encore moins oserions-nous prétendre qu'ils établissent un lien entre les batraciens et les poissons. L'indice le plus frappant de rapprochement entre des classes aujourd'hui distinctes, c'est celui des dinosauriens, reptiles dont plusieurs os ont de grands rapports avec ceux des oiseaux; toutefois, nous avons vu, à côté des ressemblances, des différences trop considérables pour oser affirmer que les oiseaux ont passé par l'état de dinosauriens. Le plus raisonnable me paraît être de croire que les dinosauriens et les oiseaux ont eu de communs ancêtres qui n'étaient encore ni vrais dinosauriens ni vrais oiseaux. Je suppose qu'en général il n'y a eu qu'une parenté très éloignée entre les animaux de classes différentes appartenant à un même embranchement. Leur union doit remonter à une époque reculée, où ils n'avaient pas encore pris les caractères distinctifs des classes dans lesquelles nous les rangeons actuellement.

Quels sont-ils, ces ancêtres présumés d'où sont sortis des êtres qui ont abouti à des classes différentes? Nous l'ignorons. Assurément il nous plairait de ne plus voir tant de lacunes et de comprendre la synthèse de l'ensemble du monde organique. Mais notre science est encore trop jeune. Ouvriers de la première heure, nous ne pouvons apercevoir que vaguement, dans le lointain, le tableau magnifique de la nature, où, sous la direction du Divin Artiste, tout se coordonne, se pénètre, s'enchaîne à travers les espaces et les âges.

Développement progressif. — L'étude comparative des êtres secondaires révèle un développement progressif. Ce mot ne veut pas dire que les animaux, dans l'ère secondaire, avaient leurs organes mieux appropriés à leurs fonctions que dans les âges antérieurs; dès les temps primaires il y a eu beaucoup d'êtres admirablement adaptés pour remplir les humbles fonctions qui leur étaient dévolues. Mais, quand je dis qu'il y a eu progrès, j'entends indiquer que les fonctions sont devenues plus élevées et plus nombreuses; la somme d'activité a augmenté dans le monde en intensité et en diversité. Cette augmentation de puissance a eu un résultat esthétique : une nature où les rois sont des crustacés tels que les trilobites et les *Pterygotus* a moins de majesté que celle où règnent les *Iguanodons*; une terre silencieuse n'égale pas en beauté un théâtre où se meuvent des quadrupèdes variés.

Le progrès s'est produit d'une manière inégale; souvent, dans le même embranchement, les types inférieurs sont restés stationnaires ou quelquefois même ont diminué d'importance pendant que les types supérieurs ont gagné. En parcourant les principaux types secondaires, nous allons voir ceux qui ont gagné et ceux qui ont perdu.

Il n'y a nulle raison de prétendre que les foraminifères ont été plus parfaits dans les temps secondaires que dans les temps primaires; mais il semble qu'ils sont devenus plus nombreux.

Les spongiaires ont eu des formes plus variées et plus élégantes que leurs prédécesseurs primaires.

Les polypes se sont davantage rapprochés des formes actuelles; je ne crois pas qu'on puisse dire qu'en cela ils ont marqué un perfectionnement.

Plusieurs classes d'échinodermes se sont amoindries ou même ont disparu; les élégants crinoïdes, si abondants pendant les temps primaires, ont été moins diversifiés. Au contraire, les oursins ont pris un immense développement. Cela montre que si, à certains égards, les échinodermes ont subi une diminution, à d'autres égards, ils indiquent un progrès, car l'oursin occupe dans l'échelle des êtres un rang plus élevé que les crinoïdes, créatures qui ne peuvent en général se déplacer, étant fixées par une tige au fond des mers.

Il en a été des articulés marins comme des échinodermes; quelques-uns de leurs groupes, qui étaient très répandus dans le primaire, se sont atténués ou même éteints dans le secondaire; mais le groupe le plus élevé, celui des décapodes, a pris une grande extension.

J'ai rappelé déjà que les brachiopodes ont beaucoup perdu en passant des temps primaires aux temps secondaires; ils ont subi, au lieu d'un développement progressif, un amoindrissement successif.

Les ouvrages de Barrande, de M. Hall et de plusieurs autres paléontologistes, renferment de longues listes de mollusques primaires. Cependant la richesse des gastropodes et des bivalves secondaires a été encore plus grande que celle de leurs prédécesseurs; quoique les nautilidés aient été très nombreux dans les terrains primaires, leur diversité et leur ornementation n'ont pas égalé celles des ammonitidés secondaires.

Au premier abord, on peut mettre en doute que les poissons aient fait des progrès, car déjà, à l'époque dévonienne, ils étaient abondants, variés, et même on voyait des formes telles que *Cephalaspis*, *Pterychthys*, qui n'ont plus d'équivalents dans les époques plus récentes. Mais il faut reconnaître qu'en perdant leur belle cuirasse ganoïde, ils ont eu des mouvements plus libres et que leur sens du toucher a pu beaucoup se développer; lorsque leurs vertèbres se sont ossifiées, leurs muscles ont trouvé de plus solides points d'appui et alors ont acquis plus d'énergie; enfin, quand l'extrémité de leur colonne vertébrale, d'abord terminée en pointe, s'est disposée en une palette capable de donner de forts coups de queue, il a dû en résulter un avantage pour la locomotion; il est donc probable que les poissons de la fin du secondaire ont eu plus de vivacité que les poissons primaires.

Évidemment, les reptiles ont eu leur règne dans l'ère secondaire; ceux qui ont vécu dans les temps primaires et ceux des périodes tertiaires ou actuelles ont été comparativement peu importants. Le développement des vertébrés à sang froid marque un grand progrès sur les époques antérieures.

Si gigantesques, si nombreux qu'aient été les reptiles secondaires, ils ne représentent pas l'apogée du monde organique; ce sont les animaux à sang chaud, oiseaux et mammifères, qui occupent le haut de l'échelle animale. Or nous avons vu qu'on n'en avait encore trouvé aucun vestige dans le primaire. Dans le secondaire, ils sont peu abondants et chétifs. Si les mammifères et les oiseaux eussent été nombreux et volumineux pendant l'ère secondaire, on ne conçoit pas pourquoi leurs restes se rencontreraient rarement à côté de ceux des reptiles. Il est vrai que les formations continentales de l'ère secondaire sont encore peu connues; mais les terrains marins ont été bien explorés, on n'y a jamais observé de mammifères à côté des *Ichthyosaurus*, des *Teleosaurus*, des *Mosasaurus*. Nous pouvons donc dire qu'à en juger par l'état actuel de la science, le règne des mammifères et des oiseaux a eu lieu plus tard que celui des animaux à sang froid.

Notre croyance à l'arrivée tardive des animaux à sang chaud n'est point basée seulement sur la rareté des oiseaux et des mammifères dans les terrains secondaires, mais sur leur état d'évolution. Les mammifères secondaires semblent avoir été pour la plupart des marsupiaux, c'est-à-dire des animaux où l'allantoïde était encore à l'état rudimentaire, comme dans les fœtus peu avancés des placentaires actuels de nos pays; en les voyant, on ne peut résister à la pensée qu'on est en face de créatures qui n'ont pas eu le temps de grandir, de se multiplier, de se développer. Les oiseaux ont aussi des caractères de jeunesse : lorsqu'on regarde l'*Archæopteryx* avec ses dents, sa longue queue, ses os des doigts non atrophiés, non soudés, on est tenté de dire que l'Auteur du monde n'a pas encore tout à fait achevé d'en faire un oiseau; les oiseaux munis de dents, trouvés dans la craie du Kansas par M. Marsh, ont montré que, jusqu'à la fin des temps secondaires, les oiseaux ont gardé des traces de leur état primitif. Ainsi, il est vraisemblable que les découvertes futures ne renverseront pas notre croyance que le règne des animaux à sang chaud est plus récent que le règne des animaux à sang froid.

D'après ce que nous venons de dire, on voit que le monde organique pris dans son ensemble a progressé. Supposons un voyageur navigant sur les océans des âges : dans les temps cambriens, sa barque rencontre des trilobites, mais aucun poisson; il aborde à un rivage : silence de mort, pas même des reptiles.

Ayant repris sa barque et longtemps erré, il se trouve transporté à la fin de l'ère primaire : le règne des poissons a succédé à celui des trilobites; sur la terre ferme, il n'y a plus le même silence : quelques reptiles préparent l'avènement des vertébrés à sang froid.

Puis notre voyageur recommence sa navigation, et le voici qui, après avoir été ballotté d'âge en âge, atteint le milieu de l'ère secondaire : des ammonites variées, charmantes, se jouent autour de lui, des légions de vives bélemnites se mêlent avec elles; les ichthyosaures, les plésiosaures, les téléosaures lui font cortège. Il débarque au rivage pour voir si le progrès s'est accentué sur la terre ainsi que dans les océans : devant lui apparaissent de gigantesques dinosauriens qui ouvrent leurs bras en s'appuyant sur leur énorme train de derrière; des ptérodactyles et des *Rhamphorhynchus* s'élèvent dans les airs; le premier oiseau, l'*Archæopteryx*, essaye ses ailes, et même quelques petits mammifères se montrent timidement. Le témoin de ces étonnants spectacles pourra se dire : Comment tout a-t-il grandi sur les continents et dans le sein des mers? Comment tout s'est-il paré? Dans l'agitation des créatures de la terre ferme, ainsi que dans celle des flots où se pressent des êtres si divers, l'Activité Divine a mis son empreinte. La nature, merveilleuse déjà dans les jours primaires, est devenue plus merveilleuse encore; il y a eu progrès.

Si notre voyageur n'était pas fatigué de sa longue course à travers les âges, il trouverait dans le tertiaire le *Dryopithecus*, le *Dinotherium* et mille autres mammifères ; dans le quaternaire et dans l'âge actuel, il rencontrerait l'homme artiste et poète, l'homme qui pense et qui prie. Vraiment l'histoire du monde dans son ensemble est l'histoire d'un développement progressif. Où ce développement s'arrêtera-t-il ?

FIN

LISTE ALPHABÉTIQUE

DES ANIMAUX SECONDAIRES CITÉS DANS CE VOLUME

(*Les noms des synonymes sont en italique.*)

A

D

G

H

M

P

R

S

FIN DE LA LISTE ALPHABÉTIQUE DES ANIMAUX SECONDAIRES

TABLE DES MATIÈRES

LES ENCHAINEMENTS DU MONDE ANIMAL DANS LES TEMPS GÉOLOGIQUES

CHAPITRE III

CHAPITRE IV

CHAPITRE V

CHAPITRE VI

CHAPITRE VII

CHAPITRE VIII

CHAPITRE IX

CHAPITRE X

FIN DE LA TABLE DES MATIÈRES

ADDITIONS ET CORRECTIONS

Page 6. — Les couches de Villers qu'Alcide d'Orbigny attribuait au callovien sont maintenant rangées par la plupart des géologues dans l'oxfordien. La terre à foulon de Port-en-Bessin, que d'Orbigny rattachait au bajocien, est réunie généralement au bathonien.

Page 14 — Suivant ce que m'a dit M. de Saporta, M. Matheron, qui a fait de si importants travaux sur la Provence, n'adopte pas les opinions de M. Toucas au sujet du classement des couches garumniennes.

Page 38. — Pour avoir une idée de la richesse des formes des coralliaires jurassiques, il faut consulter les beaux mémoires que M. Koby publie dans la *Paléontologie suisse*.

Page 44. — Dans la figure 41, les séparations des polypiérites sont trop nettes: il devrait y avoir entre eux quelques indices d'union. Il en résulte que la ressemblance de *Thamnastrea* et d'*Isastrea* est exagérée.

Page 74. — L'*Ostrea* (*Exogyra*) *acuminata* est appelée maintenant *O. Sowerbyi*.

Page 76. — John Jones a publié une curieuse brochure sur les changements de la *Gryphæa arcuata*; M. Pavlow vient de m'envoyer de Russie des *Gryphæa dilatata* parmi lesquelles il y en a une qui est retournée à la forme ancestrale, *Gryphæa arcuata*.

Page 106. — Le *Perisphinctes plicatilis* que j'ai représenté fig. 106 a été inscrit sous le nom de *Martelli*, parce que ses côtes se transforment notablement vers la fin de sa vie; c'est là ce qu'on peut appeler *un nom de vieillesse*.

Page 129. — Dans la figure 215, la bandelette nommée crurale doit plutôt être nommée jugale.

Page 162 — Dès l'époque du lias il y a eu quelques poissons dont les ventrales s'étaient rapprochées des pectorales.

Page 234. — Au lieu de dire que les ilions n'ont pas la même forme chez les dinosauriens que chez les oiseaux, il faut dire *n'ont pas absolument la même forme*, car à côté des différences il y a des ressemblances frappantes.

Page 254. — Au lieu d'*Homœsaurus*, lire *Homœosaurus*.

Page 259. — Au lieu d'*Adapisarex*, lire *Adapisorex*.

20 164. — Imprimerie A. Lahure, rue de Fleurus, 9, à Paris

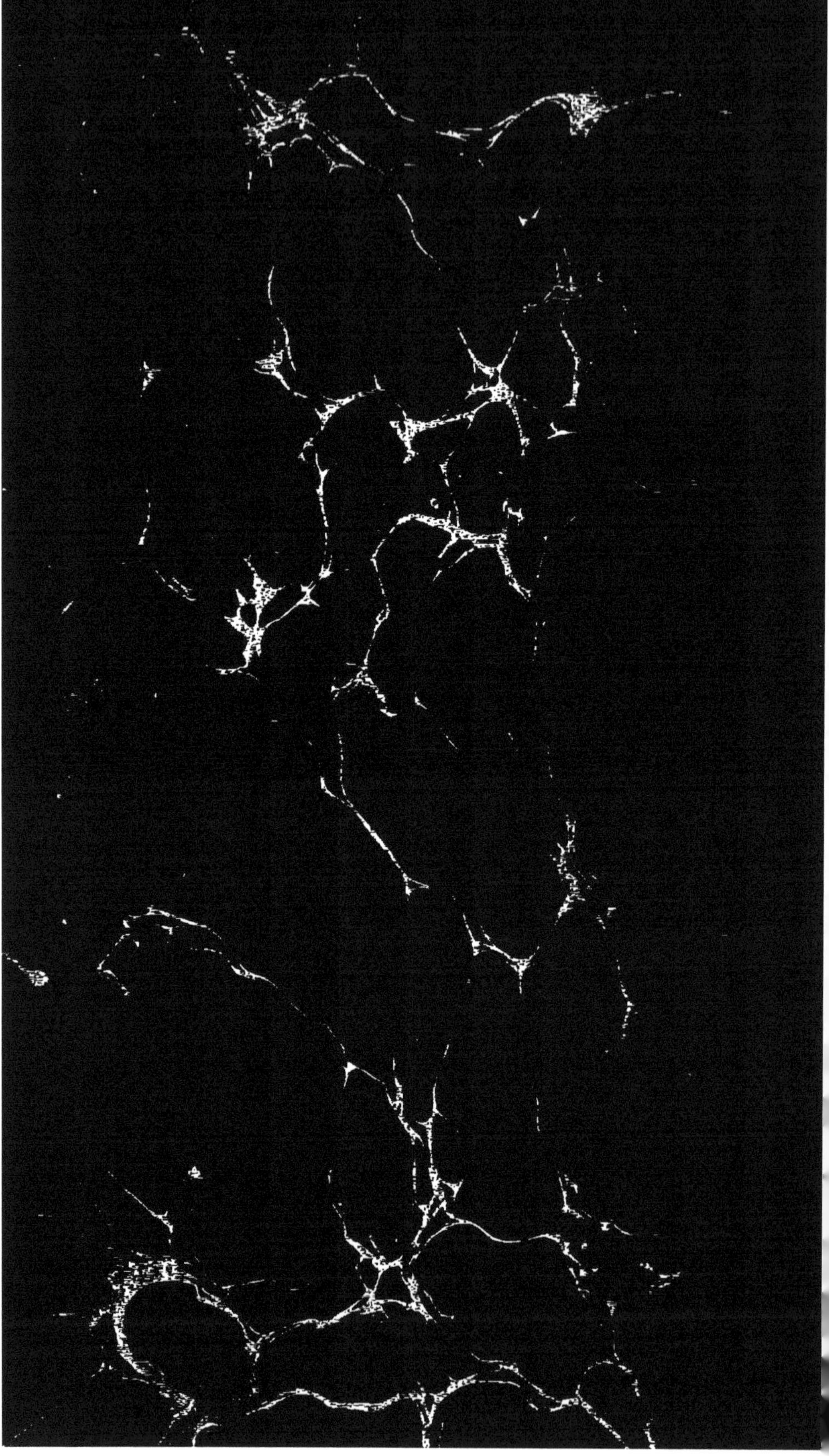

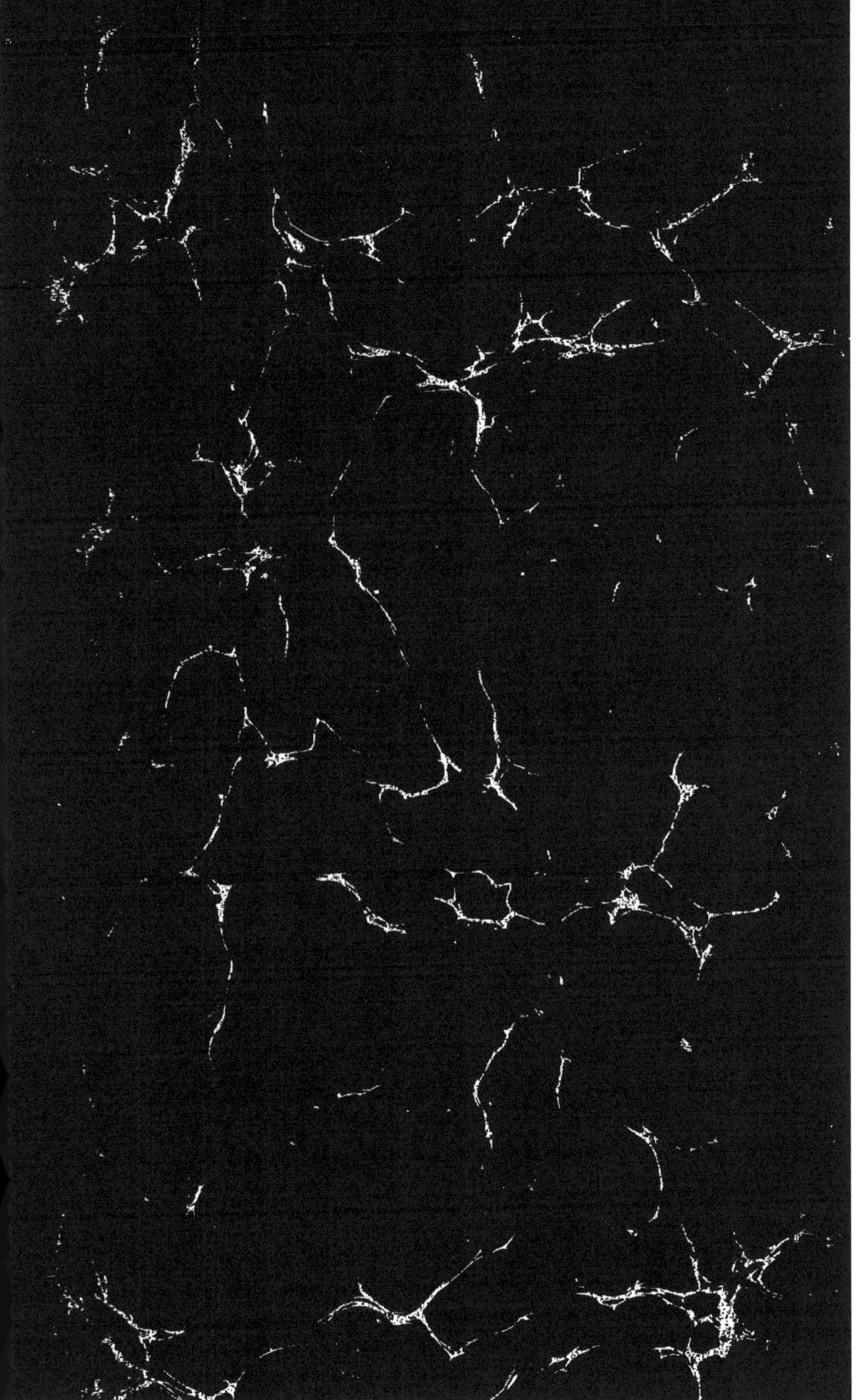

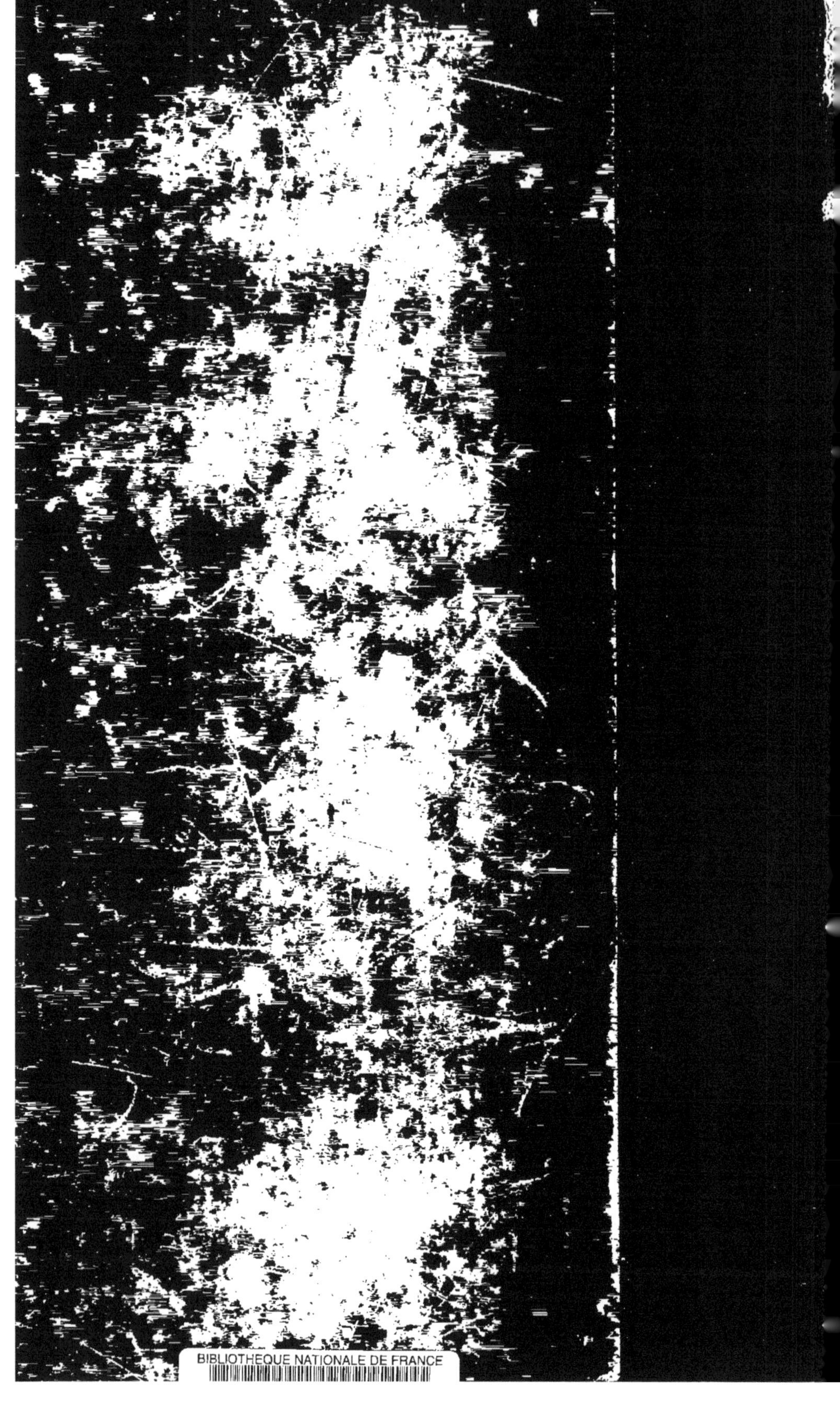

www.ingramcontent.com/pod-product-compliance
Ingram Content Group UK Ltd.
Pitfield, Milton Keynes, MK11 3LW, UK
UKHW020102200726
13856UKWH00002B/339

9 782011 746115